国家科学技术学术著作出版基金资助出版

煤层气储层数值模拟

Coalbed Methane Reservoir Modeling

韦重韬　秦　勇　傅雪海　申　建著

国家科技重大专项(2011ZX05034-05)资助

科　学　出　版　社

北　京

内 容 简 介

本书以基础地质、煤层气勘探开发、计算数学和计算机科学的理论和方法为基础，系统阐述了煤层气储层数值模拟的内涵、理论与具体方法，并结合工程实践介绍了应用实例。主要内容包括煤层气储层开发地质模型和数学模型及其解算方法；现行煤储层模拟软件的主要功能与操作方法；储层模拟理论研究，如建模研究、储层开发动态变化规律研究以及方法研究等；储层模拟技术在煤层气地面开发过程中的应用，如历史拟合与参数优化、产能预测和开发工艺优化等。

本书可供煤层气等非常规天然气勘探开发领域和煤矿瓦斯抽采领域的专业技术人员参考，也可作为高等院校相关专业研究生或本科生的教学参考书。

图书在版编目(CIP)数据

煤层气储层数值模拟/韦重韬等著 . —北京：科学出版社，2015.1
ISBN 978-7-03-043078-6

Ⅰ.①煤… Ⅱ.①韦… Ⅲ.①煤层-地下气化煤气-储集层-气藏数值模拟 Ⅳ.①P618.110.9

中国版本图书馆 CIP 数据核字（2015）第 015951 号

责任编辑：胡晓春 李 娟/责任校对：韩 杨
责任印制：肖 兴/封面设计：耕者设计工作室

科学出版社 出版
北京东黄城根北街 16 号
邮政编码：100717
http://www.sciencep.com

中国科学院印刷厂 印刷
科学出版社发行 各地新华书店经销

*

2015 年 1 月第 一 版 开本：787×1092 1/16
2015 年 1 月第一次印刷 印张：16 1/4
字数：385 000
定价：118.00 元
（如有印装质量问题，我社负责调换）

前　言

煤层气是一种高效洁净的新能源，开发煤层气资源能够改善我国能源结构和提供补充能源，降低瓦斯对煤矿安全生产的危害，并减少煤炭开采和利用过程中向大气排放的温室气体，具有"一举三得"之利。尽管我国煤层气资源勘探经过多年的努力，实现了产业化的显著进展，但由于地质条件复杂多变，储层物性等开发条件不甚理想，开发技术缺乏合适的借鉴，目前仍未达到理想状态，尚存在很多科学和技术问题需要解决。研究者们正从多个角度开展攻关，煤层气储层数值模拟即是其中的一个重要方面。

煤层气储层数值模拟以煤层气地质和勘探开发等基础理论为指导，综合运用现代数学方法和信息技术手段，着眼于阐释和再现排采过程中所发生的一系列复杂地质过程，预测不同开发地质和开发条件下的排采表现，提供煤层气井排采动态地质诊断，以及煤层气井、井组乃至整个气田的最佳开发方案。为此，煤层气储层数值模拟可以极大地提高煤层气地质认识水平，是煤层气资源勘探开发不可或缺的重要手段。

本书分为煤层气地质与开发基础、数值模拟方法基础、煤储层模拟软件、煤储层模拟理论研究和技术应用五大部分。在撰写过程中，参考了大量学术专著、科技论文、科研报告、软件说明书及网络文献等国内外文献资料，引用了中国矿业大学化石能源研究团队近年来的部分科研成果，如国家高技术研究发展(863)计划"基于渗透率排采变化的煤层气井产能数值模拟新技术(2006AA06Z231)"课题、国家科技重大专项"煤层气储层工程与动态评价技术(2011ZX05034-05)"项目以及国家重点基础研究发展计划(973计划)"煤层气藏动力学条件研究(2002CB211704)"课题、"煤层气解吸、渗流机理及排采效应(2009CB219605)"课题等。

国内大型煤层气勘探开发企业，包括中石油煤层气有限责任公司、中联煤层气有限责任公司、中石化华东分公司、山西蓝焰煤层气有限公司、亚美大陆煤层气有限责任公司、山西省煤田地质局和贵州省煤田地质局等地质勘探单位，在煤炭和煤层气勘探开发资料收集及样品采集等诸多方面给予了热情帮助和大力支持。中国矿业大学"煤层气资源与成藏过程"教育部重点实验室杨永国教授、陈玉华副教授和罗金辉博士等，博士研究生邹明俊、郭晨和肖藏岩，硕士研究生张晓莉、李洪波、高和群、蔡志祥和黄超超等，以及2010届部分本科毕业生，参加了相关的实验研究、软件研制和数值计算工作。

在此，谨向上述单位和个人表示诚挚的谢意。

作者谨识

2014年3月

目　　录

第四篇　煤储层数值模拟理论研究

1 绪 论

1.1 储层模拟的定义与内涵

模拟(simulation，modeling)是包括地质学在内的许多自然科学常常使用的一个术语。在中文里，"模"的本意是铸造器物的模子，《说文》言，"模，法也"，其动词的含义有模仿、效法的意思。"拟"的本义是揣度、猜测，《说文》对其的解释是"拟，度也"，其他的意思还有效法和模仿，如拟物是很常用的修辞方法，是把人比作物的一种写作手段。可见，模拟的主要意思还是仿效。从英文的角度来理解这个词，"simulation"有"假装、模仿和仿真"等含义，而"modeling"这个词，其含义除了"建模、模型"之外，也有"模拟"的含义。可以这样认为，地质学中的模拟是指利用某种介质或手段，去"模仿、仿真或假装"自然界中发生的各种地质作用(即地质过程，geological process)，以达到认识它们的目的。

上面提到的"某种介质或手段"主要有两种，一种是实验室模拟(laboratory simulation)，又称为物理模拟；另一种是数值模拟(numerical simulation)，由于常常用到计算机技术，有时也称为计算机模拟。无论是实验室模拟还是数值模拟，其目的都是认识各种地质过程。

实验室模拟是在实验室条件下，模仿地质体的物质成分、空间组合和赋存特征，地质体外部的物理、化学条件甚至还有地理等方面的条件，这些条件的综合就构成了一个模拟系统。此时，如果改变系统的部分条件，整个模拟系统的性状就会发生改变。可以认为，这个过程与真正的地质作用相类似，通过观察、认识模拟系统的变化规律和变化结果，就能够认识地质过程发生、发展变化和终结的整个过程。

实验室模拟最典型的例子是岩浆形成的高温高压熔融实验。通过对不同成分的原始物质施以不同的温度和压力，并采用不同的升温增压程序就可以获得从超基性到酸性的整个岩浆系列，这些实验是建立岩浆成因理论的重要依据。

在煤层气地质学研究中，对煤岩样品进行气和水饱和，然后施以不同的围压和轴压，观察其固体的变形过程和固态、流态物质之间的耦合作用也是一种实验室模拟。其目的是认识原位条件下，排水产气引起的储层动态变化规律及其对煤层气井气水产出的影响。

实验室模拟有时会受到一些限制。例如由于实验室条件的限制，与实际的地质过程相比，实验室模拟在规模上通常要小很多，物理化学条件也不一定能够与实际完全一样，这就可能会出现一定程度的失真或误差。物理化学条件体系的建立也可能存在不同程度的困难，有时甚至无法建立相关的体系。实验室模拟最难实现的是时间上的模拟，因为地质学的时间单位常常是百万年(Ma)。所以人们会用到第二种模拟，即数值模拟。

数值模拟或计算机模拟，就是针对某一地质事件或地质过程，建立一个概念上的地质模型或物理模型，并据此推导出一个能够定量表达这个地质模型的数学模型，让这个模型运行起来（例如使之随着时间变化），同时改变相关参数，考察其他参数的变化过程和变化规律，以此认识地质作用的发生、发展和终结的过程。

之所以称之为数值模拟（numerical simulation）而不是数学模拟（mathematical simulation），是因为表达这些地质过程的数学模型中，常常出现偏微分方程（partial differential equation）或偏微分方程方程组，如椭圆型方程可表示为

$$\frac{\partial^2 u}{\partial \rho^2} + \frac{\partial^2 u}{\partial \sigma^2} + \Phi\left(\rho, \sigma, u, \frac{\partial u}{\partial \rho}, \frac{\partial u}{\partial \sigma}\right) = 0 \tag{1.1}$$

这些方程或方程组是不能利用人们熟悉的一元二次方程

$$ax^2 + bx + c = 0 \tag{1.2}$$

的解析解

$$x = \frac{-b \pm \sqrt{b^2 - 4ac}}{2a} \quad (b^2 - 4ac \geqslant 0) \tag{1.3}$$

来求解的。注意，式（1.3）只需要通过有限次加减乘除四则运算即可求解。偏微分方程或偏微分方程组很难利用高等数学中的积分法来求解，而是运用所谓的数值方法来求一个近似解（参见本书3.2节）。所以，这种模拟通常被称为数值模拟。

从上面的叙述和实例可以看出，地质作用在时间跨度、空间范围和物理化学条件等诸多因素的特性使得人们在很多情况下不可能直接和全面地观察整个过程。因此，物理模拟和数值模拟成为了研究它们的有效手段。然而，从另一个角度说，这也有一点"不得已而为之"的意味。因为人们不可能再回到数亿年前，也不可能造一个泰山大小的花岗岩体，建立模拟体系来研究其形成过程。

在常规油气以及煤层气勘探开发过程中，常常需要进行储层模拟（reservoir modeling）研究，这是数值模拟方法在石油天然气储层工程中的重要应用。所谓的储层模拟，就是利用数值模拟的方法研究和预测流体（气、水和油）在岩石（储层）孔隙中的流动行为。在此过程中需要使用储层模拟软件（reservoir modeling/simulation software）作为研究的工具。在储层模拟研究中，需要建立表述流体在储层中流动的地质和数学模型，并研制相应的储层模拟计算机软件系统，进一步建立地质和开发数据模型，这个模型包含了储层空间赋存特征（岩性、厚度及其空间变化、地质构造等）、储层物性特征（孔渗特征、吸附性能、地层温度和流体压力等）、储层中流体特征（油、气和水的密度和黏度等），同时还包括生产井的井型、井参数、排采工作制度等。利用模拟软件运行地质模型，对井的生产过程进行模拟计算。模拟计算的结果有多种可能的形式，其中最能够反映其特色的结果是井在数年甚至数十年内的油、气和水产量，尽管这个井可能只排采了几个月或几年（Aziz and Settari，1979）。

由于煤储层特性和排采过程的复杂性，储层模拟非常适用于进行煤层气井排采表现的研究，这种应用即为煤层气储层模拟（coalbed methane reservoir modeling），也有人称之为产能模拟（Seidle，2011）或煤储层开发数值模拟，这是因为井的产能表现是人们

最为关注的内容之一。实际上，煤层气储层模拟的研究内容远不止产能模拟，在后面的章节中读者可以看到。煤储层数值模拟的应用范围非常广泛，是煤层气地质学的一个重要领域。

煤层气储层模拟研究过程中有很多理论问题需要解决。定量表述煤储层这种多孔介质中气水两相流体解吸渗流过程本身就是一个非常复杂的理论问题。排采会使流体产出，其赋存状态会发生变化。流体的变化会导致固态储层发生岩石力学性质等方面的变化，而固态储层的变化还会反过来作用于流体的运动，这种固、流态物质之间的耦合作用使得整个排采过程变得极为复杂。如果叠加上压裂激化或 CO_2 注入等产能增强措施，这个过程将会更加复杂。

在实际应用方面，煤层气储层模拟研究是综合煤层气井、井网甚至气田的基础地质参数、含气性和储层物性参数、排采技术参数等多个方面的因素建立地质模型，运用储层模拟软件运行该模型。通过观察分析模拟计算结果，达到修正和优化各种参数，预测井、井网或气田的排采效果，进而为包括开采方式决策、井位和井网布置、钻井完井工艺优化以及排采工作制度优化在内的开发工作提供参考和指导等一系列的目的。

1.2　煤层气储层模拟与其他学科的关系

煤层气储层模拟是煤层气藏工程的是一个领域，同时也是一个综合性非常强的理论和技术体系。它广泛应用了基础和应用地质学、常规油气地质学、煤层气地质学、数学和计算机科学等学科的理论和方法。

在进行煤层气储层模拟之前，需要查明模拟研究区的地层、岩性组合、地质构造以及水文地质等基础地质特征；研究煤储层含气性和物性特征；另外，模拟地区最好有一定程度的开发工程，所获得的试井数据也是储层模拟的重要基础资料。因此，与上述相关的学科理论、方法和技术是一个模拟研究者必备的基础知识。涉及的学科或领域包括地层学、岩石学、沉积学、构造地质学、石油天然气地质学、煤地质学、煤层气地质学、水文地质学以及油藏工程等。

在地质和数学建模工作中，需要研究煤储层的岩石力学性质及其孔渗特征，定量表述气态和液态流体在固态多孔介质中的扩散和渗流过程，描述由于煤层气井排采过程中因气水产出所引起的煤储层由于受力状态改变而发生变形对井排采表现所产生的影响等。因此常常要涉及流体力学、固体力学以及传质学等方面的知识。

煤层气储层模拟研究工作中运用了大量的数学知识。其中，隶属于应用数学的计算数学包含偏微分方程及其数值求解的理论和方法，它主要解决储层中气体运移的定量表述和解算问题，这是储层模拟的核心内容之一。

偏微分方程数值求解的计算量非常大，手动计算难以完成，电子计算机因具有高速度、高精度和高度自动化的特点而成为煤层气储层模拟必不可少的技术支撑。适用于科学计算的语言平台，例如 MS Visual C++、C Sharp 以及 MATLAB 常被采用。目前被广泛应用的 COMET3 专业煤层气储层模拟软件甚至可能使用了"古老"的 Fortran 语言来编写其数值解算模块。

储层模拟的另外一个特点是数据量可能非常大，有时包含了整个气田数千口井的数以万计个参数以及模拟计算输出的大量结果数据。所以，计算机科学领域中的数据库技术和数据接口技术被广泛应用于煤层气储层模拟研究的基础数据和成果数据处理。

数据表格的格式常被用于观察基础数据和模拟计算结果，曲线图、等值线图或云图等图件能够更直观地表现这些成果，因此，自动成图技术对于煤层气储层模拟研究也是必不可少的。

1.3　煤层气储层模拟的意义

目前，储层模拟已被广泛应用于煤层气科学研究和勘探开发，并对其发展起到了重要的促进作用。

在煤层气地质和开发基础理论研究方面，储层模拟技术可用于考察煤层气井排采过程中各种地质参数，如含气量、含气饱和度、储层压力等的动态变化；考察气水流体的运移，以及煤储层在排采过程中由于气水等流体运移和产出而引起的各种变化，从本质上认识这一过程的特征和规律，进一步指导煤层气资源勘探开发工作。

在煤层气资源勘查方面，煤层气井排采表现和产能预测是储层模拟技术最基本的功能，模拟计算成果是煤层气勘探开发选区、开发决策和煤层气开发工程经济评价等工作的基本参数。在国土资源部 2012 年颁布的《煤层气资源勘查技术规范》(GB/T 29119-2012)中，储层模拟方法是进行煤层气地质储量和可采储量计算以及相关参数确定的重要手段之一。

在煤层气资源开发方面，除了进行参数优化、井和井组排采表现的预测之外，储层模拟的成果还可用于指导布井、钻井完井以及排采工艺技术优化工作等，为煤层气资源科学合理开发提供依据。

第一篇
煤储层数值模拟基础

2 煤层气勘探开发基础

煤层气储层数值模拟主要是以煤层气地质勘探和开发的理论、方法和技术为基础，结合现代数学和计算机发展而来。要掌握其中的理论和方法，必须具备1.2节中所述学科领域的相关知识，本章将对与煤层气勘探开发相关的基础知识进行简要介绍，这里仅涉及与储层模拟有关的部分，需要系统了解这些知识的读者可以参阅相关的文献。

2.1 煤层气地质学基础

煤层气(coalbed methane)是指赋存在煤层中，以甲烷为主要成分，以吸附在煤基质孔隙内表面为主，部分游离于煤孔隙中或溶解于煤层水中的烃类气体(傅雪海等，2007；Moore，2012)。煤层气勘探开发具有三方面的意义：首先，煤层气是一种新型洁净能源，其开发利用可以在较大程度上弥补常规油气能源的不足；其次，减灾和降低矿井生产成本，煤矿瓦斯一直是煤矿安全生产的重要威胁，煤层气地面开发抽出了赋存在煤层中的部分瓦斯，能够有效地降低煤矿的瓦斯灾害，有益于煤矿安全生产；再次，对煤层气进行开发利用，能够减少煤炭资源开发过程中甲烷等温室气体的排放，保护大气环境(傅雪海等，2007)。

目前，我国正在大力开展煤层气勘探开发工作，国家的投入力度不断加强，石油、煤炭和地矿系统，民营企业、研究机构以及合资和外资企业等都参与到这项活动中，并取得了显著的成果。迄今为止，我国的煤层气资源状况已基本查清，通过勘探工程获得了一批地质储量，并在山西晋城、柳林、辽宁铁法、阜新，安徽淮南、淮北和陕西韩城等地区获得工业气流，形成了山西晋城等工业开发基地。上述进展提出了对煤层气储层模拟的需求，同时也推动其快速发展。

2.1.1 煤层气的生成

煤层气包括生物成因气和热成因气两种。前者由早期泥炭沼泽环境中的未变质煤(泥炭和褐煤)经微生物作用使有机质发生一系列复杂变化而形成；后者由煤经过热变质作用生成，其中以热成因气为主(Rightmire *et al.*，1984；Law，1993)。煤中的有机质以腐殖型有机质(Ⅲ型干酪根)为主，这些有机质的生烃机理与其分子结构及成熟演化过程有关。Ⅲ型干酪根有机质的基本结构单元为带侧链官能团并含有杂原子的缩合芳香核体系，在地质演化过程中，由于温度和压力等因素的作用，侧链官能团因断裂和分解而减少，芳香核环数目不断增加，纵向堆砌加厚，排列有序化。在芳香核缩合及侧链官能团脱落分解过程中伴随有大量烃类物质的生成(图 2.1),所以,煤有机质成熟作用(煤化作用,maturation,coalification)不但改变了煤有机质的分子结构,同时也是其生烃的主要原因(Scott,1993)。

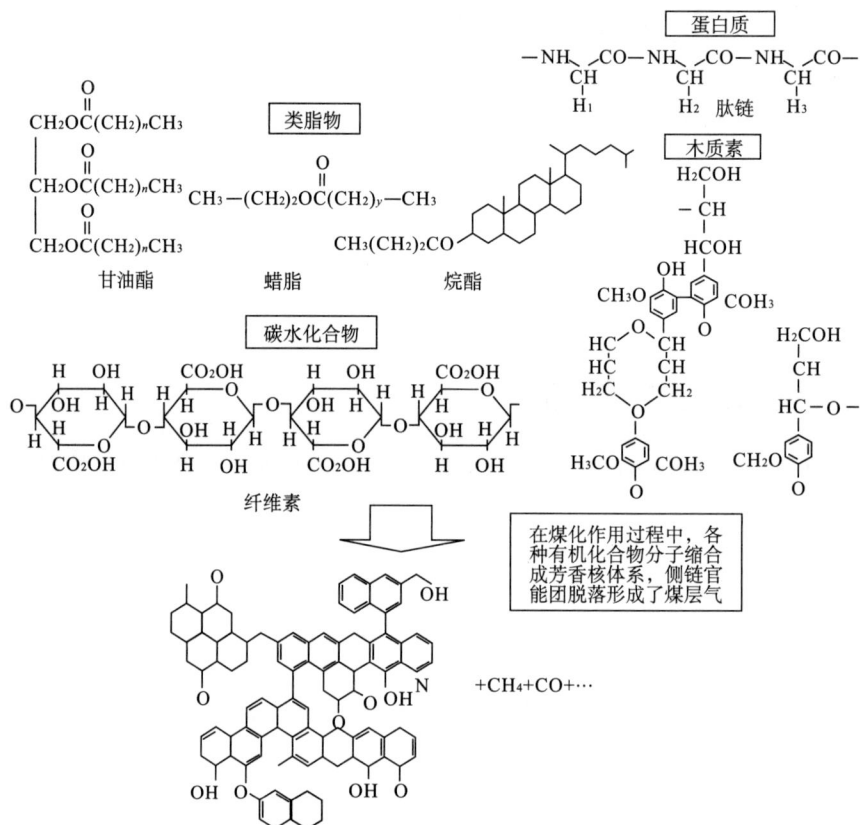

图 2.1 煤化过程中有机质分子结构变化与煤层气的形成示意图(据 Elliott,1981 修改)

煤层气是在地质历史时期中生成的。煤有机质的生烃量与有机质成熟度关系密切,当有机质成熟度达到生气死限时,每吨纯有机质可能生成了数百立方米的气体(朱炎铭等,2001)。但是,这些气体在生烃结束后的漫长时间内,将会以不同方式从煤储层中逸散(Wei *et al.*,2007),现今的含气量可能会高达每吨数十立方米,也可能会散失殆尽。

2.1.2 煤储层及其孔隙系统

煤储层(coal reservoir)是一种典型的多重孔隙系统储层,研究者对此做了大量的工作(Hodot,1961;Close,1993;Law,1993;秦勇等,1995;Laubach *et al.*,1998;苏现波等,2002;傅雪海等,2007)。如图 2.2 所示,煤储层分为固体物质(即煤有机质、固态无机质)和空隙两个部分。空隙包括孔隙和裂隙。后者是指煤中天然形成的裂缝。其大小和形态变化极大，高度可在数十微米至数米之间，长度在数十微米至数百米之间，密度在每米数条至数百条之间。形态从平直状到不规则状均有，在空间上可组合成平行状、不规则状或不规则网状等。其中可能充填方解石、黏土矿物或煤粉等物质。

在煤的形成过程中，由于各种地质因素的作用，导致煤体内含有大量裂隙，这些裂隙按成因不同可分为原生裂隙、构造裂隙以及次生裂隙。煤层气行业中通常将内生裂隙称为割理（cleat），即煤中由于煤有机质在煤化作用过程中收缩、上覆岩层压力及构造运动等原因形成的裂隙。割理分成两类，面割理（face cleat）是指煤储层中较发育的一组割理，端割理（butt cleat）则相对发育程度较差。面割理和端割理之间通常呈垂直或近于垂直的空间关系（图 2.2）。

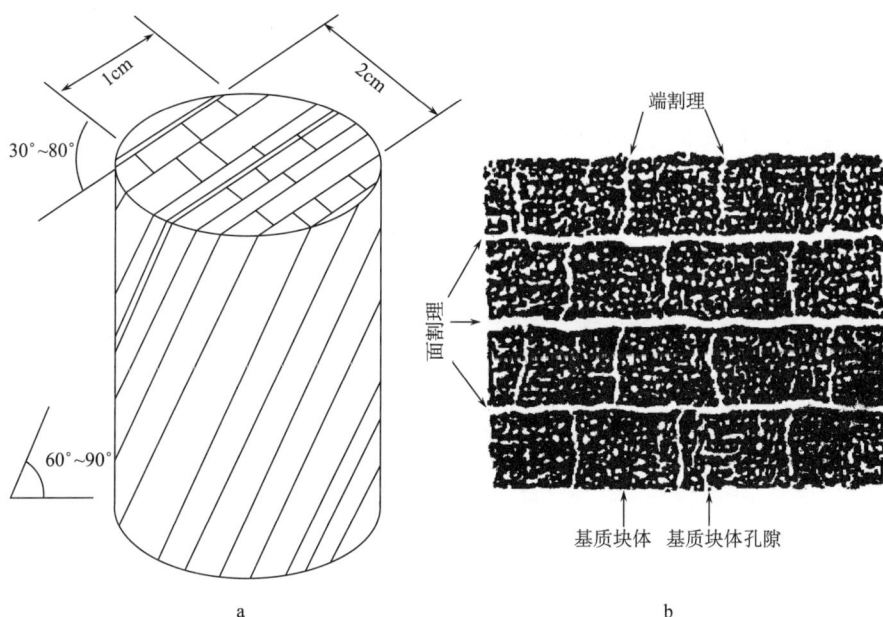

图 2.2　煤储层示意图（据 Law，1993 修改）

a. 美国圣胡安盆地果园组煤层中测定的割理；b. 孔隙结构的理想化模型剖面图

煤储层裂隙系统将煤的固态部分分割成相对独立的块体（图 2.2），这些块体称为基质块体，简称基块（matrix）。在基质块体中还存在很小的孔隙，其孔径最小可小于 1nm，最大可达到数毫米。定量表达煤储层中孔隙特征的参数有孔径、孔容、孔表面积和孔隙率等。其中，孔容（pore volume）指单位质量煤所具有的孔隙体积。煤的表面积包括外表面积和内表面积，后者占绝大部分，用比表面积（specific surface area）来表示，指单位质量煤所具有的内表面积。孔隙率（porosity）则指煤中孔隙和裂隙的总体积与煤的总体积之比，在进行储层模拟研究时常常要将裂隙（割理）孔隙率（fracture porosity/cleat porosity）和基质块体孔隙率（matrix porosity）二者分开。

可以这样认为，基质块体中的孔隙是煤层气的赋存空间，裂隙系统是煤层气运移的通道，而基质块体中的煤有机质则是生成煤层气的物质基础。所以，煤层在此既是储层又是烃源岩，这种现象在自然界中是相当特殊的。

以上表述称为双孔隙系统，随着研究的不断深入，有人提出了三孔隙系统，即除了裂隙系统和基质块体中的微孔隙之外，将基质块体中孔径较大的孔隙独立出来，单独作为第二级孔隙系统。其理由是这些孔隙的直径足够大，甲烷分子在其中的运移方式不再是扩散而是渗流，这个问题将在后面的章节中详细讨论。

在裂隙系统的空间中一般都不同程度地充填有重力水（gravity water，即岩石或土壤中在重力作用下可以自由流动的水）。

煤储层的孔渗特征以及吸附特性等方面的特征统称为储层物理性质，简称为储层物性。

2.1.3　煤层气的赋存

煤层气赋存于煤层之中，亦即煤层是煤层气的储层，它是一种特殊储层。煤层气在煤储层中的赋存方式与在砂岩、碳酸盐岩和火成岩等常规储层中有很大的差别。

煤储层中的大部分甲烷分子以吸附（adsorption）的形式赋存于煤基质块体微孔隙内表面上，这相对于砂岩等常规储层来说是非常特殊的。通常的情况是一部分甲烷分子以游离的形式赋存于基质块体孔隙中，由于这部分气体压缩膨胀能产生了储层压力（reservoir pressure，储层压力也可由于静水压力而产生）；大部分甲烷分子则在储层压力的作用下吸附于基质块体孔隙的内表面上，即煤储层中的甲烷主要以吸附态和游离态赋存于煤储层中。此外，尚有一小部分甲烷以水溶态存在，即溶解在煤层内的水（主要是裂隙系统中的重力水）之中。

煤储层甲烷吸附量的大小遵循 Langmuir 等温吸附方程（Langmuir，1916）

$$V = V_m \frac{bP}{1+bP} \qquad (2.1)$$

式中，V 为煤储层的含气量，m^3/t；V_m 为最大吸附量（Langmuir 体积），其大小与煤级、煤岩组分等有关，m^3/t；b 为 Langmuir 压力，MPa；P 为储层压力，MPa。

图 2.3 表示了不同煤级煤储层吸附气量与储层压力之间的关系，这一关系符合上述的 Langmuir 方程。从图 2.3 可以看出，随储层压力的增大，煤储层吸附甲烷的量也逐渐增加，但达到一定的值后曲线趋于平缓不再增加，这个最大吸附气量值即为 Langmuir 体积（V_m）。图 2.3 还显示了不同煤级煤在相同的储层压力下具有不同的吸附气量，这主要是由于它们的 Langmuir 参数（即 Langmuir 体积和 Langmuir 压力）不同引起的。这可以解释为不

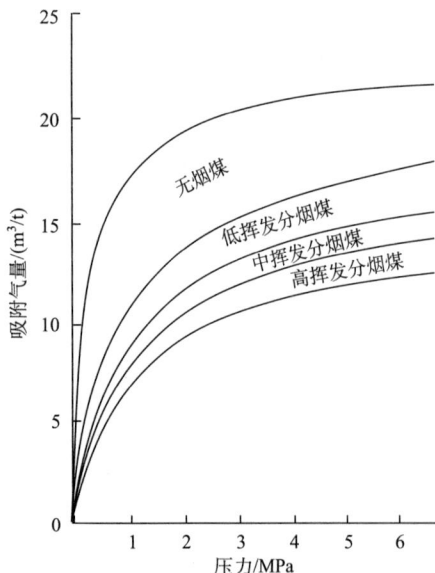

图 2.3　等温吸附曲线（据关德师，1996）

同煤级的孔隙结构不同，内表面积大小也不同，当孔径小的时候，相同孔容的内表面积大，吸附的甲烷也就相对较多。通常煤级越高，孔径越小，Langmuir 体积也就越大。对于特定煤储层，当储层压力投点落在 Langmuir 曲线下方时，将有一部分甲烷从吸附态转变为游离态，这种现象称为甲烷的解吸作用(desorption)。

Langmuir 方程不但反映储层压力与吸附气量的关系，也是煤层气开采的理论依据。Langmuir 模型是基于单分子层吸附理论得出的，其基本假设如下。

1) 固体表面具有吸附能力是因为其表面上的原子力场没有得到饱和，有剩余力存在，当气体分子碰撞到固体表面上时，其中一部分就被吸附并放出热量。但是气体分子只有碰撞到尚未被吸附的空白表面上才能够发生吸附作用。当固体表面排满一层分子之后，这种力场得到了饱和，因此吸附是单分子层的。

2) 固体表面是均匀的，各处的吸附能力相同，吸附热不随覆盖度变化，是一个常数。

3) 已被吸附的分子，当其热运动的动能足以克服吸附剂引力场势垒时，又会重新回到气相，再回到气相的机会不会受邻近其他吸附分子的影响，即被吸附分子之间无作用力。

4) 吸附平衡是动态平衡。所谓动态平衡是指吸附达到平衡时，吸附仍在进行，相应地解吸也在进行，只是吸附速度等于解吸速度而已。

前人对吸附现象进行了很多的研究，除了 Langmuir 吸附模型之外，还有一些关于甲烷分子吸附的理论和模型。

多分子层吸附理论是 Langmuir 单分子层吸附理论的扩展。该理论将 Langmuir 对单分子层假定的动态平衡状态用于各不连续的分子层。另外，再假设第一层中的吸附靠固体分子与气体分子间的范德华力，而第二层以上的吸附靠气体分子间的范德华力。吸附是多分子层的，但不是第一层吸附满后再进行第二层吸附，而是每一层都可能有空吸附位，因此，吸附层是不连续的。这一理论由 Brunauer、Emmett 和 Teller 在 1938 年提出，故又称为 BET 吸附，由 BET 方程描述。在较高的压力下，多分子层吸附存在的可能性更大。

另外还有 D-R 和 D-A 方程以及位能理论等。总体而言，在实际工作中最常用的还是 Langmuir 理论。

人们通常用含气性这一术语来表述煤层气的赋存特征。煤储层含气性特征包括气体成分、含气量、含气饱和度、含气强度以及资源丰度等。

2.1.4 煤层气勘探及选区评价

煤层气地质勘探是进行地面资源开发的基础，这是一项耗费巨大的系统工程。通常采用的技术手段包括地表地质调查、钻探、地球物理勘探以及小规模煤层气地面开发试验等。其目的是查明煤层气勘探区块的地层、构造和煤层的性质及其空间分布特征，研究煤储层含气性及其物理性质特征，估算煤层气资源储量和可采量，预测煤层气开发效果。同时还要研究岩浆作用和水文地质特征，以及煤层气开发对环境的影响等。

在勘探期间需要进行两个方面的评价工作。一方面是资源评价，即对煤层气资源进行煤层气资源/储量的分级，采用体积法、物质平衡法或数值模拟法(也就是这里所说的储层模拟方法)进行资源/储量计算。另一方面是开发选区评价，其目的是确定实施煤层气开发的区域和目标煤层(钱凯等，1996)。

煤层气地面开发选区评价是进行地面开发的重要基础，也是勘探与开发连接的纽带。国内外研究者对煤层气地面开发选区评价进行了大量的工作，目前已经形成了一套较为完善的理论和方法体系。该体系包括评价指标体系、评语体系和各种评价计算方法等。例如，1998年中国煤炭地质总局、中国矿业大学等单位完成的中国煤层气有利区带优选工作，灵活运用了"一票否决"、风险系数法及递阶优选排队等方法，对我国煤层气资源进行了从宏观到微观尺寸的选区评价研究(叶建平等，1998)。

2.2　煤层气开发基础

煤层气地面开发的理论依据就是采用各种技术方法降低储层压力，使煤层气按照式(2.1)的规律解吸，以扩散的形式通过基质块体微孔隙运移到裂隙系统中，再以渗流的形式通过裂隙系统运移到井筒并产出。围绕这个原理，目前已形成了系统的理论体系和一系列的煤层气开发工艺技术。

煤层气开发方式可以分为地面开发、地(井)下开发、地面井下联合开发等多种。地面开发方式包括垂直井/井网、U型井、丛式井和多分支水平井等；地下开发包括煤矿井下瓦斯抽放和采空区抽放等。本书主要涉及的是地面开发技术，包括钻井完井技术、试井技术、排采技术和产能增强技术等。

2.2.1　煤层气井钻井技术

地面开采煤层气常用的钻井方式包括垂直井(简称直井，vertical well)、丛式井(cluster well，图2.4)、U型井(U-shape well，图2.5)和多分支水平井(pinnate horizontal multi-lateral well，图2.6)等。井的类型和钻井工艺的选择取决于煤储层的埋深、厚度、地层组合类型、地层岩石力学强度、地应力和井壁稳定性等地质条件(Logan et al.，1987；Logan，1993；田中岚，2001；郑毅、黄洪春，2002；冯三利、叶建平，2003；傅雪海等，2007)。

浅埋深煤层钻井一般采用旋转式或冲击式(图2.7)钻头来钻井，可使用轻便自行式液压顶驱钻机、小型车载钻机或普通钻机。宜采用非泥浆体系循环介质，如空气、水雾、泡沫液等，这样可以降低泥浆对储层的伤害。浅煤层区地层压力低，不必采用泥浆控制压力，采用空气钻井具有钻速高且基本费用低的优点。在欠平衡和极欠平衡方式下钻进，对地层伤害小。也可以采用空气钻进和泥浆钻进相结合的方法，即先利用空气作钻井循环介质直至泥浆贮备池装满采出水，再改用采出的水做钻井液至贮备池排空，如此交替直到完钻。

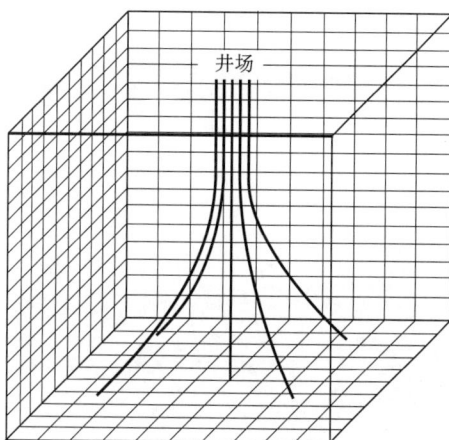

图 2.4　煤层气丛式井井眼轨迹示意图(据张遂安，2011)

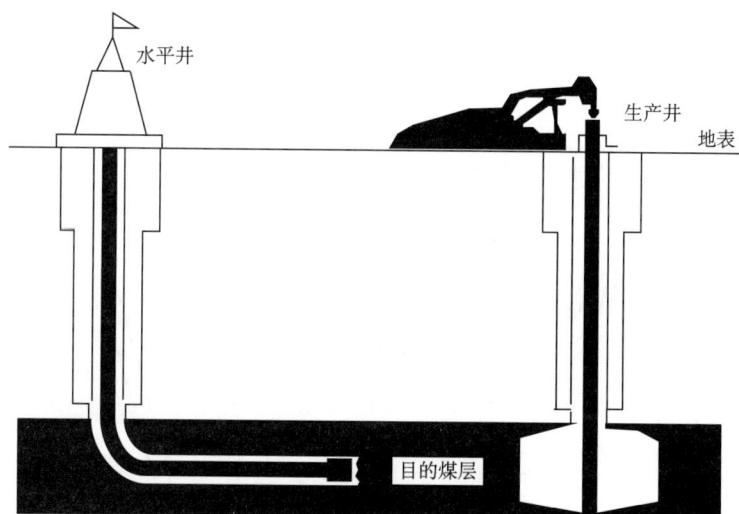

图 2.5　U 型井结构示意图(据黄勇、姜军，2009)

　　深埋藏煤层一般采用常规旋转钻机。由于地层压力高，一般不能采用空气钻井技术。如美国西部含煤盆地的某些层段压力超高，有井喷的危险，在大多数情况下采用泥浆系列钻井液，利用泥浆密度来控制可能发生的水涌和气涌。还有一些实用的工艺技术，如可在预测煤层深度范围内，放慢钻速，发现钻井异常立即停钻，上提钻具，采用小排量循环；进行煤层取心时，采用低钻、低转速和低泵压；钻厚煤层时，采取每钻进 0.3～0.6m 上提一次钻具，采取多次循环等措施，及时解决和防止钻井过程中遇到的煤层坍塌、严重扩径、卡钻和出水等问题。

　　丛式井(图 2.4)是指在一个井场或平台上，钻出若干口甚至上百口井，各井的井口相距不到数米，井底则伸向不同方位。丛式井的优点主要包括可以加快气田勘探开发速

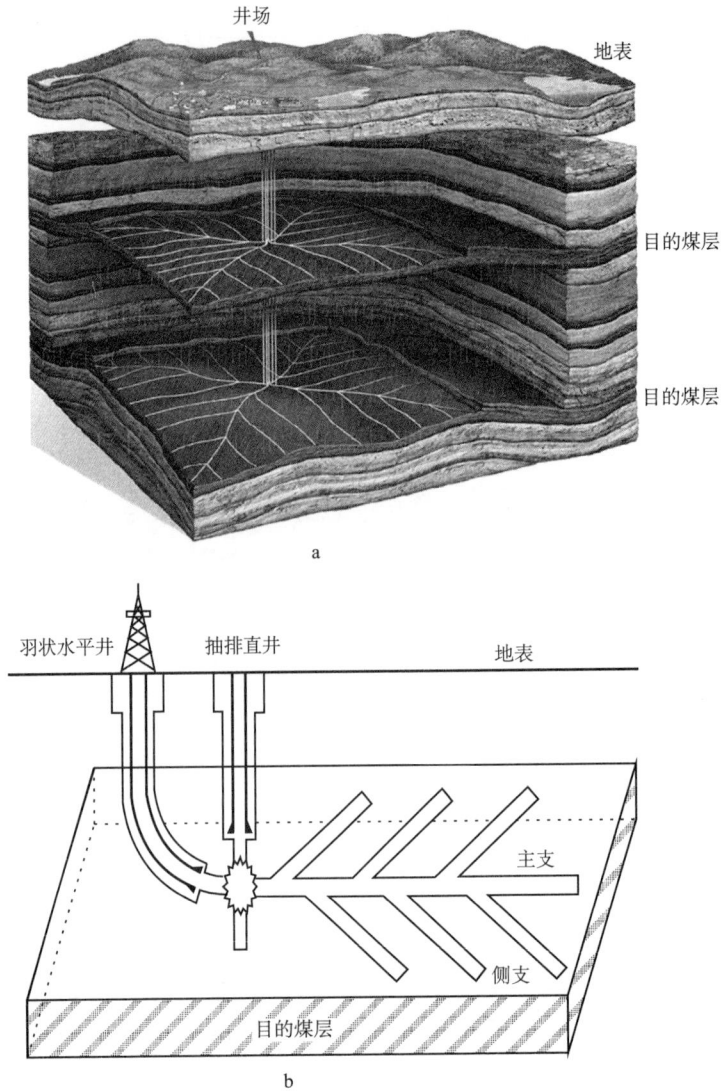

图 2.6 煤层气多分支水平钻井

a. 立体图（据 Spafford，2007）；b. 结构示意图（据黄洪春，2004）

度，节约钻井成本；满足钻井工程上某些特殊需要，如就近施工防止井喷的抢险井；便于完井后井的集中管理，缩短集输流程，节省人力、财力和物力的投资。

U 型井（图 2.5）是两口不同位置的水平井与直井、定向井与水平井、定向井与定向井或水平井与水平井在同一目的层连通，在剖面上井筒组合成 U 型而得名。U 型井可以最大限度地沟通裂隙系统，实现水平井排水和直井采气的同时进行；可让多口水平井共用一口排采直井；还能够依靠倾斜地层的坡度，利用重力作用实现排水采气。但其施工技术较为复杂且成本较高。

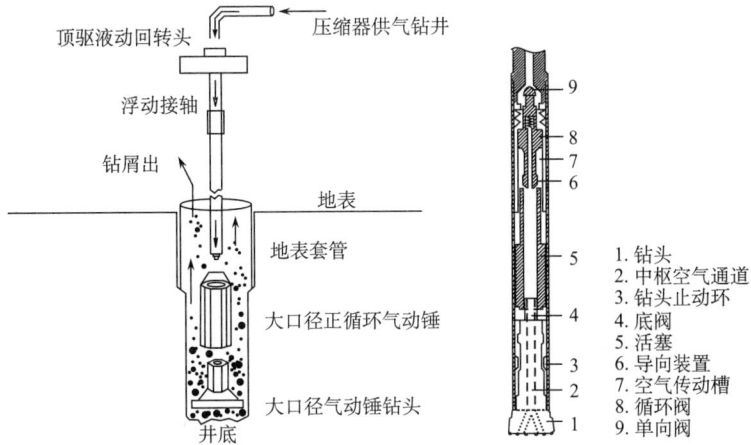

图 2.7　空气循环冲击钻井结构和钻头示意图（据袁新梅等，2007 修改）

1. 钻头
2. 中枢空气通道
3. 钻头止动环
4. 底阀
5. 活塞
6. 导向装置
7. 空气传动槽
8. 循环阀
9. 单向阀

多分支水平井(图 2.6)是从主井眼辐射出几支水平井的复杂结构井，即在一个或多个主水平井的眼盘侧再钻出多个分支，这种井能够穿越更多的煤层裂隙系统，最大限度地沟通裂隙系统，增加排气面积，提高单井产量。但是，这类井存在施工过程极为复杂、成本很高的问题。

2.2.2　煤层气井完井技术

煤层气井的完井(well completion)是钻井工程的最后环节。根据实际情况可采用三种基本方式，即裸眼完井、套管完井和混合完井。此外，还有针对深部低渗煤层的水平排孔衬管完井技术(郑毅、黄洪春，2002；Palmer，2010)。

裸眼完井是钻到煤层上方地层时，下套管固井，再钻开生产层段的目的煤层，产气煤层保持裸眼(图 2.8a)。这种完井方式费用最低，但增产作业时可能会因井控条件降低而导致煤层坍塌。这种完井方式一般适用于埋深较浅的单煤层井，并且要求地应力较低或处于张应力发育地区。

早期的裸眼完井在煤层段直接采用裸眼、砾石充填或筛管防护，现已发展为裸眼洞穴完井技术，即人为地在裸眼段煤层部分形成一个大洞穴。这种方式适用于高压高渗地层。其优点是消除了钻井污染和水泥侵入对煤层的影响；形成的洞穴使其直径 5 倍左右范围内的地应力降低；扩大了煤层的暴露面积，提高了自然裂隙的渗透率；节约部分下套管和固井费用，并且免去了射孔或割缝作业。其缺点是容易出现一些问题，首先是地层坍塌，井筒被充填；其次是隔离地层控制困难；再次是不易解决生产井段地层出水问题；最后是风险性大，后期井筒维护及修井作业费用难以预测。

套管完井是对煤层上方地层和产气煤层均下套管，然后在产气煤层处射孔或割缝使产层与井筒连通的一种完井方式(图 2.8b)。其优点是能够较好地保持井筒稳定性，减少修井作业和管理费用；有利于隔离煤层，允许对多煤层进行选择性完井；确保强化生产时对气井的控制；易于解决生产井段的出水问题，降低煤粉产出量。其缺点是在注水泥作业时，水泥沿煤裂隙侵入会造成煤层污染；由于强化期间煤粉的磨蚀或生产过程中套管外围煤粉的运动，易造成地层进入点（射孔或割缝）的堵塞；增加了套管和固井费用；此外还需要进行射孔或割缝作业。

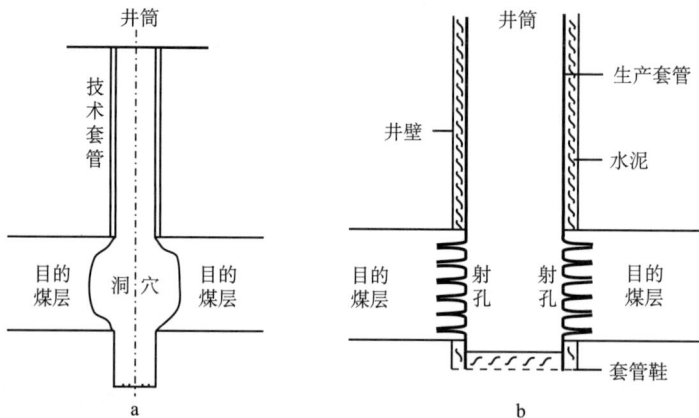

图 2.8　常见的完井方式示意图（据李景明等，2011）

a. 裸眼完井；b. 套管完井

混合完井即在同一口井中使用裸眼和套管两种完井方式，仅用于多煤层的情形。最深部煤层采用裸眼完井，上部煤层均采用套管完井。该方法综合了裸眼完井与套管完井的特点，保证煤层不受水泥污染，且减少了部分套管、水泥和射孔或割缝费用。

水平排孔衬管完井适用于深层低渗厚煤层，一般要求煤层厚度在 1.5m 以上。其优点是能够提供与煤层的最大接触面积，尤其是各向异性煤层，有利于煤层气解吸采出，提高总脱附气量、产气量和采收率。缺点是在钻井完井过程中易发生裂隙系统堵塞、闭合等现象，造成储层损伤，降低储层的渗透率。

2.2.3　试井技术与煤储层物性测试方法

钻井完井工程完成之后需要进行试井工作。试井（well testing）是在气藏处于流动状态下获得信息的一种方法，它通过测试井的动态反应获得煤层含气量、气体成分、等温吸附特征、煤层力学性质、孔隙和裂隙结构、渗透率、原始地层压力、闭合压力、破裂压力、地应力梯度、压裂裂缝长度以及井表皮系数等方面的参数，为煤层气藏产能和采收率预测、压裂效果评价以及井网布置等提供依据（孙茂远、黄盛初，1998；刘立军等，2004）。

需要特别指出的是，储层模拟所需要的很多参数数据都是通过试井获得的。只有在试井获得相关的参数之后，储层模拟才能达到一定的准确度和可信度。因此，这是一项非常重要的工作。

国内外煤层气井常用的试井方法有段塞流测试、压降测试、灌注入测试和注入-压降测试法等。

段塞流测试是向井筒内注入一定量的水，使之形成一个段塞，当水开始流入地层时进行压力监测。由于段塞流试井具有能够保持井筒与地层内为单相流、操作简单方便、测试时间短、费用小、可以用典型曲线进行分析等优点，经常用此方法来获取煤储层参数。但针对我国低渗煤层发育的情况，采用这种方法进行试井，水很难进入煤层，测试半径很小，所以一般不采用这种方法。

压降测试比较适合于饱和水且储层渗透率较高的煤层气井。煤层中气体在静水压力作用下呈吸附状态，因此在压降测试期间，应保持井底压力高于气体解吸压力。当以恒定速度采水时会出现一个临界时间段，该时间段也就是井筒存储结束到气体开始解吸的时间。在此时间段内可以求取关于煤层特性的精确数据。但本方法不适于低产水煤层气井，原因是不能够使水产出。

灌注入测试是依靠储液罐内高液面产生的重力差(罐内的水压头通过不断加水来维持)，向地层内连续注水，然后按设计的时间停注，用井下压力计来记录压力的上升与下降，并采用试井软件解释测得的压力恢复曲线。该方法适用于地层压力接近静水压力的含水煤层。但在我国，这种方法效果不够理想，主要原因是煤层渗透率低，水靠液面重力难以进入煤层，压力恢复曲线径向流不明显，影响因素多等。

注入-压降测试法是以合理的排量和压力向地层注水一段时间，然后停泵关井，进行压力恢复。注入-压降测试法分两步进行，第一步注入-压降试井，以求取煤层原始地层压力、渗透率、表皮系数等参数为主要目的；第二步为应力测试，包括破裂常规试验、微破裂注入反排试验等，目的是求取地层破裂压力、检测地层滤失性、检测流体摩阻等。其装置如图 2.9 所示。

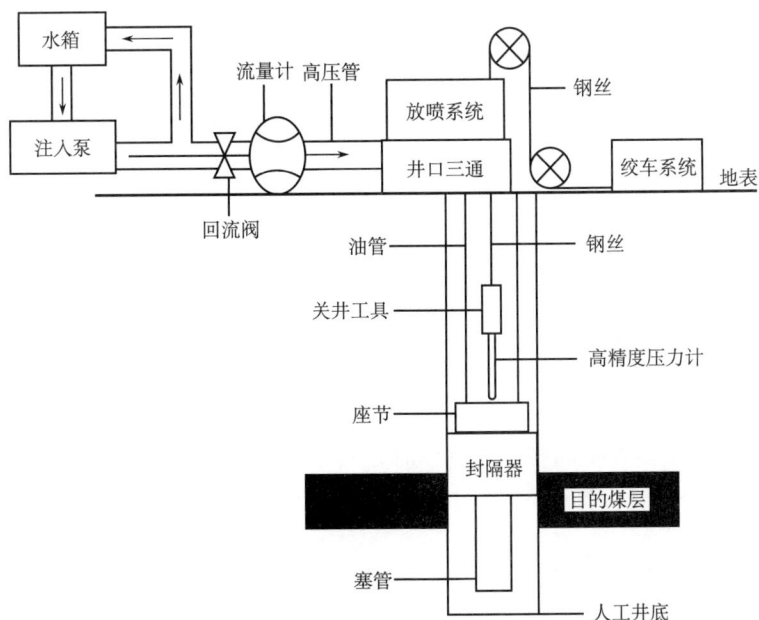

图 2.9 注入-压降测试法系统示意图(据刘曰武等，2010 修改)

注入-压降测试法在煤层气井中应用相当广泛。它具有的优点包括流体注入提高了地层压力，能够保证测试过程为单相流；不需要井下泵送设备，简化了测试系统；可以采用试井软件进行分析，结果可靠等。但在试井过程中，需要注意避免两个问题，一是注入液必须与煤层及地层水进行配伍性实验，对入井液进行优化，防止对煤层的伤害；二是在注入时要控制好注入压力，不能使井底压力超过测试层的破裂压力，不然会使煤层产生裂缝，破坏煤层的原始状态，使测试数据产生误差。

注入-压降测试法对于高、低渗煤层均适用，是目前国内外，尤其是我国煤层气试井中最常用的方法。

最后，将注入-压降法获得的参数罗列如下：渗透率、表皮系数、破裂压力、闭合压力、储层压力、裂缝半长和调查半径。这些参数的大部分将会应用于储层模拟工作。下面进一步解释这些名词的含义。

（1）渗透率（permeability）

在一定压差条件下，岩石能使流体通过的性能称为岩石渗透性，岩石渗透性的好坏用渗透率的大小来表示，流体在孔隙介质中渗流时服从达西定律

$$Q = K \frac{A \Delta P}{\mu L} \qquad (2.2)$$

式中，Q 为单位时间渗流量，m^3/s；K 为渗透率，D[①]（Darcy，达西）；A 为流体渗流通过的截面积，m^2；ΔP 为渗流介质两端的压差，MPa；μ 为渗流流体的黏度，Pa·s；L 为渗流介质的长度，m。

将式（2.2）变形

$$K = Q \frac{\mu L}{A \Delta P} \qquad (2.3)$$

介质的渗透率为 1D 表示具有 1cp[②]（厘泊）黏度的流体在每厘米 1 个大气压的压差，长度为 1cm 的条件下，流经每平方厘米孔隙介质断面的流量为 1cm³/s 时的渗透性能。煤储层渗透率通常较低，所以常使用 D 的千分单位 mD（毫达西），另外一个常用的单位是 μm^2。

（2）绝对渗透率（absolute permeability）

岩石中只有一种流体通过时求得的渗透率值称绝对渗透率。

（3）有效渗透率（effective permeability）

岩石中有两种或多种不同相态的流体时，其中每一相的渗透率称有效渗透率或相渗透率。

---

① 1D$=10^3$mD，1mD$=0.9869\times10^{-3}\mu m^2$。

② 1cp$=10^{-3}$Pa·s。

（4）相对渗透率（relative permeability）

某一相流体的有效渗透率与绝对渗透率的比值称相对渗透率。在煤层气井排采过程中，储层裂隙空间内常为气水两相流动，气相和水相分别占绝对渗透率的一部分，有效渗透率就充当了分配两相流体所占渗透率的"系数"。

（5）表皮效应与表皮系数（skin effect and skin factor）

由于钻井过程中的泥浆侵入、射孔打开不完善、修井、酸化压裂措施、水敏和速敏等因素的影响，油井附近地层的渗透率发生变化。当流体从储层流入井筒时，在此区域内产生一个附加压力降，集中在井筒周围形成一个很薄的环状"表皮区"，称这一现象为表皮效应。把由于表皮效应产生的附加压力降 ΔP_s 无因次化，得到无因次附加压力降，用来表征一口井表皮效应的性质和严重程度，称为表皮系数或污染系数。表皮系数与附加压力降的关系由下式表示

$$S = \frac{Kh\Delta P_s}{1.842 \times 10^{-3} q \beta \mu} \tag{2.4}$$

或

$$S = \left(\frac{K}{K_d} - 1\right) \ln\left(\frac{r_d}{r_w}\right) \tag{2.5}$$

式中，S 为表皮系数，无量纲；K 为地层渗透率，$10^{-3} \mu m^2$；h 为产层高度，m；ΔP_s 为附加压力降，MPa；q 为产量，m^3/d；β 为水的压缩系数，无量纲；K_d 为损害区地层渗透率，$10^{-3} \mu m^2$；r_d 为损害区边界半径，m；r_w 为井底井眼半径，m。

（6）储层压力（reservoir pressure）

作用在地层孔隙内流体（油、气和水）的压力即为储层压力。也称为地层孔隙压力或地层压力。

（7）井底压力（bottom hole pressure）

井底压力又称为流动油层压力或井底流动压力，简称流压（reservoir flowing pressure）。是指地面和井内各种压力作用在井底的总压力，是在生产井的井筒内用压力计测得的油气层中部位置的压力。井底压力等于套压（套管中的气体压力）、井筒中液柱的静压力和井内液体流动所损失的压力之和。流入井底的油气就是靠流动压力举升到地面，因此对常规油气而言，流动压力是油气井自喷能力大小的重要标志。

井底压差是井底压力与地层压力之差。井底压差反映了抽水降压的强度，排水速度越大，井底压差越大，气和水从储层到井筒的流动速度越大，产量也就越高。但是过大的压差和流速可能导致储层的损伤。

（8）破裂压力（fracture pressure）

当作用于井内某一深度地层的液柱压力达到某一值时，地层岩石会发生破裂，这个

压力称为该地层的破裂压力。该参数与压裂完井设计密切相关，在压裂时如果压力过大，超过了煤层顶、底板岩石的破裂压力，将有可能导致顶、底板形成裂隙并导通上覆或下伏含水层，给排水降压带来困难，甚至导致整个工程失败。

（9）闭合压力（closure pressure）

使地层中裂隙闭合的压力，它是储层压力和地应力的合力（又称为有效应力）。

（10）调查半径（investigation radius）

调查半径也叫供给半径或研究半径，是指一口井中流量瞬时脉冲在地层中引起压力扰动的距离。调查半径在很大程度上反映了一口井排采所能够波及的范围。在试井分析中，一般采用下面的方法计算调查半径

$$r_i = 3.795(kt/\phi\mu ct) \tag{2.6}$$

式中，k 为地层有效渗透率，μm^2；t 为生产时间，h；c_t 为综合压缩系数，MPa^{-1}；r_i 为调查半径，m；ϕ 为孔隙度；μ 为流体黏度，$MPa \cdot s$。

2.2.4　煤层气井排采技术

在完井之后或压裂之前，需要进行洗井。洗井的目的是清洗完井后残留在井筒中的各种碎屑物，如煤粉、泥岩和页岩等岩屑、残留水泥等，避免这些碎屑物对地层造成伤害。洗井的方法有清水洗井和采用空气或氮气的高速气流洗井等。

洗井完成后，如果不进行试井或压裂，即可开始排采（CBM well drainage）。

要使煤层气从储层中产出，首先要实施排水降压，储层压力的降低使吸附在煤基质孔隙内表面的气体解吸，然后以扩散的传质方式达到裂隙系统，进一步通过裂隙以渗流的方式运移到井筒并产出。影响井排采表现的因素很多，主要有地质因素（包括煤层厚度、含气量、地层压力、解吸压力和储层渗透率等），完井方式（不同地质条件下的煤层气井采取的完井方式不同）和开采方式（增产、抽排措施等）三个方面。

目前开采煤层气排水的主要设备是游梁式有杆泵（图 2.10）和电潜泵（图 2.11），其他还有螺杆泵、气举、水力喷射泵、泡沫法、优选管柱法等。地面的设施包括脱水净化设备、压缩设备、管道集输设备和储存设备等。

在煤层气井排采过程中，工作制度（working system）的选择和优化是一个非常重要的问题。所谓工作制度，是指煤层气井排采过程中，通过设定抽采设备的运行参数，使井处于某种排采状态。例如，对生产井采取定产气量、定产水量、定压差以及控制井的降压速度等方式进行排采。

煤层静压与流压之差称为生产压差。在煤层产液能力基本稳定的情况下，采用较大的泵挂深度、大直径的泵、较高的冲程和冲数来排液，就可以获得较大的排量，形成较高的生产压差。反之，就会形成小的生产压差。因此，可用泵挂深度、泵径、冲程、冲次以及开关井时间、套压机油嘴等来控制生产压差。合理的压差是通过系统试井来确定的，并需要结合以下条件来考虑。

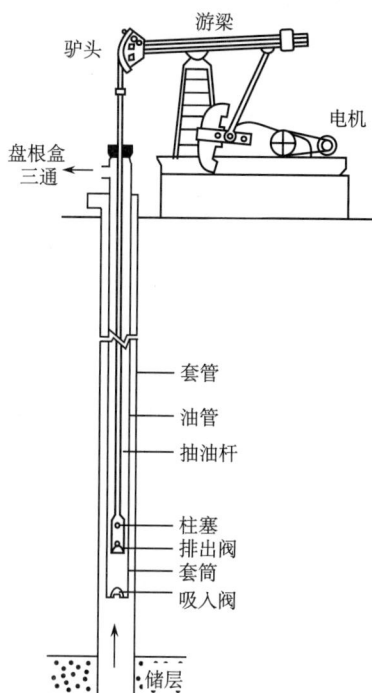

图 2.10 采用游梁式有杆泵的煤层气井
结构示意图(据刘景涛等，2007)

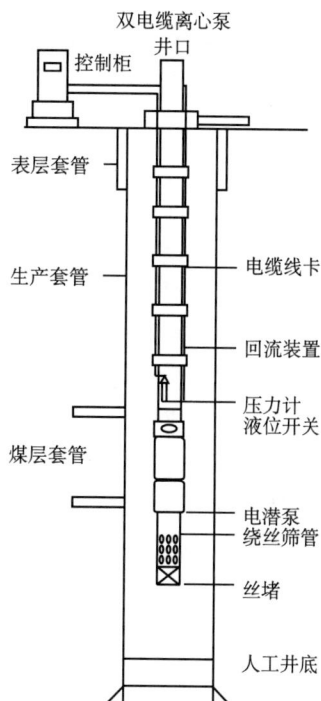

图 2.11 采用电潜泵的煤层气垂直井
结构示意图(据周帅等，2010)

(1) 使泵的排液能力与煤层的供液能力相适应，充分利用地层能量，保证环空液面均匀缓慢下降或稳定。

(2) 在选定的压差下生产，确保不破坏煤层的原始状态，使煤层的裂隙系统不会受到损害，避免造成煤层大量出砂和煤粉，煤层坍塌。

(3) 对于压裂井，在排采初期，由于压裂液未排完，水量较大，随着压裂液的排出，产水量下降。泵的工作制度也要随之调整，工作制度的调整实际上是对生产压差的控制。

(4) 在抽排初期产水量较大时，设备和地层条件允许的情况下，尽量加大生产压差，使液面下降速度达到设计要求。

(5) 合理压差通过系统试井确定，由于煤层气产出的特殊性，不能利用现有的油田试井理论对煤层气产出进行分析，但是，煤层水与煤层气的产出密切相关。因此，可用调节煤层水的产出来控制煤层气井的生产工作制度，使之合理可行。

2.2.5 煤层气井产能增强技术

产能增强技术(enhanced coalbed methane recovery technology，ECBM)这一名词来自国外，是指能够增加煤层气产量的各种技术措施。

产能增强技术主要包括煤储层压裂技术和注入排采技术两种。

煤储层压裂技术(fracturing technology)是目前煤层气地面开发普遍采用的一种增产措施。它是利用地面高压泵组将压裂液在大排量条件下注入井中,在井底形成高压,当此压力大于井壁附近的地应力和地层破裂压力时会在井底附近地层中产生裂缝,继续注入带有支撑剂的携砂液,随着裂缝向前延伸并充填支撑剂,关井后裂缝闭合在支撑剂上,从而在井底附近地层内形成具有一定形态和几何尺寸的填砂裂隙。人工压裂形成的诱导裂缝降低或消除了煤储层因在钻井、固井和完井过程中产生的近井眼伤害,强化了煤层中的天然裂隙网络,"扩大"了有效井孔半径和煤层气解吸渗流面积,在井孔周围形成了有效的煤层气渗流通道,有效地提高了煤层气井的产能(Veatch et al.,1989;王晓泉等,1998;郭洋、杨胜来,2011)。

压裂裂缝的形成受到煤的岩石力学性质、储层裂隙特征、地应力、煤层埋深和压裂施工作业参数等因素的综合影响,所形成的裂缝具有一定的特征。

压裂裂缝的形态有四类,即水平裂缝、垂直裂缝、先水平后垂直裂缝和两翼不对称裂缝。先水平后垂直裂缝指从井口向外延伸裂缝的方位从水平变成垂直;两翼不对称裂缝则是以井孔为中心,两侧裂缝的形态不一致。有些裂缝形态很不规则,呈"T"、"工"、"瓜"形或更为复杂的形态(图 2.12,图 2.13)。

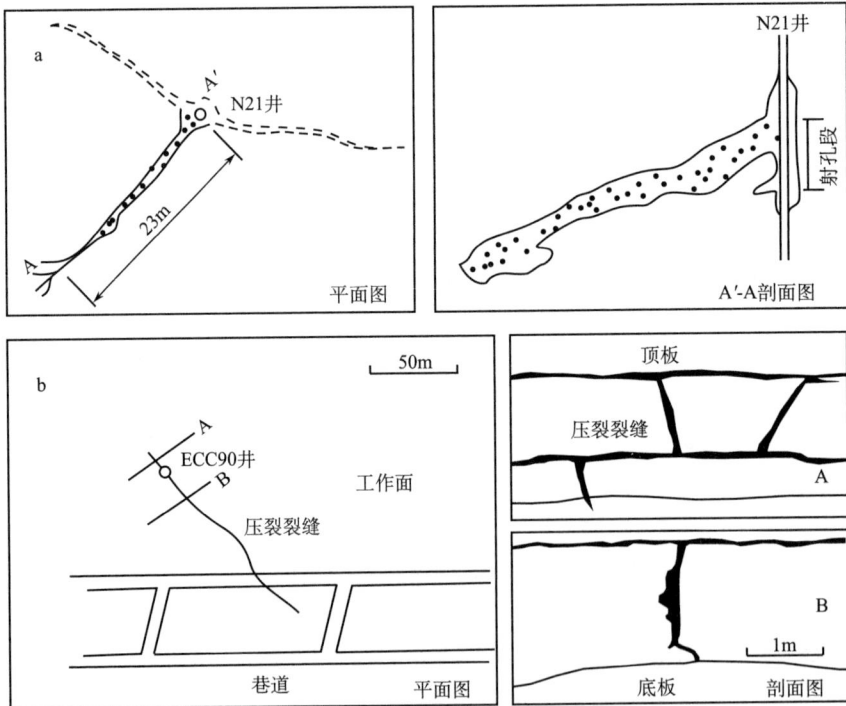

图 2.12　煤矿开采时实际观察到的压裂裂缝

a. 山西晋城 N21 井(据胡光龙、杨思敬,2003);b. 澳大利亚鲍温盆地 ECC90 井(据 Jeffrey,1992)

通常用裂缝半长、缝高和缝宽等几何参数来描述压裂裂缝的特征。裂缝半长指煤储层压裂后,裂缝从井筒沿径向向煤储层延伸的距离,这个距离通常为数十米左右。由于

图 2.13 形态复杂的压裂裂缝示意图

裂缝宽度不大，又有支撑剂充填，流体在其中流动时仍属于渗流，因此，裂缝具有一定的渗透性。

根据井的排采表现或生产需要，有些井可能会进行多次压裂激化施工。

注入排采技术(injection and drainage technology)主要有两种，第一种通过注入 CO_2 驱替 CH_4 提高煤层气产能(图 2.14)，称为 CO_2 注入产能增强(CO_2-ECBM)；第二种方法通过注入 N_2 降低 CH_4 分压促进其解吸而提高产能(N_2-ECBM)。CO_2-ECBM 不仅可以提高煤层气的采收率，而且还可以起到封存温室气体 CO_2 的作用(中联煤层气有限责任公司、Alerta Research Council，2008；Mazzotti et al.，2009)。注入 CO_2 或 N_2 增产的基本原理，对于 CO_2 而言，是由于 CO_2 分子在煤孔隙内壁上的吸附能力大于 CH_4，注入后 CO_2 分子会取代 CH_4 分子在煤孔隙内表面上的吸附位置，使 CH_4 解吸并转变为游离态而产出；对于 N_2 而言，则是由于 N_2 的注入降低了 CH_4 的分压，使其低于临界解吸压力，发生解吸并转变为游离态而产出。

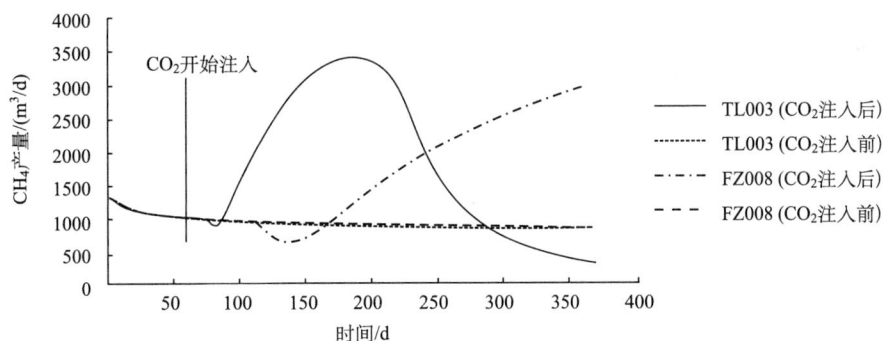

图 2.14 TL003 井和 FZ008 井 CO_2 注入前后产能对比

由于从废气中分离 CO_2 的成本较高，且注入 CO_2 在后期采煤过程中会造成二次污染。因此，纯 CO_2-ECBM 的商业化较为困难。但是在薄煤层地区或名胜古迹、风景旅游区等煤炭资源限制开采地区有一定的应用前景。

以 N_2 和 CO_2 为主要成分的烟道气作为注入气可以降低成本。纯 N_2 不像 CO_2 那样强吸附于煤孔隙的内表面，可穿透煤层随 CH_4 一起从生产井中采出，从而增加了后期的处理费用。相对于纯 N_2 而言，烟道气的 N_2 穿透煤层的速度相对较慢，而且与 CO_2 一起可较大幅度地提高煤层气井的产能。

实行烟道气注入提高煤层气产能应满足的条件包括以下几点：丰富的煤层气资源是

实施技术的首要条件；廉价且充足的 CO_2 供应能力是保证该技术实施的基础；煤层气的市场潜力是工程实施的经济条件；同时还取决于政府对温室气体排放的态度。

为了提高煤层气资源的开发效率，人们仍在 ECBM 方面进行各种研究。外加物理场提高煤层气可解吸性和储层物性是一个前景良好的方向。研究者从增进解吸和渗透性来提高煤层气井产量的原理出发，进行了很多的探索，如电磁辐射方法、声波与超声波方法、深孔预裂微爆破方法、热采方法以及微生物法等。实验室研究发现，电场、电磁场和声波场等物理作用能够改变煤对甲烷吸附的性质，在一定条件下促进甲烷的解吸，从而改善排采过程中煤层气的解吸过程，增加产能。

随着科学技术的不断发展，相信将来会有更多、更有效的 ECBM 理论和技术涌现出来。

3 偏微分方程基础

　　偏微分方程（partical differtial equation，PDE）及其数值求解（numerical solution）是煤层气储层数值模拟的核心内容。本章将结合实例介绍偏微分方程的定义、方程的导出和方程的数值求解等相关基础知识。微分方程及其数值求解属于计算数学中数值分析领域的一个重要组成部分，其中包括了非常丰富的理论和方法，本章不可能将其所有内容表述出来。感兴趣的读者可以参阅相关的文献（凌岭等，1981；陆金甫等，1988；王刚等，1997；关治、陆金甫，1998；孔德兴，2010）。本书作者正是从上述成果中采撷了很小的一部分，结合本书的需要撰写的。由于涉及非常复杂的数学问题，不具备足够高等数学知识的读者可以跳过这一章以及相关章节的类似部分。毕竟，除非要研制或改进模拟软件，任何一个储层模拟研究者都只是在操作某个模拟软件，而不能看到或理解软件计算时进行的偏微分方程数值求解计算。

3.1　偏微分方程的定义和导出

3.1.1　相关基本概念

　　偏微分方程是研究自然科学和社会科学中的事件、物体和现象的运动、演化和变化规律的数学理论和方法。物理、化学、地球科学、生物、工程、航空航天、医学、经济和金融等学科领域中的许多原理和规律都可以描述成一定形式的偏微分方程。随着科学技术的发展，几乎所有学科都在向定量化和精确化发展，从而产生了一系列计算性的学科分支。如计算物理、计算化学、计算生物学、计算地质学、计算气象学和计算材料学等。偏微分方程数值求解就是解决"计算"问题的桥梁和工具，它是在计算机上使用的，研究并解决数学问题的数值近似解的方法。它既有理论上的抽象性和严谨性，又有实用性和实验性的技术特征。目前，偏微分方程数值求解已经广泛应用到科学技术和社会生活的各个领域之中。

　　微分方程是指含有未知函数的导数（或微分）的等式。微分方程又分为常微分方程和偏微分方程两种。

　　如果在一个微分方程中出现的未知函数只含一个自变量，这个方程就叫做常微分方程，如式（3.1）所示。当方程中含有未知函数及其偏导数时就是偏微分方程，式（3.2）为著名的拉普拉斯（Laplace）方程

$$\frac{\mathrm{d}y}{\mathrm{d}x} = 2x \tag{3.1}$$

$$\frac{\partial^2 u}{\partial x^2} + \frac{\partial^2 u}{\partial y^2} + \frac{\partial^2 u}{\partial z^2} = 0 \tag{3.2}$$

其中

$$u = f(x, y, z) \tag{3.3}$$

在微分方程中，未知函数最高阶导数的阶数称为方程的阶，如式（3.1）为一阶，式（3.2）为二阶。

将偏微分方程中最高阶偏导数的幂次数称为偏微分方程的次数。

将偏微分方程中不含有未知函数及其偏导数的项称为自由项。

如果将一个函数代入微分方程中，使得它成为关于自变量的恒等式，称此函数为微分方程的解。

通解（通积分）：对于 n 阶方程，其解中含有 n 个（独立的）任意常数，此解称为方程的通解。由隐式表示的通解称为通积分。如式（3.1）的通解为

$$y = x^2 + C \tag{3.4}$$

特解（特积分）：给通解中的任意常数以定值，所得到的解称为特解。由隐式给出的特解称为特积分。

3.1.2　方程的导出

300 多年前，牛顿（Newton，1643～1727）和莱布尼茨（Leibniz，1646～1716）创立了微积分学，这是人类科学史上划时代的重大发现。而微积分的产生和发展又与求解微分方程问题密切相关。这是因为微积分产生的一个重要动因来自于人们探求物质世界运动规律的需求。一般地，运动规律很难全靠实验观测认识清楚，因为人们不太可能观察到运动的全过程。然而运动物体（变量）与它的瞬时变化率（导数）之间，通常在运动过程中按照某种已知定律存在着联系。相对而言，人们比较容易捕捉到这种联系，而这种联系用数学语言表达出来的时候，其结果往往形成一个微分方程。一旦求出这个方程的解，其运动规律将一目了然。下面的例子将会使读者看到微分方程是表达自然规律的一种最为自然的数学语言。

首先是一个比较简单的常微分方程的例子。

列车在平直的线路上以 20m/s 的速度行驶，当制动时列车获得的加速度为 -0.4m/s^2，问开始制动后多长时间列车才能停住？以及列车在这段时间内行驶了多少路程？

解：设制动后 t 秒钟列车行驶了 s 米，

$$s = s(t) \tag{3.5}$$

$$\frac{\mathrm{d}^2 s}{\mathrm{d} t^2} = -0.4 \tag{3.6}$$

当 $t = 0$ 时，$s = 0$，$v = \dfrac{\mathrm{d} s}{\mathrm{d} t} = 20$。

式（3.6）对 t 积分，得

$$v = \frac{\mathrm{d}s}{\mathrm{d}t} = -0.4t + C_1 \tag{3.7}$$

式(3.9)进一步对 t 积分，得

$$s = -0.2t^2 + C_1 t + C_2 \tag{3.8}$$

将条件 $t=0$，$s=0$ 和 $v=20$ 代入式(3.7)和式(3.8)得 $C_1 = 20$，$C_2 = 0$。代入式(3.7)得

$$v = \frac{\mathrm{d}s}{\mathrm{d}t} = -0.4t + 20 \tag{3.9}$$

故

$$s = -0.2t^2 + 20t \tag{3.10}$$

根据式(3.9)，开始制动到列车完全停住（$v=0$ 时）共需要 $t = \frac{20}{0.4} = 50(\mathrm{s})$。

根据式(3.10)，列车在这段时间内行驶距离 $s = -0.2 \times 50^2 + 20 \times 50 = 500(\mathrm{m})$。

上面的解算过程同时还包含了方程的初始值问题。如果没有条件 $t=0$，$s=0$ 和 $v=20$，则式(3.7)和式(3.8)将没有定解，称这些条件为初始条件（初值），也就是动态变化过程最初的状况。微分方程的另一个定解条件是边界条件，这些将在后面部分介绍。

第二个例子，以扩散传质问题为例介绍偏微分方程的导出过程。

自然界中扩散作用（diffusion）广泛存在，例如，向一盆清水中滴一滴蓝色墨水，不需要搅动，过一段时间后整盆清水就会变成淡蓝色。在这个过程中，驱动墨水质点在清水中运动的动力是水中不同部位间墨水的浓度差，墨水质点从浓度高的部位向低的部位运动，最终使整盆水的墨水浓度（直观反映是颜色的深浅）变得均一。本质上，扩散是一种物质的质点在介质的孔隙或分子骨架间隙中因热运动而产生的物质传递作用。气态、液态和固态物质都可以成为扩散的物质或介质，此时，浓度差是最常见的驱动力。当然，还存在其他的传递形式，如由于温度差导致的热能传递等。如果加热钢棒的一端会使整个棒体的温度上升，这就是温度扩散的例子。

在煤层气成藏和井排采过程中，也存在着扩散作用。如在煤层气成藏的时候，由于煤层部位有机质含量高，生成的煤层气会远多于煤层的顶板和底板，这样就形成了从煤储层到盖层（即煤层的致密顶板和底板）的甲烷浓度差，从而使甲烷分子沿封盖层岩石的孔隙及岩石固体骨架发生扩散运移。虽然自然界中扩散过程的速度非常缓慢，但煤层气藏的形成是一个漫长的时间演化过程，时间效应的作用使得扩散成为煤层气成藏过程中重要的散失方式之一（韦重韬，1999）。在地面开发工程中，由于抽水降压作用，煤层气井附近的储层压力下降到了临界解吸压力之下，甲烷分子由吸附态解吸成游离态，导致煤基质块体中甲烷浓度高于裂隙系统中的甲烷浓度，形成了二者之间的甲烷浓度差，此时，这些游离态的甲烷分子就以扩散的形式穿过微孔甚至"穿越"固态的煤基质孔壁进入割理系统，继而在割理系统中运移，最终从井口产出。

菲克第一定律（Fick's first law）由菲克在 1855 年提出（Philibert，2005），它定量表达了稳态条件下，双组分混合物中组分 A 物质分子的扩散通量大小，扩散通量与扩散方向上的浓度梯度成正比，组分 A 沿 x 方向的分子扩散可表示为

$$J_A = -D_{AB} \frac{dC_A}{dx} \tag{3.11}$$

式中，J_A 为由分子扩散引起的组分 A 在 x 方向上的通量，$kmol/(m^2 \cdot s)$；C_A 为组分 A 的摩尔浓度，$kmol/m^3$；x 为扩散方向上的距离，m；D_{AB} 为组分 A 在组分 B 中的扩散系数，m^2/s。

式（3.11）即为菲克第一定律，该式右边的负号表示扩散方向与浓度梯度的方向相反，"稳态"表示组分 A 的浓度 C_A 在整个扩散过程中保持不变。

扩散系数表示物质的扩散能力，根据菲克第一定律，可将扩散系数理解为在单位时间、单位浓度梯度下沿着扩散方向单位面积内扩散物质 A 在介质 B 中扩散传质的质量。

煤层气在煤储层本身和盖层内的扩散属气体在多孔介质中的传质作用。其性质取决于储层固态物质的物理结构或孔隙特性。煤层气通过多孔介质的扩散机制主要有两种，即菲克扩散（Fick diffusion）和努森扩散（Knudsen diffusion）。究竟是以菲克扩散为主还是以努森扩散为主，取决于储层介质孔隙的大小。如果孔隙直径大于气体的平均自由行程，则为菲克扩散；反之则为努森扩散（郝石生等，1995）。

多孔介质的孔隙形态是不规则的，其截面积是多孔介质的自由截面积。在多孔介质内，扩散物质 A 是在曲折的微孔隙中扩散的，所以，扩散物质 A 在多孔介质内的分子扩散系数应采用有效扩散系数，即

$$D_{A,eff} = \frac{D_{AB}\varphi}{\tau} \tag{3.12}$$

式中，$D_{A,eff}$ 为有效扩散系数；D_{AB} 为组分 A 在介质 B 中的扩散系数；φ 为多孔介质的孔隙度；τ 为孔隙曲折因素，即曲折度。

曲折因素用来校正扩散方向所增加的机理。实际的扩散路径曲折多变，不仅与曲折路程长度有关，并且受固体小孔复杂结构的影响，所以，此值须由实验来测定。对于松散颗粒，$\tau = 1.5 \sim 2.0$；对于紧密聚集的颗粒，$\tau = 7.0 \sim 8.0$。

努森根据实验得出的结果认为，气体分子和孔壁碰撞后的运动方向是不规则的，且与碰撞的方向无关。根据气体分子运动学理论，努森有效扩散系数为

$$D_{K,eff} = \frac{2}{3} \bar{r} \bar{u}_A \tag{3.13}$$

式中，$D_{K,eff}$ 为努森有效扩散系数；$\bar{r}$ 为平均孔隙半径；$\bar{u}_A$ 为组分 A 的分子均方根速度。

由于

$$\bar{u}_A = \sqrt{\frac{8RT}{\pi M_A}} \tag{3.14}$$

所以

$$D_{K,eff} = 97\bar{r} \left(\frac{T}{M_A}\right)^{1/2} \tag{3.15}$$

式中，R 为阿伏伽德罗常量；T 为绝对温度；M_A 为组分 A 的相对分子质量。

不管是煤层气成藏或是排采过程,由于生烃、散失以及解吸等作用,储层中甲烷含量都处于不断变化的状态。上述的菲克第一定律不能很好地表述这个过程,要用菲克第二定律来描述。以下推导煤层气(只考虑甲烷)浓度处于变化状态,即非稳态条件下的扩散运移连续方程。

连续方程基于质量守恒定律,即在任何时间和空间范围内,物质只能被转移而不可能被消灭,这就是所谓的质量守恒定律。该定律被广泛应用于地质过程的定量表述中。

这里只考虑一维的情况。在推导甲烷在盖层中扩散运移的连续方程时,首先在盖层中建立一个任意的微元控制体,如图 3.1 所示,假定烃源岩层位于控制体的下方,即由下方到上方甲烷浓度逐渐变小,甲烷分子的扩散方向垂直向上。

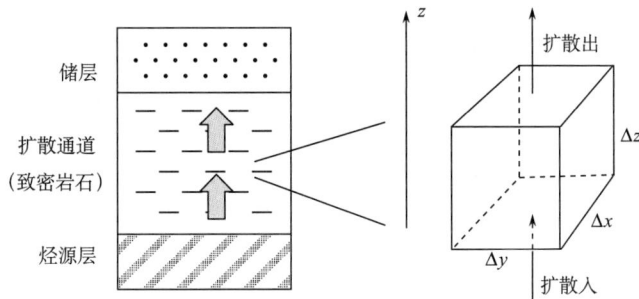

图 3.1 盖层中的控制体及甲烷扩散示意图

对图 3.1 中的控制体,由质量守恒定律,在任意时刻 t,任意时间间隔 Δt 内,有

控制体内部的甲烷质量变化率＝扩散进入控制体的甲烷量－扩散出控制体的甲烷量

$$(3.16)$$

甲烷在控制体内质量的变化率为 $\frac{\partial C}{\partial t}\Delta x \Delta y \Delta z$,式中,$C$ 为 t 时刻控制体中的甲烷浓度,$\mathrm{kmol/m^3}$。

由菲克第一定律,在 Δt 时间内沿 z 轴扩散进入控制体的煤层甲烷质量为 $\boldsymbol{N}_{\mathrm{A},z}\Delta y \Delta z\,|_z$,式中,$\boldsymbol{N}_{\mathrm{A},z}$ 为煤层气扩散运移的摩尔通量矢量。

同理,在 Δt 时间内沿 z 轴扩散出控制体的质量为 $\boldsymbol{N}_{\mathrm{A},z}\Delta y \Delta z\,|_{x+\Delta x}$。

将上述代入式(3.16),有

$$\boldsymbol{N}_{\mathrm{A},z}\Delta y \Delta z\,|_{z+\Delta z} - \boldsymbol{N}_{\mathrm{A},z}\Delta y \Delta z\,|_z + \frac{\partial C}{\partial t}\Delta x \Delta y \Delta z = 0 \tag{3.17}$$

由控制体、t 和 Δt 的任意性,对上式进行整理,得

$$\frac{\partial}{\partial z}\boldsymbol{N}_{\mathrm{A},z} + \frac{\partial C}{\partial t} = 0 \tag{3.18}$$

对于方程(3.20),假定控制体中无煤层气的整体流动,则

$$\boldsymbol{N}_{\mathrm{A},z} = -D\,\nabla C \tag{3.19}$$

式中,D 为煤层甲烷在封盖层中的扩散系数,表示扩散物质通过介质的速度大小,其

物理意义为单位浓度梯度下的扩散通量，m^2/s；∇ 为哈密尔顿算子，它是一种算法，为矢量场对各个方向上的一阶偏导数，即

$$\nabla \boldsymbol{A} = \frac{\partial Ax}{\partial x} + \frac{\partial Ay}{\partial y} + \frac{\partial Az}{\partial z} \tag{3.20}$$

将式(3.20)代入式(3.19)，得

$$-\frac{\partial}{\partial z}\nabla D \ \nabla C + \frac{\partial C}{\partial t} = 0 \tag{3.21}$$

对一维不稳态扩散，当 D 为常数时，式(3.21)可写为

$$-D\frac{\partial^2 C}{\partial z^2} + \frac{\partial C}{\partial t} = 0 \tag{3.22}$$

方程(3.22)即为非稳态条件下煤层气在盖层中扩散运移的连续方程，即菲克第二定律(Fick's second law)。在本例中，方程是基于质量守恒定律导出的，它反映的是在储层中甲烷浓度变化的情况下甲烷分子由储层向盖层扩散的过程。实际上大多数偏微分方程都具有一定的物理意义，表述某种自然过程，后面还会有更多的例子。这里只考虑了一维的情况，读者据此能够比较容易地用类似方法推导三维的情形。

3.1.3 偏微分方程的类型

当盖层扩散系数为定值时，方程(3.22)是一个典型的一维二阶常系数抛物型偏微分方程。这就涉及了偏微分方程的分类问题。

偏微分方程种类很多，如按照方程表述的问题类型，可以分为波动方程、热传导方程和稳定场方程，以及 3.1.2 小节中导出的扩散方程和后面要讨论的煤层气井气水产出的渗流方程等。

按照方程中自变量的个数，可分为一维、二维、三维以至 n 维方程。

一个偏微分方程对未知函数和未知函数所有(组合)偏导数的幂次数都是一次的，就称为线性方程，高于一次的方程称为非线性方程。一个偏微分方程，如果仅对方程中所有最高阶偏导数是线性的，则称该方程为准线性方程。

如果方程不是单独一个则称为偏微分方程组。

在数值分析中，通常将偏微分方程分为双曲型、抛物型和椭圆型偏微分方程。下面以最常见的二维二阶线性偏微分方程为例，简单介绍这三种方程的分类方法。

在解析几何中，对于二次实曲线

$$ax^2 + bxy + cy^2 + dx + ey + f = 0 \tag{3.23}$$

式中，a、b、c、d、e、f 为常数，且设 $\delta = b^2 - 4ac$，则当 $\delta > 0$、$\delta = 0$ 和 $\delta < 0$ 时，上述二次曲线分别为双曲线、抛物线和椭圆。

二维二阶线性偏微分方程所具有的普遍形式为

$$A(x,y)\frac{\partial^2 u}{\partial x^2} + B(x,y)\frac{\partial^2 u}{\partial x \partial y} + C(x,y)\frac{\partial^2 u}{\partial y^2} + D(x,y)\frac{\partial u}{\partial x}$$

$$+ E(x,y)\frac{\partial u}{\partial y} + F(x,y)u = G(x,y) \tag{3.24}$$

式中，A、B、C、D、E、F 为(x,y)的已知函数；$u(x,y,\cdots)$是未知多元函数；x，y，$\cdots$是未知变量。

下面是一个关于偏微分方程类型的定理。

如果 $\phi(x,y)=C_0$ 是常微分方程

$$A(\mathrm{d}y)^2 - B\mathrm{d}y\mathrm{d}x + C(\mathrm{d}x)^2 = 0 \tag{3.25}$$

的一般积分，则 $\xi = \phi(x,y)$是方程

$$A\left(\frac{\partial u}{\partial x}\right)^2 + B\frac{\partial u}{\partial x}\frac{\partial u}{\partial y} + C\left(\frac{\partial u}{\partial y}\right)^2 = 0 \tag{3.26}$$

的一个特解。

在具体求解方程(3.24)时，需要分三种情况讨论判别式

$$\Delta = B^2 - 4AC \tag{3.27}$$

1) 当判别式 $\Delta = B^2 - 4AC > 0$ 时，从方程(3.24)可以求得两个函数解 $\phi(x,y)=C_1$ 和 $\psi(x,y)=C_2$，也就是说，偏微分方程(3.24)有两条实的特征线。于是令

$$\xi = \phi(x,y), \eta = \psi(x,y)$$

即可使得 $A=C=0$，同时根据式(3.27)可以断定 $B\neq 0$，所以，方程(3.24)可变换为

$$\frac{\partial^2 u}{\partial \xi \partial \eta} + \Phi\left(\xi,\eta,u,\frac{\partial u}{\partial \xi},\frac{\partial u}{\partial \eta}\right) = 0 \tag{3.28}$$

这类方程称为双曲型方程，波动方程就属于此类型。

2) 当判别式 $\Delta = B^2 - 4AC = 0$ 时，方程(3.24)一定有重根$\dfrac{\mathrm{d}y}{\mathrm{d}x} = \dfrac{B}{2A}$，因而只能求得一个解，例如 $\phi(x,y)=C_0$，特征线为一条实特征线。作变换$\xi = \phi(x,y)$，就可以使 $A=0$，根据式(3.27)，一定有 $\Delta = B^2 - 4AC = 0$，故可推出 $B=0$。这样就可以任意选取另一个变换 $\eta = \psi(x,y)$，只要它和 $\xi = \phi(x,y)$彼此独立，即雅可比式

$$\frac{\partial(\xi,\eta)}{\partial(x,y)} \neq 0 \tag{3.29}$$

这样，方程(3.25)就化为

$$\frac{\partial^2 u}{\partial \eta^2} + \Phi\left(\xi,\eta,u,\frac{\partial u}{\partial \xi},\frac{\partial u}{\partial \eta}\right) = 0 \tag{3.30}$$

此类方程称为抛物型方程。热传导和扩散方程就属于这种类型。

3) 当判别式 $\Delta = B^2 - 4AC < 0$ 时，可以重复上面的讨论，只不过得到的解 $\phi(x,y)$和 $\psi(x,y)$是一对共轭的复函数，或者说，偏微分方程(3.24)的两条特征线是一对共轭复函数族。于是 $\xi = \phi(x,y)$，$\eta = \psi(x,y)$，是一对共轭的复变量。进一步引进两个新的实变量 $\rho = \xi + \eta$，$\sigma = i(\xi + \eta)$，于是

$$\frac{\partial}{\partial \xi} = \frac{\partial}{\partial \rho} + i\frac{\partial}{\partial \sigma}, \quad \frac{\partial}{\partial \eta} = \frac{\partial}{\partial \rho} + i\frac{\partial}{\partial \sigma} \tag{3.31}$$

所以

$$\frac{\partial^2 u}{\partial \xi \partial \eta} = \frac{\partial^2 u}{\partial \rho^2} + i\,\frac{\partial^2 u}{\partial \sigma^2} \tag{3.32}$$

方程(3.24)又可进一步化为

$$\frac{\partial^2 u}{\partial \rho^2} + \frac{\partial^2 u}{\partial \sigma^2} + \Phi_2\left(\rho, \sigma, u, \frac{\partial u}{\partial \rho}, \frac{\partial u}{\partial \sigma}\right) = 0 \tag{3.33}$$

该类型的方程称为椭圆型方程。著名的拉普拉斯(Laplace)方程、泊松(Poisson)方程和赫姆霍兹(Helmholtz)方程都属于这种类型。

双曲型、抛物型和椭圆型为偏微分方程的三种基本类型,三种方程在所反映的物理过程、解的性质以及定解问题等诸多方面都同时存在相似性与差异性。感兴趣的读者可以进一步阅读数值分析方面的相关文献。

3.2 偏微分方程的数值求解

3.2.1 概述

理论上,求解偏微分方程的定解问题可以先求出它的通解,然后再用定解条件(初始条件和边界条件)确定方程的定解(通常表示为一个固定的函数)。但这只是针对某些特殊的情形而言的,在实际操作过程中通解一般不易求出,用定解条件确定函数的具体形式则更困难。所以,利用数值方法求取方程的近似解是目前主流的求解方法。

偏微分方程的定解方法有分离系数法(傅里叶级数法)和分离变数法(傅里叶变换或傅里叶积分法)等。虽然有很多种解法,但不能忽视的是,由于某些原因,有许多定解问题不能严格解出,只可用近似方法求出满足实际需要的近似程度的近似解。

常用的近似解法有变分法、有限差分法和有限元法三种。

变分法是把定解问题转化成变分问题,再求变分问题的近似解,这里不做详细介绍。

有限差分法是把定解问题转化成代数方程,然后用计算机进行计算求解。

有限差分方法是计算机数值模拟最早采用的方法,至今仍被广泛运用。该方法将求解域划分为差分网格,用有限个网格节点代替连续的求解域。有限差分法以泰勒级数展开等方法把控制方程中的导数用网格节点上的函数值的差商代替进行离散,从而建立以网格节点上的值为未知数的代数方程组。该方法是一种直接将微分问题变为代数问题的近似数值解法,数学概念直观并且表达简单,是发展较早且比较成熟的数值方法。有限差分法是本书主要采用的偏微分方程求解方法。

有限元法是用有限个单元将连续体离散化,通过对有限个单元作分片插值求解各种力学、物理问题的一种数值方法。

有限元法把连续体离散成有限个单元,杆系结构的单元是每一个杆件;连续体的单元是各种形状(如三角形、四边形、六面体等)的单元体。每个单元的场函数是只包含有限个待定节点参量的简单场函数,这些单元场函数的集合就能近似代表整个连续体的场函数。根据能量方程或加权残量方程可建立有限个待定参量的代数方程组，求解此离散方程组就能得到有限元法的数值解。有限元法已被用于求解线性和非线性问题，并建立了各种有限元模型，如协调、不协调、混合、杂交、拟协调元等。有限元法十分有效、通用性强、应用广泛，已有许多大型或专用程序系统供工程设计使用。结合计算机辅助设计技术，有限元法也被用于计算机辅助制造。

除了上述三种方法之外，还有一些求解偏微分方程的方法，如变分法和模拟法等。

边界元法是在有限元之后发展起来的一种较精确有效的工程数值分析方法，又称边界积分方程。它以定义在边界上的边界积分方程为控制方程，通过对边界分元插值离散将方程转化为代数方程组求解。与基于偏微分方程的区域解法相比，边界元法由于降低了问题的维数而显著降低了自由度数，边界的离散也比区域的离散方便得多，可用较简单的单元准确地模拟边界形状，最终得到阶数较低的线性代数方程组。

还有一种很有意思的模拟法，它用另一个物理问题的实验研究来代替所研究某个物理问题的定解。虽然物理现象本质不同，但是抽象地在数学上表示时是同一个定解问题，如研究某个不规则形状的物体里的稳定温度分布问题，在数学上是拉普拉斯方程的边值问题，由于求解比较困难，可作相应的静电场或稳恒电流场实验研究，测定场中各处的电势，通过这一途径解决所研究的稳定温度场中的温度分布问题。

偏微分方程的解算目前仍是数值分析领域的一个中心内容，很多问题仍有待于人们的深入探索。

3.2.2 有限差分法——偏微分方程离散化基础

基于上节中提到的各种优点，有限差分法是煤层气储层模拟数值计算中最常用的方法。下面介绍有限差分法最基本的工作，即对方程进行离散化以获得在数学上能够实际求解的代数方程组。

偏微分方程离散化的基本原理就是利用偏导数的定义将方程转化为线性或非线性方程组，然后进行求解。本节需要解决三个问题，即偏导数的定义、方程的离散化和差分格式。

首先，重温一下偏导数的定义。

对于二元函数 $z = f(x, y)$，如果只有自变量 x 变化而自变量 y 固定不变，这时它就是 x 的一元函数，该函数对 x 的导数，就称为二元函数 $z = f(x, y)$ 对于 x 的偏导数。

如图 3.2 所示，设函数 $z = f(x, y)$ 在点 $M_0(x_0, y_0)$ 的某一邻域内有定义，当 y 固定在 y_0 而 x 在 x_0 处有增量 Δx 时，相应地函数有增量 $f(x_0 + \Delta x, y_0) - f(x_0, y_0)$。

如果极限 $\lim\limits_{\Delta x \to 0} \dfrac{f(x_0 + \Delta x, y_0) - f(x_0, y_0)}{\Delta x}$ 存在，则称此极限为函数 $z = f(x, y)$ 在点 $M_0(x_0, y_0)$ 处对 x 的偏导数，记作

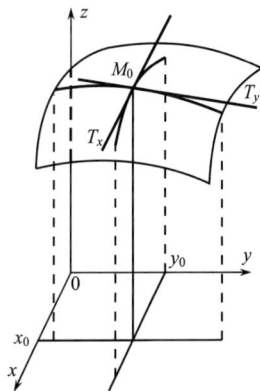

图 3.2 偏导数的几何意义

$$\frac{\partial z}{\partial x}\bigg|_{\substack{x=x_0\\y=y_0}},\frac{\partial f}{\partial x}\bigg|_{\substack{x=x_0\\y=y_0}},z_x\bigg|_{\substack{x=x_0\\y=y_0}},\text{或 } f_x(x_0,y_0)$$

例如 $f_x(x_0,y_0)=\lim\limits_{\Delta x\to 0}\dfrac{f(x_0+\Delta x,y_0)-f(x_0,y_0)}{\Delta x}$。

类似地,函数 $z=f(x,y)$ 在点 $M_0(x_0,y_0)$ 处对 y 的偏导数定义为

$$\lim_{\Delta y\to 0}\frac{f(x_0,y_0+\Delta y)-f(x_0,y_0)}{\Delta y}$$

记为

$$\frac{\partial z}{\partial y}\bigg|_{\substack{x=x_0\\y=y_0}},\frac{\partial f}{\partial y}\bigg|_{\substack{x=x_0\\y=y_0}},z_y\bigg|_{\substack{x=x_0\\y=y_0}}\text{ 或 } f_y(x_0,y_0)$$

如果 $M_0(x_0,y_0)$,$f(x_0,y_0)$ 为曲面 $z=f(x,y)$ 上的一点,偏导数 $f_x(x_0,y_0)$ 就是曲面被平面 $y=y_0$ 所截得的曲线在点 M_0 处的切线 M_0T_x 对 x 轴的斜率。偏导数 $f_y(x_0,y_0)$ 就是曲面被平面 $x=x_0$ 所截得的曲线在点 M_0 处的切线 M_0T_y 对 y 轴的斜率。

对于前面给出的各个偏微分方程,如式(3.2)、式(3.23)、式(3.28)、式(3.30)和式(3.33)等,均可利用上述定义对偏微分方程进行离散化。

离散化的第二个问题就是如何确定差分格式。也就是如何离散化 $u(x,y,z,t)$ 中的 $\dfrac{\partial u}{\partial x}$、$\dfrac{\partial u}{\partial y}$、$\dfrac{\partial^2 u}{\partial x^2}$、$\dfrac{\partial^2 u}{\partial y^2}$、$\dfrac{\partial^2 u}{\partial x\partial y}$、$\dfrac{\partial u}{\partial t}$ 等微分式。显然必须要考虑空间和时间两个方面,因为这是一个包括了时间维和三度空间维的四维问题。

在空间上,需要在 x、y、z 三个方向上将问题空间划分为若干个间隔,假定问题空间为一个长、宽、高分别为 L、M 和 N 的长方体,则可进行如图 3.3 所示的剖分。在图 3.3 中,将问题空间划分成 n^3 个小长方体,其长、宽、高分别为 L/n、M/n 和

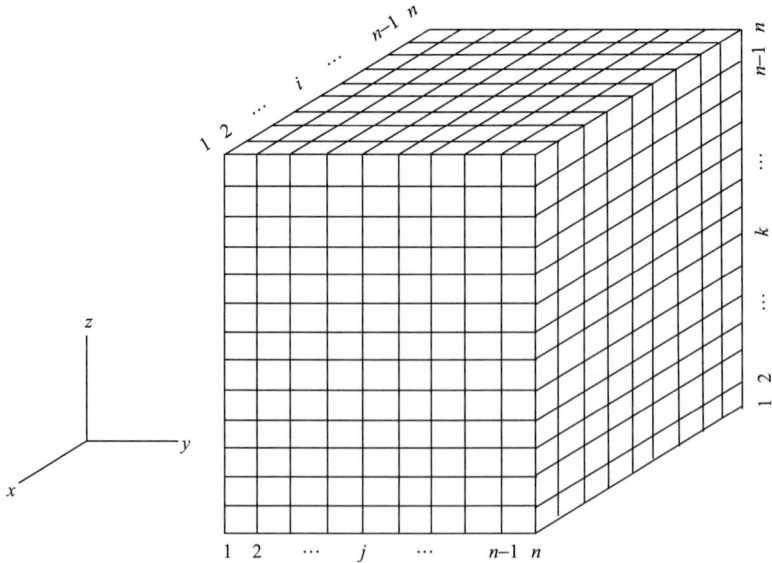

图 3.3 空间剖分示意图

N/n。这一过程称为空间剖分，其中

$$h_x = L/n, \; h_y = M/n, \; h_z = N/n \tag{3.34}$$

式中，h_x、h_y、h_z 分别为 x、y、z 方向的空间步长，每个小长方体的角顶称为空间节点。

类似地，假设物理(地质)过程发生的时间为 T，将其划分为 m 个小的间隔，每个间隔的时间长度均为 T/m，其中的任意一个时间间隔用 l 表示。将这一过程称为时间剖分，记 $\tau = T/m$，τ 称为时间步长，每个时间间隔的交点称为时间节点。

经过时间和空间剖分，即可对任意时间和空间节点进行讨论。也就是前面 3.2.1 小节中提到的将连续问题变成了时间和空间节点上的不连续问题。

下面说明近似计算偏微分的方法。对于第 l 个时间间隔的空间节点 (i,j,k)，有 $x_i = h_x \cdot i$，$y_j = h_y \cdot j$，$z_k = h_z \cdot k$。此时的时间为 $t_l = l \cdot \tau$。

根据偏导数的定义，在时间节 t_l 时刻，显然有

$$\left.\begin{array}{r}
\left.\dfrac{\partial u}{\partial x}\right|_{\substack{x=x_i \\ y=y_j \\ z=z_k \\ t=t_l}} \approx \dfrac{u^l_{(i+1,j,k)} - u^l_{(i,j,k)}}{h_x} \\[3mm]
\left.\dfrac{\partial u}{\partial y}\right|_{\substack{x=x_i \\ y=y_j \\ z=z_k \\ t=t_l}} \approx \dfrac{u^l_{(i,j+1,k)} - u^l_{(i,j,k)}}{h_y} \\[3mm]
\left.\dfrac{\partial u}{\partial z}\right|_{\substack{x=x_i \\ y=y_j \\ z=z_k \\ t=t_l}} \approx \dfrac{u^l_{(i,j,k+1)} - u^l_{(i,j,k)}}{h_z}
\end{array}\right\} \tag{3.35}$$

图 3.4 显示了求不同偏微分时使用的 u 值。注意，式(3.33)中使用的是约等号"$\approx$"，这是因为空间步长未取趋向于零的极值，最终代入到方程中时也是如此。由于在实际计算过程中时间步长和空间步长不可能为零，所以数值法解算偏微分方程实际上是一种近似计算。这一点在本节的前面就已经提到，在这里能够非常清楚地看出来。

类似地，对于节点 (i,j,k)，时间 t_l，可以求得 u 对时间的偏微分

$$\left.\dfrac{\partial u}{\partial t}\right|_{\substack{x=x_i \\ y=y_j \\ z=z_k \\ t=t_l}} \approx \dfrac{u^l_{(i,j,k)} - u^{l-1}_{(i,j,k)}}{\tau} \tag{3.36}$$

注意，式(3.36)中，使用的是时间步长而不是空间步长，另外还用到 $u^{l-1}_{(i,j,k)}$，即节点 (i,j,k) 的上一个时间节点(通常称为时间层) $l-1$ 的值，它表示的是 $u(i,j,k)$ 在时间 $t=(l-1)\tau$ 时的值 $u^{l-1}_{(i,j,k)}$。如果将 $t=l\tau$ 和 $u^l_{(i,j,k)}$ 称为本时间层和本时间层的值，则 $t=(l-1)\tau$ 和 $u^{l-1}_{(i,j,k)}$ 则称为上一时间层和上一时间层的值。理论上，上一时间层的值是已知的，对此可以有两种理解，一是最初时的值，此时该值为方程的初始条件，必须在该值已知的情况下才能求出本时间层的定解；二是已经计算过的值，同样也必须是已知的，并且是计算本时间层未知值的基础。

对于二阶偏微分，有

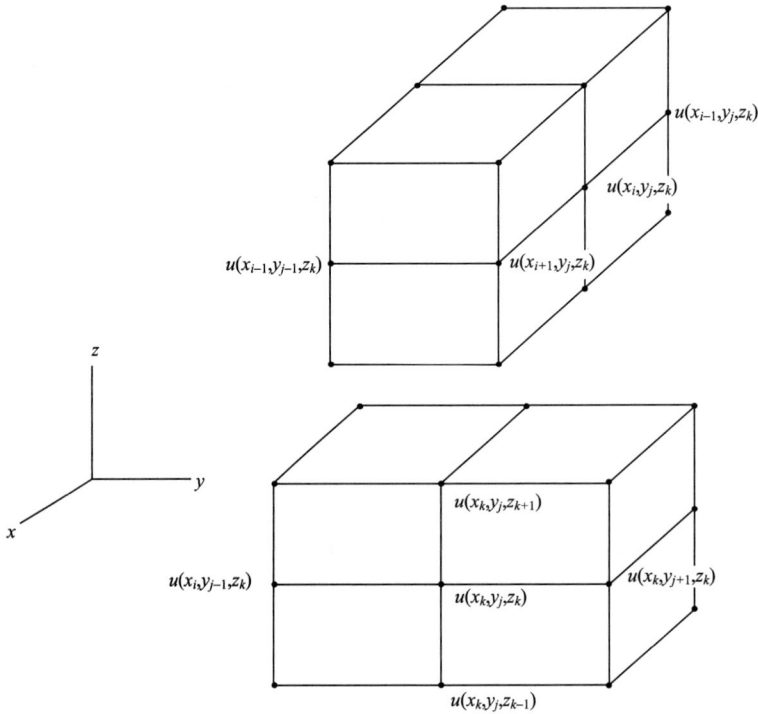

图 3.4　空间节点序号及其函数值(u 的值)

$$\frac{\partial^2 u}{\partial x^2}\Bigg|_{\substack{x=x_i\\y=y_j\\z=z_k\\t=t_l}} \approx \frac{\dfrac{u^l_{(i+1,j,k)}-u^l_{(i,j,k)}}{h_x}-\dfrac{u^l_{(i,j,k)}-u^l_{(i-1,j,k)}}{h_x}}{2h_x}$$

$$=\frac{u^l_{(i+1,j,k)}-2u^l_{(i,j,k)}+u^l_{(i-1,j,k)}}{2h_x^2} \tag{3.37}$$

本小节的第三个问题是在方程的离散过程中使用什么样的差分格式。前人经过大量研究,获得了多种偏导数的表达形式,下面介绍一些常见的差分格式。

显示格式如式(3.38)和式(3.39)所示:

$$\frac{\partial u}{\partial x}\Bigg|_{\substack{x=x_i\\y=y_j\\z=z_k\\t=t_l}} \approx \frac{u^{l-1}_{(i+1,j,k)}-u^{l-1}_{(i,j,k)}}{h_x} \tag{3.38}$$

$$\frac{\partial^2 u}{\partial x^2}\Bigg|_{\substack{x=x_i\\y=y_j\\z=z_k\\t=t_l}} \approx \frac{u^{l-1}_{(i+1,j,k)}-2u^{l-1}_{(i,j,k)}+u^{l-1}_{(i-1,j,k)}}{2h_x^2} \tag{3.39}$$

式(3.38)表明,显式格式采用上一时间层 $t=(l-1)\tau$ 的函数值,此时 u 对 x 的偏微分可以直接计算出来,代入到方程后方程的形式会比较简单并且容易解算。但这种差分格式存在一些问题,如解的精度和稳定性可能较差,有时会发散而得到无法预测的解算结果,甚至无解。

隐式格式如式(3.35)和式(3.36)所示,由于采用了本时间层的值,无论是 u 对 x

的偏微分、点 $u(i,j,k)$ 以及其周边的 u 值都是未知的，这种格式代入到偏微分方程中会使方程变得非常复杂，可能会生成复杂的非线性代数方程组。但一般情况下这样获得的解精度较高，收敛性较好并且不容易发散。而且即使是非常复杂的非线性方程组，目前的数学方法也能够对其进行求解。

蛙跳格式分为显式蛙跳格式和隐式蛙跳格式。显式蛙跳格式可表示为

$$\frac{\partial u}{\partial x}\bigg|_{\substack{x=x_i\\y=y_j\\z=z_k\\t=t_l}} \approx \frac{u^{l-1}_{(i+1,j,k)} - u^{l-1}_{(i-1,j,k)}}{2h_x} \tag{3.40}$$

式（3.40）明显反映了这种格式名称的来由，即采用的节点不是相邻的，而是隔开一个节点。隐式蛙跳格式可表示为

$$\frac{\partial u}{\partial x}\bigg|_{\substack{x=x_i\\y=y_j\\z=z_k\\t=t_l}} \approx \frac{u^{l}_{(i+1,j,k)} - u^{l}_{(i-1,j,k)}}{2h_x} \tag{3.41}$$

相对而言，蛙跳格式将问题空间扩大，可以使方程的解更加稳定。

二层格式是显式格式和隐式格式的混合，同时采用了本时间层和上一时间层的数据，这样能够使方程的解精度和稳定性有所提高，但同时也带来了运算量增大的问题。其表达式为

$$\frac{\partial u}{\partial x}\bigg|_{\substack{x=x_i\\y=y_j\\z=z_k\\t=t_l}} \approx \frac{u^{l}_{(i+1,j,k)} - u^{l}_{(i-1,j,k)} + u^{l-1}_{(i+1,j,k)} - u^{l-1}_{(i-1,j,k)}}{4h_x} \tag{3.42}$$

$$\frac{\partial^2 u}{\partial x^2}\bigg|_{\substack{x=x_i\\y=y_j\\z=z_k\\t=t_l}} \approx \frac{u^{l}_{(i+1,j,k)} - 2u^{l}_{(i,j,k)} + u^{l}_{(i-1,j,k)} + u^{l-1}_{(i+1,j,k)} - 2u^{l-1}_{(i,j,k)} + u^{l-1}_{(i-1,j,k)}}{4h_x^2} \tag{3.43}$$

上面的差分格式只是众多格式的一些典型代表，感兴趣的读者可以参考相关文献。利用上述差分格式即可对偏微分方程进行离散化。

3.2.3 有限差分法——方程离散化实例

仍以式（3.22）为例进行偏微分方程的离散化。

对式（3.22），首先进行如图 3.5 所示的网格剖分，注意，图中的横轴是对扩散时间 t 的剖分，完全没有空间上的意义。考虑图 3.5，假定计算扩散通道的厚度为 H，从烃源层顶面开始，沿垂直烃源层层面向上的方向（即 $+z$ 方向）将其剖分为 $n+1$ 个单位，各单位的长度 h 相等，即空间步长为

$$h = \frac{H}{n} \tag{3.44}$$

类似地将计算时间 T 划分为 m 个相等的单位，故有时间步长

$$\tau = \frac{T}{m} \tag{3.45}$$

令

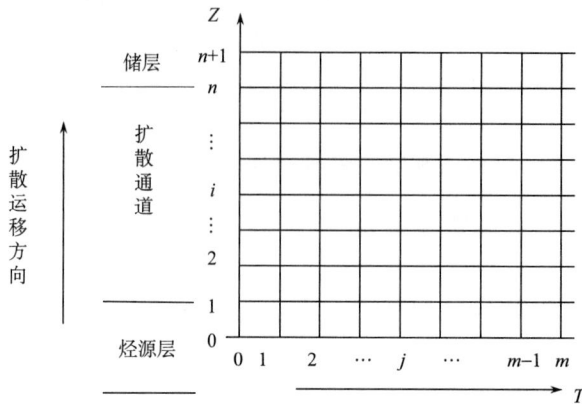

图 3.5   扩散方程时-空网格剖分示意图

$$\gamma = D\,\frac{\tau}{2h^2} \tag{3.46}$$

对于方程

$$-D\,\frac{\partial^2 C}{\partial z^2} + \frac{\partial C}{\partial t} = 0 \tag{3.47}$$

中的 $\dfrac{\partial^2 C}{\partial z^2}$ 项采用隐式差分格式

$$\frac{\partial^2 C_i^j}{\partial z^2} = \frac{C_{i+1}^j - 2C_i^j + C_{i-1}^j}{2h^2} \tag{3.48}$$

对 $\dfrac{\partial C}{\partial t}$ 项采用隐式差分格式

$$\frac{\partial C_i^j}{\partial t} = \frac{C_i^j - C_i^{j-1}}{\tau} \tag{3.49}$$

将式(3.46)、式(3.48)和式(3.49)代入式(3.47)，式(3.47)被离散成一个线性方程组

$$C_i^j - \gamma(C_{i+1}^j - 2C_i^j + C_{i-1}^j) = C_i^{j-1} \quad i=1,2,\cdots,n;\ j=1,2,\cdots,m \tag{3.50}$$

式中，C_i^j 表示在时间和空间位置分别为 $t=j\tau$，$z=ih$ 时盖层中的游离甲烷浓度。

令 $i=1,2,\cdots,i,\cdots,n$；$j=j\tau$，式(3.50)可变换为

$$\begin{cases} C_1^j - \gamma(C_2^j - 2C_1^j) = C_1^{j-1} + \gamma C_0^j \\ C_2^j - \gamma(C_3^j - 2C_2^j + C_1^j) = C_2^{j-1} \\ \qquad\qquad\vdots \\ C_i^j - \gamma(C_{i+1}^j - 2C_i^j + C_{i-1}^j) = C_i^{j-1} \\ \qquad\qquad\vdots \\ C_{n-1}^j - \gamma(C_n^j - 2C_{n-1}^j + C_{n-1}^j) = C_{n-1}^{j-1} \\ C_n^j - \gamma(-2C_n^j + C_{n-1}^j) = C_{n-1}^{j-1} + \gamma C_{n+1}^j \end{cases} \tag{3.51}$$

式(3.51)可进一步转化为

$$
\begin{bmatrix}
1+2r & -r & & & \\
-r & 1+2r & -r & & \\
& \ddots & \ddots & \ddots & \\
& & -r & 1+2r & -r \\
& & & -r & 1+2r
\end{bmatrix}
\begin{bmatrix}
C_1^j \\
C_2^j \\
\vdots \\
C_{n-1}^j \\
C_n^j
\end{bmatrix}
=
\begin{bmatrix}
C_1^{j-1}+rC_0^j \\
C_2^{j-1} \\
\vdots \\
C_{n-1}^{j-1} \\
C_n^{j-1}+rC_{n+1}^j
\end{bmatrix}
\tag{3.52}
$$

式(3.52)的地质意义就是通过解算该方程，能够知道在时间 $t=j\tau\ (j=1,2,\cdots,m)$ 时，空间节点 $i=1,2,\cdots,n$ 上的甲烷浓度，进一步可以利用这些浓度值，根据菲克第一定律来近似计算扩散散失的甲烷的量，最终解算出 3.1.2 小节中提出的问题，即甲烷通过扩散通道从烃源层向储层扩散运移的数量。

至此，完成了偏微分方程的离散化工作。

3.2.4 方程的求解

在 3.2.3 小节中，把二阶定系数抛物型扩散方程离散化为一个线性方程组，偏微分方程可用该线性方程组近似表达，这样方程的解算就成为可能。但是仍然存在两个问题，一个是如何使方程具有定解，另外就是如何求解线性方程组。

方程获得定解的条件包括前面提到的初始条件和将要讨论的边界条件。仍以扩散方程为例进行讨论。

考察式(3.52)，对方程进行求解时是按照时间步长，从 $t=\tau$ 一直解算到 $t=m\tau$。首先要解出时间 $t=\tau$ 时的解。此时方程为

$$
\begin{bmatrix}
1+2r & -r & & & \\
-r & 1+2r & -r & & \\
& \ddots & \ddots & \ddots & \\
& & -r & 1+2r & -r \\
& & & -r & 1+2r
\end{bmatrix}
\begin{bmatrix}
C_1^1 \\
C_2^1 \\
\vdots \\
C_{n-1}^1 \\
C_n^1
\end{bmatrix}
=
\begin{bmatrix}
C_1^0+rC_0^1 \\
C_2^0 \\
\vdots \\
C_{n-1}^0 \\
C_n^0+rC_{n+1}^1
\end{bmatrix}
\tag{3.53}
$$

由式(3.53)可知，如果要对方程进行解算，该式右边的参数必须全部已知。此时 $C_1^0,C_2^0,\cdots,C_{n-1}^0,C_n^0$ 即为初始条件，其地质意义非常好理解，它表达的意思是在天然气未开始扩散时从烃源层顶面到储层底面之间扩散通道上各个节点的甲烷浓度必须是已知的。

此外，在初始状态下方程的右边还有两个变量，C_0^1 和 C_{n+1}^1，对任意时间层，它们可表示为 $(C_0^j,C_{n+1}^j)(j=1,2,\cdots,m)$。上面的两个变量是 $t=j\tau$ 时间层的甲烷浓度值，同时还是分别位于烃源层顶面和储层底面，称之为边界条件。也就是说在解算方程时，只有当本时间层边界上的值也是已知的时候方程才有解。这就是方程有定解的边界条件。

以上结合实例讨论了方程获得定解的初始条件和边界条件，它们被称为边初值条件。下面具体来设置方程(3.22)的边初值条件。

设想在地质历史时期，如果不考虑生物成因气，有机质生烃是在其成熟度达到一定值之后才开始的，据此得到方程(3.22)的初始条件(含初始时刻的边界条件)为 $C_i^0 = 0$，$i = 0, 1, \cdots, n+1$。

考虑时间不为零时的下边界条件。当 $i = 0$，$t = j\tau$ $(j = 1, 2, \cdots, m)$ 时，即在烃源层与扩散通道的交界处，甲烷浓度可表示为

$$C_0^j = C_0^{j-1} + \frac{G_a^j H_t M \rho_c - Q_d^{j-1}}{H_t} \tag{3.54}$$

式中，C_0^j 为 $t = j\tau$ 时煤层与盖层交界处的甲烷浓度值，$\mathrm{m^3/m^3}$；G_a^j 为 $t = j\tau$ 时煤层在时间 τ 内单位面积($1\mathrm{m} \times 1\mathrm{m}$)上的阶段生气量，$\mathrm{m^3/t}$；$H_t$ 为 $t = j\tau$ 时煤层的厚度，注意，在地质历史时期，煤层厚度会因压实等作用而产生变化，m；M 为煤层中的纯有机质含量，小数；ρ_c 为煤层的视密度，$\mathrm{t/m^3}$；Q_d^{j-1} 为 $t = (j-1)\tau$ 时间层煤层在单位面积($1\mathrm{m} \times 1\mathrm{m}$)上向盖层的总扩散运移量，$\mathrm{m^3/m^2}$。

显然，式(3.54)是一个物质平衡式，其含义是本时间层甲烷浓度等于上一时间层甲烷浓度与本时间层内甲烷浓度增量之和。该式右边第二项表示生气量与扩散运移出烃源层的气量之差再换算成体积浓度($\mathrm{m^3/m^3}$)，即单位面积煤层内甲烷浓度的增量。理论上，应采用本时间层的扩散运移量 Q_d^j，但因本时间层内的甲烷浓度均为未知，只能够采用上一时间层的量来近似替代。

以下计算 Q_d^{j-1}，考虑由 $t = (j-2)\tau$ 到 $t = (j-1)\tau$ 时间和单位面积内从烃源层向扩散通道的扩散气量，假定在 $t = (j-2)\tau$ 到 $t = (j-1)\tau$ 时间内，烃源层内部与其顶面的甲烷浓度分别为 C_0^{j-1} 和 C_1^{j-1}，由菲克第一定律，有

$$Q_d^{j-1} = D \frac{C_0^{j-1} - C_1^{j-1}}{h} \tau \tag{3.55}$$

将式(3.55)代入式(3.54)即得方程(3.22)显示格式的下边界条件

$$C_0^j = C_0^{j-1} + \frac{G_a^j H_t M \rho_c - D(C_0^{j-1} - C_1^{j-1})\tau/h}{H_t} \tag{3.56}$$

显然，式(3.56)右边参数全部为已知，能够进行计算。进一步考虑方程的上边界，第 n 个空间节点，即扩散通道与储层的交界面。在该点上增加第 $n+1$ 个虚拟点，则有

$$C_n^j = C_n^{j-1} - \frac{Q_{d1}^j}{h\rho_c} \tag{3.57}$$

式中，Q_{d1}^{j-1} 为 $t = j\tau$ 时盖层中由 n 向 $n+1$ 节点单位面积上的总扩散量。

令

$$C_{n+1}^{j-1} = C_n^{j-2}$$

同样由菲克第一定律，有

$$Q_{d1}^{j-1} = D \frac{C_n^{j-1} - C_{n+1}^{j-1}}{h} \tau = D \frac{C_n^{j-1} - C_n^{j-2}}{h} \tau \tag{3.58}$$

将式(3.56)代入式(3.55)，得方程(3.22)的上边界条件

$$C_n^j = C_n^{j-1} - \frac{D\tau(C_n^{j-1} - C_n^{j-2})}{h} \tag{3.59}$$

至此，得到了方程(3.22)的边界条件。

下面介绍方程组(3.48)的解法。该方程组是一个线性方程组，方程的系数矩阵为简单的三对角矩阵，可以采用追赶法来求解。

对方程组

$$
\begin{cases}
b_1 x_1 + c_1 x_2 & = d_1 \\
a_2 x_1 + b_2 x_2 + c_2 x_3 & = d_2 \\
\quad\quad\quad \cdots & \\
\quad\quad a_k x_{k-1} + b_k x_k + c_k x_{k+1} & = d_k \\
\quad\quad\quad \cdots & \\
\quad\quad a_{n-1} x_{n-2} + b_{n-1} x_{n-1} + c_{n-1} x_n & = d_{n-1} \\
\quad\quad\quad\quad a_n x_{n-1} + b_n x_n & = d_n
\end{cases}
\tag{3.60}
$$

先将方程组(3.60)第一个方程中 x_1 的系数化为 1

$$
x_1 + \frac{c_1}{b_1} x_2 = \frac{d_1}{b_1}
$$

记 $r_1 = \dfrac{c_1}{b_1}$，$y_1 = \dfrac{d_1}{b_1}$，有

$$
x_1 + r_1 x_2 = y_1
\tag{3.61}
$$

注意到剩下的方程中只有第二个方程中含有变量 x_1，因此消元过程可以简化。利用式(3.61)可将第二个方程化为

$$
x_2 + r_2 x_3 = y_2
$$

这样一步一步地顺序加工方程组(3.60)的每个方程，设第 $k-1$ 个方程已经变成

$$
x_{k-1} + r_{k-1} x_k = y_{k-1}
$$

再利用类似方法从第 k 个方程中消去 x_{k-1}，得

$$
(b_k - r_{k-1} a_k) x_k + c_k x_{k+1} = d_k - y_{k-1} a_k
$$

同除 $(b_k - r_{k-1} a_k)$，得

$$
x_k + \frac{c_k}{b_k - r_{k-1} a_k} x_{k+1} = \frac{d_k - y_{k-1} a_k}{b_k - r_{k-1} a_k} \quad k = 2, 3, \cdots, n
$$

记 $r_k = \dfrac{c_k}{b_k - r_{k-1} a_k}$，$y_k = \dfrac{d_k - y_{k-1} a_k}{b_k - r_{k-1} a_k}$。

则有

$$
x_k + r_k x_{k+1} = y_k
\tag{3.62}
$$

这样做 $n-1$ 步以后，便得到

$$
x_{n-1} + r_{n-1} x_n = y_{n-1}
\tag{3.63}
$$

将式(3.62)与方程组(3.60)中第 n 个方程联立，即可解出

$$
x_n = y_n
$$

这里 $y_n = \dfrac{d_n - y_{n-1}a_n}{b_n - r_{n-1}a_n}$。

于是，通过消元过程，所给方程组(3.60)可归结为以下更为简单的形式

$$
\begin{cases}
x_1 + r_1 x_2 = y_1 \\
\quad\vdots \\
x_k + r_k x_{k+1} = y_k \\
\quad\vdots \\
x_n = y_n
\end{cases}
\tag{3.64}
$$

这种方程组称作二对角型方程组，其系数矩阵中的非零元素集中分布在主对角线和一条次主对角线上

$$
\begin{pmatrix}
1 & r_1 & & & & & \\
 & 1 & r_2 & & & & \\
 & & \ddots & \ddots & & & \\
 & & & 1 & r_k & & \\
 & & & & \ddots & \ddots & \\
 & & & & & 1 & r_{n-1} \\
 & & & & & & 1
\end{pmatrix}
$$

对加工得到的方程组(3.64)自下而上逐步回代，即可依次求出 $x_n, x_{n-1}, \cdots, x_1$，计算式为

$$
\begin{cases}
x_n = y_n \\
x_k = y_k - r_k x_{k+1} \quad k = n-1, n-2, \cdots, 1
\end{cases}
\tag{3.65}
$$

上述算法就是追赶法，它的消元过程与回代过程分别称作"追"过程与"赶"过程。综合追与赶的过程，得如下计算式

$$
\begin{cases}
r_1 = \dfrac{c_1}{b_1} \quad y_1 = \dfrac{d_1}{b_1} \\[2mm]
r_k = \dfrac{c_k}{b_k - r_{k-1}a_k} \\[2mm]
y_k = \dfrac{d_k - y_{k-1}a_k}{b_k - r_{k-1}a_k} \quad k = 2, 3, \cdots, n
\end{cases}
\tag{3.66}
$$

$$
\begin{cases}
x_n = y_n \\
x_k = y_k - r_k x_{k+1} \quad k = n-1, n-2, \cdots, 1
\end{cases}
\tag{3.67}
$$

至此，实现了利用有限差分法对二阶定系数抛物型扩散方程的解算。下面给出一个很简单解的实例。

假定煤系中存在单个孤立的煤储层，其上下盖层性质均一，煤层甲烷以相同的速率向上和向下扩散，盖层外部边界甲烷浓度设定为零。对图 3.6 的模型，设煤储层厚度为

2.5m；煤储层初始含气量为 50m³/t；灰分和硫分分别为 10% 和 3%，R_{max}^o 为 3.54%；盖层扩散系数为 5×10^{-7} cm²/s；盖层计算厚度 H 分别为 0.5m、1.5m、2.5m、10m、50m 和 100m。

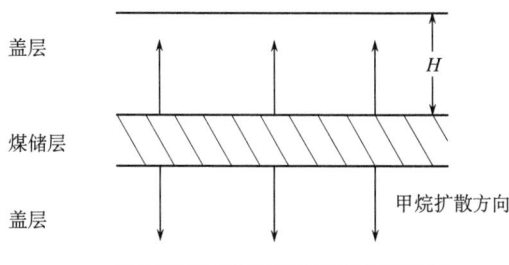

图 3.6 单煤层不生烃扩散模型示意图

根据上面的解算方法编制计算机程序进行计算，结果如图 3.7 所示，图 3.7a 至图 3.7f 依次表示盖层厚度分别为 0.5m、1.5m、2.5m、10m、50m 和 100m 的条件下，煤储层中甲烷浓度随时间的变化情况，对其说明如下。

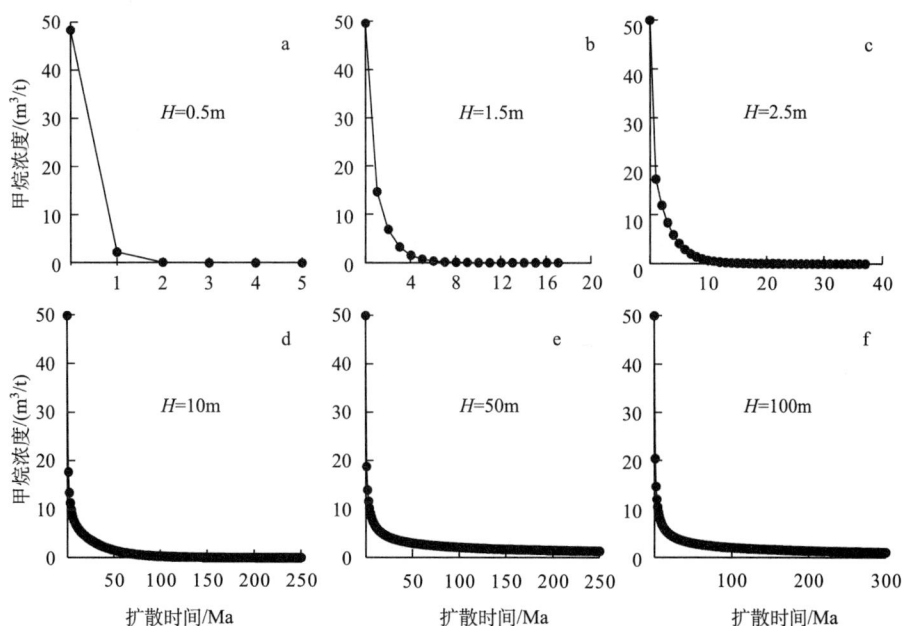

图 3.7 不同盖层厚度下扩散散失煤层含气量变化曲线图

首先，甲烷从煤层向盖层扩散会导致煤储层甲烷浓度持续下降。在扩散初期阶段，由于储层与盖层间的浓度梯度很大，扩散速度非常快，导致煤储层含气量以极快的速度下降。随煤储层含气量降低，储层与盖层间的甲烷浓度差变小，扩散速度逐渐变慢，这在本质上反映的是储层和盖层之间甲烷浓度逐渐均一化的过程。

在不同盖层厚度条件下，相同初始甲烷浓度的煤储层有不同的扩散特征，表现为随着计算盖层厚度增加，扩散速度变慢，对于 0.5m 厚盖层，储层甲烷浓度降至 $0.0001\text{m}^3/\text{t}$ 只需要约 5Ma 的时间，而盖层厚度为 100m 时，则需要约 300Ma 的时间。

由此可见，方程(3.22)能够很好地反映甲烷在介质中发生非稳态扩散的过程。

3.2.5 完整实例

数值方法是进行煤层气储层数值模拟的基本方法，为了让读者更进一步理解和掌握这个手段，下面再给出一个完整的例子。

利用有限差分法，手工计算求解下面的偏微分方程。

对扩散方程及其变初值问题

$$\begin{cases} \dfrac{\partial u}{\partial t} = \dfrac{\partial^2 u}{\partial x^2} & 0 < x < 1 \\ u(x,0) = \sin(\pi x) & 0 < x < 1 \\ u(0,t) = u(1,t) = 0 & t > 0 \end{cases} \tag{3.68}$$

采用差分格式

$$\frac{\partial^2 u}{\partial x^2} = \frac{u_i^j - 2u_i^j + u_{i-1}^j}{h^2}$$

$$\frac{\partial u}{\partial t} = \frac{u_i^{j1} - u_i^{j-1}}{\tau} \tag{3.69}$$

进行计算。

方程的初始条件为

$$u_j^0 = \sin(\pi x) = \sin(0.1 \times i \times \pi) \quad 0 < x < 1 \tag{3.70}$$

边界条件为

$$u_0^j = u_{10}^j = 0 \quad j > 0 \tag{3.71}$$

计算时，取空间步长 $h = 0.1\text{m}$，计算 10 个空间步长(1m)；时间步长 $\tau = 0.025\text{s}$，计算到 $T = 0.4\text{s}$ (计算 16 个时间步长)。进一步考虑把时间步长 τ 延长到 0.1s，考察解的变化情况，是否仍然稳定有解以及解的精度变化。

该方程的解析解为

$$u(x,t) = \exp(-\pi^2 t)\sin(\pi x) \tag{3.72}$$

据此对近似解的精度进行对比。另外，还可以考虑，把时间步长和空间步长作进一步调整(放大或缩小)，观察解的情况。

首先建立差分方程，根据问题，有

$$\frac{u_i^j - u_i^{j-1}}{\tau} = \frac{u_i^j - 2u_i^j + u_{i-1}^j}{h^2} \tag{3.73}$$

已知 $h = 0.1\text{m}$，$\tau = 0.025\text{s}$，仍令 $\gamma = \dfrac{\tau}{h^2} = 0.025/(0.1 \times 0.1) = 2.5$。

整理，得

$$u_i^j - \gamma(u_i^j - 2u_i^j + u_{i-1}^j) = u_i^{j-1} \tag{3.74}$$

已知 $i=1,2,\cdots,i,\cdots10$，当 $t=j\tau$ 时的差分方程组为

$$\begin{cases} u_1^j - \gamma(u_2^j - 2u_1^j) = u_1^{j-1} + \gamma u_0^j \\ u_2^n - \gamma(u_3^n - 2u_2^n + u_1^n) = u_2^{n-1} \\ \qquad\qquad\vdots \\ u_i^j - \gamma(u_{i+1}^j - 2u_i^j + u_{i-1}^j) = u_i^{j-1} \\ \qquad\qquad\vdots \\ u_7^j - \gamma(u_9^j - 2u_8^j + u_7^j) = u_7^{j-1} \\ u_9^j - \gamma(-2u_9^j + u_{81}^j) = u_9^{j-1} + \gamma u_{10}^j \end{cases}$$

进一步转化为

$$\begin{bmatrix} 1+2\gamma & -\gamma & & & \\ -\gamma & 1+2\gamma & -\gamma & & \\ & \ddots & \ddots & \ddots & \\ & & -\gamma & 1+2\gamma & -\gamma \\ & & & -\gamma & 1+2\gamma \end{bmatrix} \begin{bmatrix} u_1^j \\ u_2^j \\ \vdots \\ u_8^j \\ u_9^j \end{bmatrix} = \begin{bmatrix} u_1^{j-1} + \gamma u_0^j \\ u_2^{j-1} \\ \vdots \\ u_8^{j-1} \\ u_9^{j-1} + \gamma u_{10}^j \end{bmatrix}$$

对于第一个时间层（$t=0.025\text{s}$），有

$$\begin{bmatrix} 6 & -2.5 & & & \\ -2.5 & 6 & -2.5 & & \\ & \ddots & \ddots & \ddots & \\ & & -2.5 & 6 & -2.5 \\ & & & -2.5 & 6 \end{bmatrix} \begin{bmatrix} u_1^1 \\ u_2^1 \\ \vdots \\ u_8^1 \\ u_9^1 \end{bmatrix} = \begin{bmatrix} u_1^0 + \gamma u_0^1 \\ u_2^0 \\ \vdots \\ u_8^0 \\ u_9^0 + \gamma u_{10}^1 \end{bmatrix}$$

进一步根据初始条件和边界条件，得

$$\begin{bmatrix} 6 & -2.5 & & & \\ -2.5 & 6 & -2.5 & & \\ & \ddots & \ddots & \ddots & \\ & & -2.5 & 6 & -2.5 \\ & & & -2.5 & 6 \end{bmatrix} \begin{bmatrix} u_1^1 \\ u_2^1 \\ \vdots \\ u_8^1 \\ u_9^1 \end{bmatrix} = \begin{bmatrix} \sin0.1\pi + 0 \\ \sin0.2\pi \\ \vdots \\ \sin0.8\pi \\ \sin0.9\pi + 0 \end{bmatrix}$$

采用追赶法求解上述方程，根据式(3.66)进行"追"的结果如式(3.75)所示。

$$\begin{bmatrix} 1 & -0.4 & & & & & & & \\ & 1 & -0.5 & & & & & & \\ & & 1 & -0.5 & & & & & \\ & & & 1 & -0.5 & & & & \\ & & & & 1 & -0.5 & & & \\ & & & & & 1 & -0.5 & & \\ & & & & & & 1 & -0.5 & \\ & & & & & & & 1 & -1 \\ & & & & & & & & 1 \end{bmatrix} \begin{bmatrix} u_1^1 \\ u_2^1 \\ u_3^1 \\ u_4^1 \\ u_5^1 \\ u_6^1 \\ u_7^1 \\ u_8^1 \\ u_9^1 \end{bmatrix} = \begin{bmatrix} 0.0515 \\ 0.1444 \\ 0.2468 \\ 0.3349 \\ 0.3939 \\ 0.4154 \\ 0.3967 \\ 0.3393 \\ 0.2487 \end{bmatrix}$$

$$(3.75)$$

根据以上结果，进一步根据式(3.67)做"赶"的计算，最终得到的第一个时间层各个 u_i^1 的结果如下

$\mathbf{U}^1 = \{0.2482, 0.4721, 0.6498, 0.7640, 0.8035, 0.7644, 0.6504, 0.4728, 0.2487\}$

对于第二个时间层 $(t = 0.05\text{s})$ 做相应的计算，结果如式(3.76)所示。

$$\begin{bmatrix} 6 & -2.4 & & & & & & & \\ -2.5 & 6 & -2.5 & & & & & & \\ & -2.5 & 6 & -2.5 & & & & & \\ & & -2.5 & 6 & -2.5 & & & & \\ & & & -2.5 & 6 & -2.5 & & & \\ & & & & -2.5 & 6 & -2.5 & & \\ & & & & & -2.5 & 6 & -2.5 & \\ & & & & & & -2.5 & 6 & -3 \\ & & & & & & & -2.5 & 6 \end{bmatrix} \begin{bmatrix} u_1^1 \\ u_2^1 \\ u_3^1 \\ u_4^1 \\ u_5^1 \\ u_6^1 \\ u_7^1 \\ u_8^1 \\ u_9^1 \end{bmatrix} = \begin{bmatrix} 0.2482 \\ 0.4721 \\ 0.6499 \\ 0.7640 \\ 0.8035 \\ 0.7644 \\ 0.6504 \\ 0.4723 \\ 0.2487 \end{bmatrix}$$

$$(3.76)$$

仍采用追赶法求解，得

$\mathbf{U}^2 = \{0.1994, 0.3793, 0.5222, 0.6139, 0.6456, 0.6141, 0.5225, 0.3797, 0.1997\}$

按照时间层依次计算，下面列出第四、八、十二和最后一层 $(t = 0.1\text{s},\ 0.2\text{s},\ 0.3\text{s},\ 0.4\text{s})$ 的结果

$\mathbf{U}^4 = \{0.0776, 0.1434, 0.1882, 0.2730, 0.3203, 0.3250, 0.2877, 0.2141, 0.1140\}$

$\mathbf{U}^8 = \{0.0238, 0.0445, 0.0592, 0.0866, 0.1025, 0.1050, 0.0937, 0.0702, 0.0375\}$

$\mathbf{U}^{12} = \{0.0076, 0.0143, 0.0190, 0.027, 80.0330, 0.0338, 0.0302, 0.0226, 0.0121\}$

$\mathbf{U}^{16} = \{0.0025, 0.0046, 0.0061, 0.0089, 0.0106, 0.0109, 0.0097, 0.0073, 0.0039\}$

由此完成了时间步长为 0.025s 的计算。

同理，对时间步长为 0.1s 的条件进行计算。第一时间层的差分方程如下

$$\begin{bmatrix} 21 & -10 & & & \\ -10 & 21 & -10 & & \\ & \ddots & \ddots & \ddots & \\ & & -10 & 21 & -10 \\ & & & -10 & 21 \end{bmatrix} \begin{bmatrix} u_1^1 \\ u_2^1 \\ \vdots \\ u_8^1 \\ u_9^1 \end{bmatrix} = \begin{bmatrix} \sin 0.1\pi + 0 \\ \sin 0.2\pi \\ \vdots \\ \sin 0.8\pi \\ \sin 0.9\pi + 0 \end{bmatrix}$$

利用与上完全相同的方法进行计算，得

$\mathbf{U}^1 = \{0.1308, 0.2439, 0.3226, 0.4184, 0.4609, 0.4496, 0.3880, 0.2843, 0.1502\}$

$\mathbf{U}^2 = \{0.0574, 0.1074, 0.1437, 0.1888, 0.2110, 0.2081, 0.1811, 0.1335, 0.0707\}$

$\mathbf{U}^3 = \{0.0259, 0.0486, 0.0654, 0.0862, 0.0967, 0.0958, 0.0837, 0.0618, 0.0328\}$

$\mathbf{U}^4 = \{0.0118, 0.0222, 0.0299, 0.0395, 0.0444, 0.0440, 0.0385, 0.0285, 0.0151\}$

注意，虽然时间步长不同，但是这里的时间层上标代表的时间与时间步长为 0.025s 时是完全相同的，即 $\mathbf{U}^1$、$\mathbf{U}^2$、$\mathbf{U}^3$、$\mathbf{U}^4$ 所代表的时间分别是 0.1s、0.2s、0.3s、0.4s。

最后按照解析解方程计算方程的解，利用式(3.72)计算 $t=0.1\text{s}$、0.2s、0.3s、0.4s 时的解，得

$\mathbf{U}^{t=0.1\text{s}} = \{0.1152, 0.2192, 0.3017, 0.3547, 0.3731, 0.3549, 0.3021, 0.2197, 0.1158\}$

$\mathbf{U}^{t=0.2\text{s}} = \{0.0430, 0.0818, 0.1126, 0.1323, 0.1392, 0.1324, 0.1127, 0.0820, 0.0432\}$

$\mathbf{U}^{t=0.3\text{s}} = \{0.0160, 0.0305, 0.0420, 0.0494, 0.0519, 0.0494, 0.0420, 0.0306, 0.0161\}$

$\mathbf{U}^{t=0.4\text{s}} = \{0.0060, 0.0114, 0.0157, 0.0184, 0.0194, 0.0184, 0.0157, 0.0114, 0.0060\}$

至此，完成了全部计算。这是利用 Excel 软件完成的，可以看出，如果完全用手工来计算将会耗费很多的时间。下面对计算结果进行绘图并分析(图 3.8)。

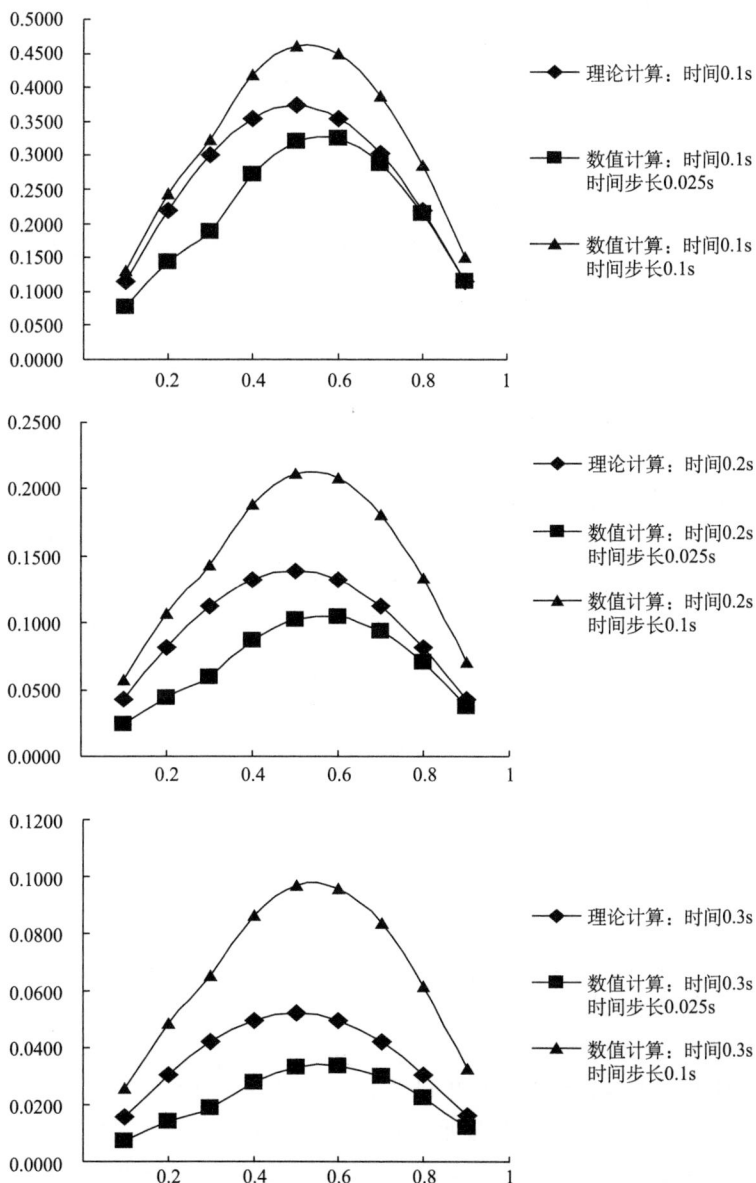

图 3.8 三种方法计算结果曲线图

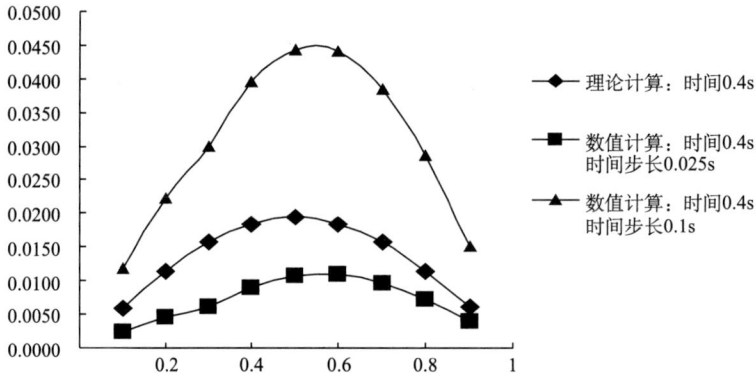

图 3.8　三种方法计算结果曲线图(续)

　　首先,解析解(图 3.8 中称为理论计算)的结果为精确解,从计算开始到 0.4s 结束。其总体变化特征是所有空间节点的数值均随着时间的推移而减小,边界上的值与中间节点值的差也越来越小,即曲线越来越"平"。观察时间步长为 0.025s 的计算结果,四个图均反映出该时间步长下解的变化趋势与解析解相似,而随着时间的推移,数值解与精确解的误差逐渐加大。进一步观察时间步长为 0.1s 的计算结果,虽然其解仍与解析解基本相似,但边界点与中间节点数值之差的减小不如解析解和时间步长为 0.05s 的解明显,其误差比时间步长为 0.025s 的计算结果要大。

　　从上面的分析可以看出几点:首先,偏微分方程的数值解仅仅是一种近似解,与理论上的精确解相比肯定会存在不同程度的误差;其次,解的精度与计算参数,如时间和空间步长相关,此二值越小,误差越小;再次,随着时间和空间步长的增大,误差越来越大,不但得不到较为精确的解,而且可能会出现发散的现象,出现不可预测的解。

　　另外,从上面的分析过程还可以看出,所得到的成果数据数量众多,仅从数据表上观察这些数据较难发现其中的规律,从曲线图上则一目了然。因此,在煤层气储层模拟研究中,各种图件,包括曲线图、等值线图以及三维立体图等对认识计算结果的总体特征,分析其变化情况和内在规律等是非常重要的。在实际工作中,应尽量避免单凭几个数据作出判断,而是要认真研究结果的各种特征并慎重作出判断。

3.2.6　差分格式的相容性、稳定性和收敛性

　　用有限差分法对偏微分方程进行求解时会遇到一系列的理论问题。如当采用一种差分格式求解时,需要研究这些差分格式的相容性、稳定性和收敛性,本章最后对这些问题进行简单的介绍。

　　从建立差分方程的差分近似过程中已经看出,用不同的差分方程来近似地代替微分方程,或者说用不同的差分方程来逼近微分方程,截断误差是不同的。截断误差能反映出用差分方程代替微分方程的精度。如果一个差分格式的截断误差为

$$R_j^n = O(\tau^\alpha + h^\beta) \tag{3.77}$$

则称该格式对时间 t 是 α 阶精度的，对空间 x 是 β 阶精度的，当 $\alpha=\beta$ 时，称该格式是 α 阶精度的。

为求出一个给定的差分格式的截断误差，只需将各式中的各个项 u_j^k 同时用微分方程的解在相应点 (j,k) 的值 $u(j,k)$ 代入，再将各项对在 (j,k) 处进行泰勒级数展开，就会得到一个误差项，这个误差项就是截断误差。

从偏微分方程导出差分方程时，总是要求当 $\tau,h\to0$ 时，差分方程能与微分方程充分接近，这个事实称为差分格式的相容性。差分方程是微分方程的相容逼近，或称差分格式是相容的，这是指当 $\tau,h\to0$ 时，这个格式的截断误差趋于 0。要用差分方程求解偏微分方程，即用差分方程的解作为微分方程的近似解，相容性条件必须满足。

可见，相容性表达了微分方程与差分方程间的下述关系：一个差分格式与一个微分方程相容则表明当 $\tau,h\to0$ 时，差分算子 L_h 与微分算子 L 对任意光滑函数的作用是相同的，所以可用相容的差分格式近似相应的微分方程，而截断误差的阶是对一个近似程度的度量。

从前面对方程的解算过程可以看出，在实际解方程时都采取逐层计算的形式。如果某层上出现误差必然逐层传播，影响以后各层的计算。研究这个误差传播的规律，就是方程解的稳定性问题。

采用不同的差分格式对不同的偏微分方程进行解算，会出现不同的误差传播规律，有时误差会逐层增大，而有时则逐层减小。所以研究差分格式的稳定性是一个非常重要的课题。

解方程的目的是希望用差分格式计算出来的解在 $\tau,h\to0$ 时，能逼近于相应微分方程的解，这就是收敛性问题。

设函数 $u(x,t)$ 是微分方程的解，u_j^k 是逼近这个微分方程的差分格式的解，称差分格式是收敛的，是指对任意 t $(0<t\leqslant T)$，当步长 $\tau,h\to0$，$n\tau=t$ 时，有

$$\|u-[u]^n\|\to0 \tag{3.78}$$

式中，$u^n=(u_1^n,u_2^n,\cdots,u_{N-1}^n)^r$，$[u]^n=[u(1,n),u(2,n),\cdots,u(N-1,n)]^r$，而 $u(1,n)=u(x_1,t_n)$，其余类推。

一般而言，差分格式的相容性是易于验证的；为得到差分格式的收敛性，可以根据相关定理进行计算和判断；重要的是判断格式的稳定性，这同样可以采用某些方法来进行。

本章中涉及的扩散方程，采用了两层隐式格式，差分格式是无条件稳定的，故在计算时可以不需考虑网格比大小和时间步长等参数的影响，易于获得有意义的解。

第二篇
模型与软件

4　煤层气产出模型

可以认为，煤层气从地面直井内产出的过程是一个加入了工程和人为控制因素的复杂地质过程，要实现该过程的数值模拟就必须深入认识该过程。本章将首先分析地面开发井煤层气产出的机理并建立地质模型，然后研究表达该过程的数学模型，最后介绍数学模型的解算方法。

4.1　地质模型

在阐述煤层气产出的地质模型之前，先简单回顾一下 2.2 节介绍的煤层气井排采过程。煤层气地面开发直井的施工首先是钻井，继而完井，然后可根据需要进行试井或实施压裂激化工程，上述工作完成之后即开始排采。图 4.1 和图 4.2 表示了排采过程中井的状态和产气产水过程(McElhiney *et al.*，1989)。

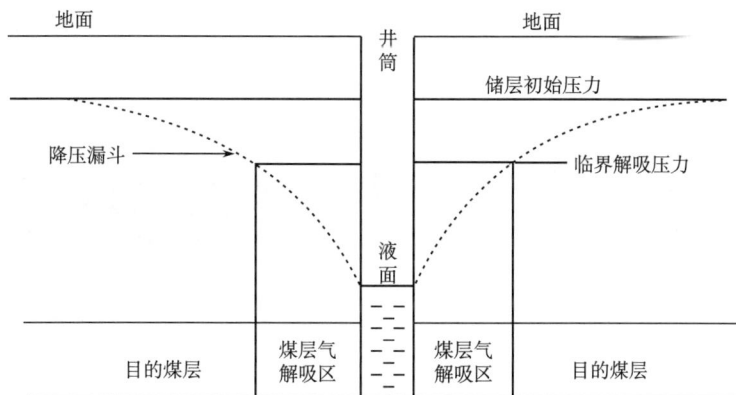

图 4.1　煤层气直井和降压漏斗示意图

按照煤层气井气和水的产出特征，可将其生产过程分成三个阶段。

首先是抽水降压阶段，通过抽出储层中的水形成一个以井筒为中心的降压漏斗。当储层压力下降到临界解吸压力以下时甲烷开始解吸，从吸附态转变为游离态，游离气以扩散的方式通过基质块体微孔或孔壁进入裂隙系统，再以渗流方式进入井筒并开始产气。在此阶段内，煤层气的产出量从无到有并逐渐升高。此阶段的延续时间可为几天或数月，有时也可以更长。

其次为稳定生产阶段，产气量继续升高，达到最高值之后逐渐下降，总体而言，产气量相对稳定。产水量则呈现逐渐下降的趋势。这一阶段通常在 3～5 年，有时也可能更长。

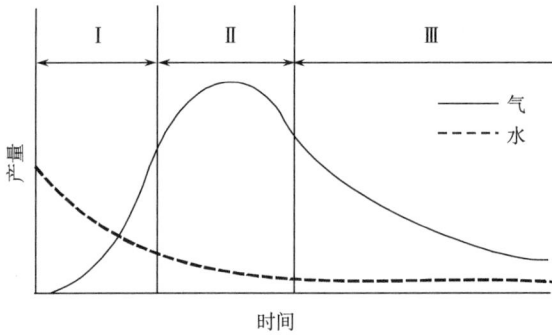

图 4.2　煤层气井的三个生产阶段

最后是产量下降阶段，此阶段内产气量逐渐下降，产水量一般很低。延续时间可在 10 年以上，有时还会更长。当井的储层压力或产气量下降至一定值时，即达到寿命而终止排采。

按照煤储层内流体流动的状态和组成特征，可以将煤层气的产出过程大致分为三个阶段，如图 4.3 所示。

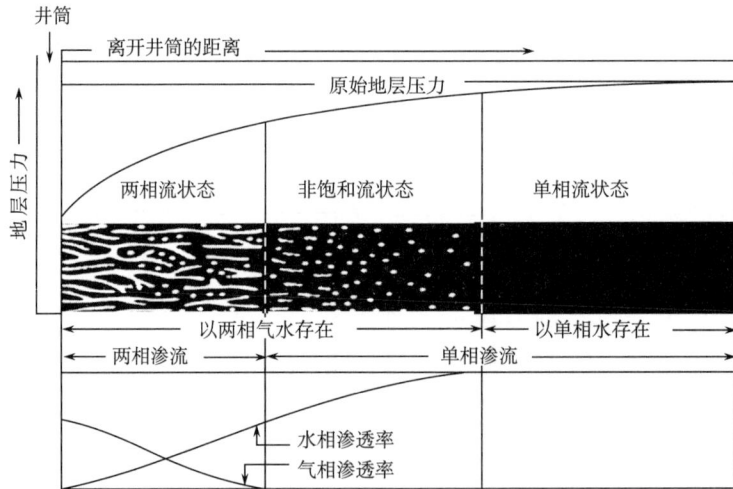

图 4.3　煤层气产出的三个阶段(据 McElhiney et al.，1989)

第一阶段称为单相流动阶段，井筒附近压力降低但未达到临界解吸压力，裂隙系统中的水在降压漏斗压差的驱动下开始向井筒流动，没有煤层气解吸而只有水产出。此阶段因井筒附近的裂隙系统内只有单相的水在流动而得名。

第二阶段称为非饱和单相流动阶段，储层压力进一步下降，达到临界解吸压力后开始有一定数量的甲烷解吸出来，扩散进入裂隙系统，并在裂隙系统中形成孤立的气泡，这些气泡不能流动，但它们阻碍了水的流动。

第三阶段为气水两相流动阶段，随着解吸甲烷的增加，气泡相互连接形成流线，气相和水相同时流向井筒并产出。

　　这三个阶段是一个连续的过程，随着时间的延长，三个阶段由井筒沿径向依次向周围的煤层推进。在一些特殊的情况下，三个阶段可能不全部出现。如果煤层附近有富水性高的含水层发育，并且与储层存在某种沟通通道，如含水层与储层直接接触或其间存在连通性断层，在这种情况下单相水流阶段可能会延续非常长的时间。还有这样一种井，经历了前三个阶段之后，储层中的水已经基本排空，只有气体产出，即"第四阶段"，单相气流动阶段。此外，煤储层中可能含有一定的游离气和水溶气，在单相流阶段的初期，这些气体会随水同时产出，这个过程的持续时间一般都很短，对井的生产影响不大。

　　综上，地面开发井煤层气的产出过程可用如下地质模型来描述(King and Ertekin，1989；Young，1998)。

　　煤储层为典型的双重孔隙介质，煤基质块体中发育有丰富的微孔隙，煤储层的面割理和端割理形成了一种近似正交的裂隙网络。

　　煤层气在煤储层中主要以吸附态赋存在基质块体微孔隙的内表面，一部分气体呈游离态分布于储层各类孔隙中，少量气体呈水溶态溶于分布在储层裂隙系统内的水中。煤层气由基质块体孔隙向裂隙系统运移经历了解吸和扩散两个过程。吸附和解吸是一种可逆过程，在一定条件下，吸附气与游离气可以通过吸附与解吸作用相互转化，其吸附与解吸过程符合 Langmuir 等温吸附定理。解吸的游离态甲烷在浓度差作用下，以扩散的形式穿过基质块体的孔壁进入裂隙系统，扩散的过程符合菲克定律。

　　裂隙系统是煤层气和水向井筒运移的通道，运移的方式为渗流。煤储层中流体的渗流运移是一种复杂的三维多相非定常流场，在一定条件下可简化为二维二相非定常流场或一维二相非定常流场。在抽水降压形成的压力差和储层产状倾斜产生的重力势能的作用下，煤层气在裂隙系统中和水一起以各自独立的相态进行混相渗流运移，该过程符合达西定理。

　　由上可知，煤层气的产出包括解吸-扩散-渗流三个阶段，这与砂岩、碳酸盐岩等储层中的常规天然气只需要通过岩石孔隙或裂隙渗流的产出过程有很大的差别。煤层气的产出模型亦围绕上述三个阶段进行。另外，随着研究的深入，煤层气产出的理论有了很大的发展，形成了诸如多组分气体模型、多重孔隙系统模型等更为精细和全面的模型，这些将在后面的章节中介绍。

4.2　数学模型

　　数学模型将按照地质模型中描述的两个过程，即解吸与扩散、渗流来介绍，同时还包括边界条件和初始条件部分。下面介绍的内容主要源自文献 Pavone 和 Schwerer (1984)、Ertekin 和 King (1983)、骆祖江(1997)和 ARI (2005a)等。

4.2.1　解吸与扩散

　　煤层气的解吸与吸附是一个可逆过程，所以其解吸同样可用 Langmuir 方程来描述

$$C(P) = \frac{V_L P}{P_L + P_g} \tag{4.1}$$

式中，V_L 为 Langmuir 体积，m^3/m^3；P_L 为 Langmuir 压力，MPa^{-1}；P_g 为储层压力，MPa；$C(P)$ 为平衡吸附气体浓度，m^3/t。

根据菲克第一定律，同时考虑基质块体的形状特性，有

$$q_m = D\sigma(C(t) - C(P_g)) \tag{4.2}$$

式中，σ 为形状因子，m^{-2}；D 为煤基质块体扩散系数，m^3/s；$C(t)$ 为 t 时刻基质块体中煤层气的总平均浓度，m^3/m^3；$C(P_g)$ 为 t 时刻基质块体中煤层气的吸附平衡浓度，m^3/m^3；q_m 为由基质块体进入裂隙的煤层气速率，m^3/s。

式(4.2)右边括号项表示基质块体中煤层气的总平均浓度与其中煤层气的吸附平衡浓度的差值，其中 $C(t)$ 表示的是基质块体中吸附气和游离气的总和构成的浓度值，如果忽略其中的水溶气，则表示基质块体中游离甲烷的平均浓度，如果进一步忽略裂隙系统中游离气和水溶气的浓度，即代表基质块体外边界与裂隙空间之间的甲烷浓度差。也就是说，它就是基质块体中游离甲烷向裂隙系统扩散的驱动力。

形状因子在某种意义上可以理解为甲烷分子的扩散距离，相当于菲克定律中的距离变量。它与基质块体单元的形状和大小有关，可以用基质块体单元的表面积来表达，即

$$\sigma = \alpha A_m / V_m \tag{4.3}$$

式中，α 为等效圆柱体或球体半径，或为板状储层的一半厚度（图 4.4），m；A_m 为基质块体的表面积，m^3；V_m 为煤基质块体体积，m^3。

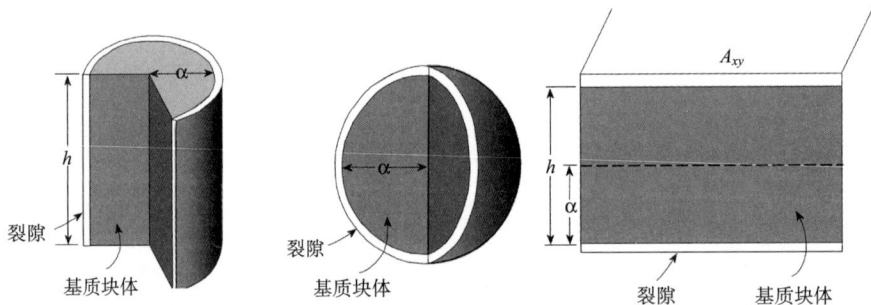

图 4.4　等效圆柱体、球形和板状煤储层基质块体单元示意图（据 ARI，2005a）

通常认为，煤储层是一种板状的空间体，但也常常存在不规则的情况，故另外设置了等效圆柱体和球形两种形状。表 4.1 显示了不同形状的基质块体单元的形状因子、基块单元大小和解吸时间之间的关系。如图 4.4 所示，在表 4.1 中 a 为等效半径，h 为储层厚度，s 为裂隙间距。

因煤基质块体形状特征规律性很差，在很多情况下煤基质块体的形状参数很难确定，基块扩散系数也难于测试。为了解决这个问题，通常是在实验室中对煤样进行解吸实验，将解吸气量为总解吸气量 63% 时的时间理解为解吸时间 r，同时令 $r = 1/D\sigma$。利用上述方法获得这一重要参数，同时避免了几乎无法克服的困难。

表 4.1　形状因子、基块单元大小和解吸时间之间关系（据 ARI，2005a）

参数	板状	圆柱形	球形
A_m	A_{xy}	$2\pi ah$	$4\pi a^2$
V_m	aA_{xy}	$\pi^2 ah$	$(4/3)\pi a^2$
α	$3/a$	$4/a$	$5/a$
σ	$3/a^2$	$8/a^2$	$15/a^2$
τ	$a^2/(3D)$	$a^2/(8D)$	$a^2/(15D)$
τ	$s^2/(12D)$	$s^2/(8\pi D)$	$s^2/[(4\pi/3)^{2/3}15D]$

注：表中，s 为割理间距，m；其他参数的含义见式(4.2)和式(4.3)中的解释。

将式(4.2)写成导数的形式

$$\frac{\mathrm{d}C}{\mathrm{d}t}=-\frac{1}{r}(C(t)-C(P_g)) \tag{4.4}$$

结合初边值条件

$$C(t)=C_i \quad (t=0) \quad C(t)=C(P_g) \quad t>0,\ C\in\Gamma_1 \tag{4.5}$$

式中，Γ_1 为基质的外部边界；C_i 为初始甲烷浓度，m^3/m^3。

初值条件很好理解，边界条件表示任意时刻在基质块体外边界上只有吸附气而没有游离气，利用式(4.5)对式(4.4)求解，得

$$C(t)=C(P_g)+(C_i-C(P_g))e^{-t/r} \tag{4.6}$$

结合式(4.1)、式(4.2)和式(4.6)即可计算出解吸进入裂隙系统的煤层气数量。

4.2.2　水-气二相裂隙流

煤层气和水在煤层裂隙系统中的两相渗流可用流体的连续方程和达西定律来表述。

4.2.2.1　流体连续方程

考虑煤储层中的任意微元控制体(图4.5)。控制体边长分别为 Δx、Δy、Δz，x、y、z 的正方向分别为内、右和上，即流体由左面流入右面流出，前面流入后面流出，下面流入上面流出时均为正。假定 x-y 平面与煤层顶、底面平行。控制体同样包括了基质块体及裂隙孔隙两套体系。假定甲烷可压缩，水近似不可压缩，两相间没有质量交换。

首先考虑裂隙系统中的连续方程，根据物质平衡原理，在任意时间 Δt 内，有

$$Q_d=Q_r \tag{4.7}$$

式中，Q_d 为流入、流出控制体的甲烷质量差；Q_r 为控制体割理系统中游离甲烷质量变化率。

在 x 方向上，Δt 时间内流入控制体的甲烷质量为

$$\rho_g V_{gx}\Delta x\Delta y\Delta t \tag{4.8}$$

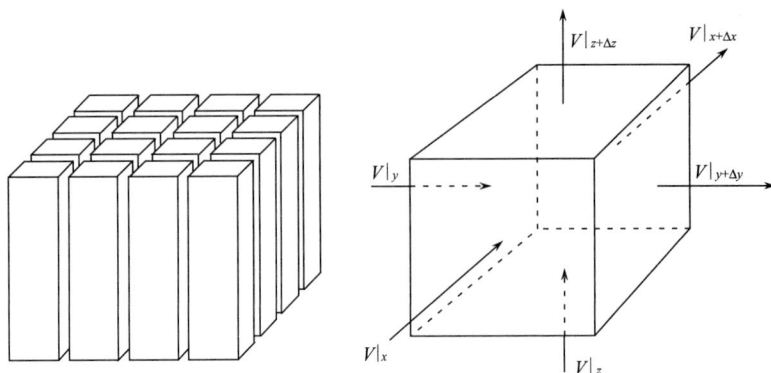

图 4.5　煤储层中控制体示意图

式中，ρ_g 为气体密度；V_{gx} 为气体在 x 方向上的速度分量。

在 Δt 时间内，流出控制体的质量为

$$\rho_g V_{gx} \Delta x \Delta y \Delta t + \frac{\partial(\rho_g V_{gx})}{\partial x} \Delta x \Delta y \Delta z \Delta t \tag{4.9}$$

所以，在 Δt 时间内，沿 x 方向流入、流出控制体的质量差为

$$\rho_g V_{gx} \Delta x \Delta y \Delta t - \left[\rho_g V_{gx} \Delta x \Delta y \Delta t + \frac{\partial(\rho_g V_{gx})}{\partial x} \Delta x \Delta y \Delta z \right] = -\frac{\partial(\rho_g V_{gx})}{\partial x} \Delta x \Delta y \Delta z \tag{4.10}$$

同理，在 Δt 时间内，沿 y 轴和 z 轴方向流入、流出控制体的质量差分别为

$$-\frac{\partial(\rho_g V_{gy})}{\partial y} \Delta x \Delta y \Delta z \Delta t, \quad -\frac{\partial(\rho_g V_{gz})}{\partial z} \Delta x \Delta y \Delta z \Delta t \tag{4.11}$$

式中，V_{gy} 和 V_{gz} 分别为煤层气在 y 和 z 方向上的速度分量。

控制体裂隙系统煤层甲烷质量为

$$\rho_g S_g \varphi_f \Delta x \Delta y \Delta z \tag{4.12}$$

式中，S_g 为煤层气的饱和度；φ_f 为裂隙孔隙率。

所以，在 Δt 时间内，裂隙系统中煤层甲烷质量变化率为

$$-\frac{\partial(\rho_g S_g \varphi_f)}{\partial t} \Delta x \Delta y \Delta z \Delta t \tag{4.13}$$

将式(4.10)、式(4.11)和式(4.13)代入式(4.7)，得气体的渗流连续方程

$$-\frac{\partial(\rho_g V_{gx})}{\partial x} \Delta x \Delta y \Delta z \Delta t - \frac{\partial(\rho_g V_{gz})}{\partial z} \Delta x \Delta y \Delta z \Delta t - \frac{\partial(\rho_g V_{gy})}{\partial y} \Delta x \Delta y \Delta z \Delta t$$

$$= \frac{\partial(\rho_g S_g \varphi_f)}{\partial t} \Delta x \Delta y \Delta z \Delta t \tag{4.14}$$

由于给定时间和单元控制体的任意性，有

$$-\frac{\partial(\rho_g V_{gx})}{\partial x} - \frac{\partial(\rho_g V_{gy})}{\partial y} - \frac{\partial(\rho_g V_{gz})}{\partial z} = \frac{\partial(\rho_g S_g \varphi_f)}{\partial t} \tag{4.15}$$

同理，得水的渗流连续方程

$$-\frac{\partial(\rho_w V_{wx})}{\partial x}-\frac{\partial(\rho_w V_{wy})}{\partial y}-\frac{\partial(\rho_w V_{wz})}{\partial z}=\frac{\partial(\rho_w S_w \varphi_f)}{\partial t} \tag{4.16}$$

式中，V_{wx}、V_{wy}、V_{wy} 分别为水在 x、y、z 方向上的速度分量；ρ_w 为水的密度；S_w 为裂隙系统中的水饱和度。

利用哈密尔顿算子 ∇ 代替对 x、y、z 的求偏，同时加入源项和汇项，有

$$\begin{cases} -\nabla\cdot(\rho_g V_g)+q_g-q_m=\dfrac{\partial}{\partial t}(\varphi\rho_g S_g) \\[2mm] -\nabla\cdot(\rho_w V_w)-q_w=\dfrac{\partial}{\partial t}(\varphi\rho_w S_w) \end{cases} \tag{4.17}$$

4.2.2.2 达西定律

流体在诸如孔隙性砂岩或裂隙性的煤储层中流动属多孔介质中的渗流，与正常径流或管道中的流动(管流)有很大的差别，其流动速度与介质渗透率、压差、流体流过的横截面积和长度以及流体黏度等密切相关。这一过程用达西定律来表示，可参见 2.2 节中的式(2.2)。

甲烷和水在裂隙中的渗流过程可用达西定律的变形来表示

$$\begin{cases} V_g=-\dfrac{KK_{rg}}{\mu_g}(\nabla P_g-\rho_g g\ \nabla h) \\[2mm] V_w=-\dfrac{KK_{rw}}{\mu_w}(\nabla P_w-\rho_w g\ \nabla h) \end{cases} \tag{4.18}$$

式中，V_g、V_w 为流体在煤储层裂隙系统中的渗流速度(下标 w、g 分别代表水和气)；K 为煤储层的绝对渗透率；ρ_g、ρ_w 为流体的密度；K_{rg}、K_{rw} 为流体的相对渗透率；μ_g、μ_w 为流体的黏滞系数；P_g、P_w 为流体的压力；g 为重力加速度；h 为相对标高。

将式(4.18)代入式(4.17)中，有

$$\begin{cases} \nabla\cdot\left[\dfrac{\rho_g KK_{rg}}{\mu_g}(\nabla P_g-\rho_g g\ \nabla h)\right]+q_m-q_g=\dfrac{\partial}{\partial t}(\varphi\rho_g S_g) \\[3mm] \nabla\cdot\left[\dfrac{\rho_w KK_{rw}}{\mu_w}(\nabla P_w-\rho_w g\ \nabla h)\right]-q_w=\dfrac{\partial}{\partial t}(\varphi\rho_w S_w) \end{cases} \tag{4.19}$$

式(4.18)和式(4.19)中，P_w、P_g、S_w、S_g 分别满足下面两个附加方程

$$\begin{cases} P_c=P_g-P_w \\ S_w+S_g=1 \end{cases} \tag{4.20}$$

式中，P_c 为毛细管压力；S_g 和 S_w 分别为气和水饱和度函数，由实验测定。

将式(4.19)和式(4.20)联立起来，这样方程中就只含有 P_w、P_g、S_w、S_g 四个未知数，与方程个数相同。结合初边值条件即构成整个煤层气储层模拟的数学模型。

显然，式(4.19)右边第一项是达西定律的变形，圆括号内的第一项表示由储层压力梯度产生的渗流驱动力，第二项则表示由煤层产状倾斜形成的水重力势或气体浮力产生

的驱动力。流体从上倾方向流向井口，气体需要克服浮力所产生的阻力，而水则附加了向下的重力势能，显然，水比气更容易产出。在下倾方向上则反之。关于气水相对渗透率的问题，请参见本书 2.2.3 小节的相应部分。

4.2.3 方程组的初始条件和边界条件

前面讨论了煤层气井排采过程中的各种作用并建立了相应的地质和数学模型。在进行求解之前还要设置定解条件，即方程的初始条件和边界条件。

初始条件为包括储层压力、气饱和度和水饱和度的初值。显然，初始时刻，在井口至影响范围之内，有 $S_g^0 = 0$，$S_w^0 = 1$。

井口处的储层压力采用实际的井底压力，而其他部位的储层压力可以用试井取得的值或用静水压力来代替。其他的初始条件还有初始含气量、初始渗透率等，这些参数都可以通过勘探、试井或室内分析测试获得。

边界条件包括内边界条件和外边界条件，前者包括基质块体的外表面和井壁，后者则指排采影响范围的边界。

基质块体外表面是求解问题的一个内边界，在此边界上，甲烷通过解吸和扩散进入煤层裂隙之中，源项 q_m，即甲烷解吸进入裂隙系统的量，由式(4.2)来表达。

井口也是一个内边界，汇项 q_g 和 q_w 分别为从储层流入井筒的煤层气和水的量。可将其作稳定流处理，利用水文地质学中的裘皮公式来计算

$$\left.\begin{array}{l} q_g = \dfrac{2\pi h K_{rg} K \rho_g}{\mu_g\left(\ln \dfrac{r_e}{r_w} + s\right)}(P_g - P_{wfg}) \\[4mm] q_w = \dfrac{2\pi h K_{rw} K \rho_w}{\mu_w\left(\ln \dfrac{r_e}{r_w} + s\right)}(P_w - P_{wfw}) \end{array}\right\} \tag{4.21}$$

式中，h 为产层厚度，m；P_{wfg}、P_{wfw} 分别为煤层气井的井底气和水的流压，MPa；r_e 为排泄半径，m；r_w 为井筒半径，m；s 为表皮系数，无量纲。

实际上，前面和后面大量的推演和计算在很大程度上都是为了上述两个变量，也就是煤层气井的产气量和产水量。

外边界条件有两类，一是定压边界，二是定流量边界。

定压边界是已经知道井边界上每一点在每个时刻的压力分布情况，也称之为第一类边界条件，即

$$P(x, y, t)\big|_{\tau_1} = P_1(x, y, t) \quad (x, y) \in \tau_1 \tag{4.22}$$

式中，$P_1(x, y, t)$ 为已知的压力函数；τ_1 为第一类边界。

压力函数需要实测或根据静水压力梯度和储层埋深进行计算。

定流量边界是已经知道边界上每一点每个时刻的流量分布情况，也称之为第二类边界条件，即

$$\frac{\rho}{\mu}K_h\Delta Z\frac{\partial P}{\partial n}\bigg|_{\tau_2}=-q_2(x,y,t)\quad(x,y)\in\tau_2 \tag{4.23}$$

式中，$P_2(x,y,t)$ 为已知的单向流量函数；k_h 为边界处的储层渗透率；ΔZ 为储层厚度；n 为边界法向；q_2 为边界上某点在法向上的渗流量；τ_2 为第二类边界。

注意，流量包括气和水两相。如果边界上气体解吸量、渗流量和水的渗流量均为 0，即构成最简单的定流量边界，称之为封闭边界，其数学表达为 $\dfrac{\partial P}{\partial n}\bigg|_{\tau_2}=0$。

4.3 数学模型的解算

对上述数学问题求解，文献 Forsythe 等(1987)和 Plays 等(1991)为该问题的解决提供了实质性的指导。式(4.19)为一个二阶椭圆型偏微分方程组，其解算过程非常复杂，下面介绍这个方程组的有限差分法解算问题。其基本思路仍是首先将方程离散化，然后进一步求解由此形成的非线性方程组(图 4.6)。

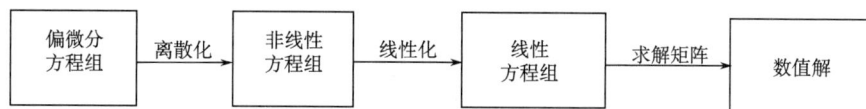

图 4.6 渗流方程解算过程示意图

4.3.1 方程的离散化

首先进行网格剖分。

目前较为流行的剖分方式有两种类型，一种是方格网，一种是径向网格，如图 4.7 所示。方格网用正交网格块表示储层，可以模拟一维至三维的流体流动过程，同时可以较方便地进行井网模拟。大多数计算使用的径向网格是二维的，在垂向上可以剖分成 10~20 层。尽管径向网格仅限于模拟单个生产井，但由于煤层气井生产过程中，流体的流动可认为是径向的，所以它很适用于研究锥进效应和其他井筒效应。

还有一些特殊的网格，如角点几何网、曲线网格、混合网格和局部细分网等。图 4.8 是一个局部细分网格，在井口附近对网格进行加密，通过减小井口附近的空间步长来提高解的精度，在进行精细模拟时会获得较好的效果，但同时也带来了计算量增加和解稳定性下降的问题。

在选择了网格类型之后，还要根据储层的空间形态等特征确定网格块的大小。网格块的大小决定了计算的精度，其尺寸越小，精度越高。但是，计算工作量也随网格块体积的减小而增加。

然后确定差分格式。

早期的求解方法一般采用 IMPES (the implicit pressure-explicit saturation method)，即

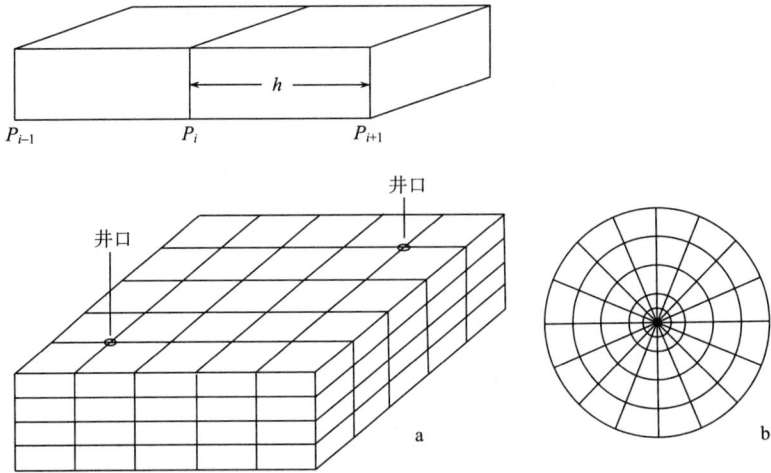

图 4.7   三维直角坐标方格网(a)和径向极坐标网示意图(b)

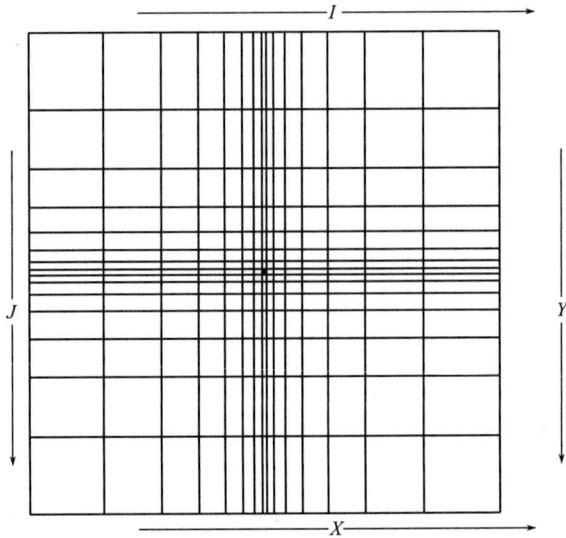

图 4.8   局部细分网格(中心的黑点为井口)

用隐式法求解储层压力方程，用显式法求解饱和度。该方法计算工作量小，方法简单。这在计算机性能不高的当时是一种不错的选择，但它只适用于一般的弱非线性渗流，对于像煤层气产出这样复杂的非线性渗流问题，该解法收敛速度慢，稳定性差，尤其是对一些大井田、大空间步长的计算问题尤为突出，有时甚至会发散而无法继续计算。目前的模拟软件一般采用全隐式求解方法，这种方法的精度高，方程解收敛性强，足以弥补算法相对较复杂的弊端。同时，近年来快速提升的计算机硬件水平也能够保证运算的快速性。

式(4.19)可转化为

$$
\begin{cases}
-\dfrac{\partial}{\partial x}\left[-\dfrac{\rho_g K_{rg} K_x}{\mu_g}\left(\rho_g g\,\dfrac{\partial Z}{\partial x}-\dfrac{\partial P}{\partial x}\right)\right]-\dfrac{\partial}{\partial y}\left[-\dfrac{\rho_g K_{rg} K_y}{\mu_g}\left(\rho_g g\,\dfrac{\partial Z}{\partial y}-\dfrac{\partial P}{\partial y}\right)\right]\\[4mm]
-\dfrac{\partial}{\partial z}\left[-\dfrac{\rho_g K_{rg} K_z}{\mu_g}\left(\rho_g g\,\dfrac{\partial Z}{\partial z}-\dfrac{\partial P}{\partial z}\right)\right]+q_g-q_m=\dfrac{\partial(\rho_g S_g \varphi)}{\partial t}\\[4mm]
-\dfrac{\partial}{\partial x}\left[-\dfrac{\rho_w K_{rw} K_x}{\mu_w}\left(\rho_w g\,\dfrac{\partial Z}{\partial x}-\dfrac{\partial P}{\partial x}\right)\right]-\dfrac{\partial}{\partial y}\left[-\dfrac{\rho_w K_{rw} K_y}{\mu_w}\left(\rho_w g\,\dfrac{\partial Z}{\partial y}-\dfrac{\partial P}{\partial y}\right)\right]\\[4mm]
-\dfrac{\partial}{\partial z}\left[-\dfrac{\rho_w K_{rw} K_z}{\mu_w}\left(\rho_w g\,\dfrac{\partial Z}{\partial z}-\dfrac{\partial P}{\partial z}\right)\right]-q_w=\dfrac{\partial(\rho_w S_w \varphi)}{\partial t}
\end{cases}
\tag{4.24}
$$

下面，以一维(x方向)的情况为例介绍方程的离散化过程。

此时，方程(4.24)转化为

$$
\begin{cases}
-\dfrac{\partial}{\partial x}\left[-\dfrac{\rho_g K_{rg} K_x}{\mu_g}\left(\rho_g g\,\dfrac{\partial Z}{\partial x}-\dfrac{\partial P}{\partial x}\right)\right]+q_g-q_m=\dfrac{\partial(\rho_g S_g \varphi)}{\partial t}\\[4mm]
-\dfrac{\partial}{\partial x}\left[-\dfrac{\rho_w K_{rw} K_x}{\mu_w}\left(\rho_w g\,\dfrac{\partial Z}{\partial x}-\dfrac{\partial P}{\partial x}\right)\right]-q_w=\dfrac{\partial(\rho_w S_w \varphi)}{\partial t}
\end{cases}
\tag{4.25}
$$

方程可以进一步分解为

$$
\begin{cases}
\dfrac{K_{rg} K_x}{\mu_g}\dfrac{\partial \rho_g}{\partial x}\left(\rho_g g\,\dfrac{\partial Z}{\partial x}-\dfrac{\partial P}{\partial x}\right)+\dfrac{\rho_g k_x}{\mu_g}\dfrac{\partial K_{rg}}{\partial x}\left(\rho_g g\,\dfrac{\partial Z}{\partial x}-\dfrac{\partial P}{\partial x}\right)+\\[4mm]
\dfrac{\rho_g K_{rg} K_x}{\mu_g}\left(g\,\dfrac{\partial \rho_g}{\partial x}\dfrac{\partial Z}{\partial x}+g\rho_g\dfrac{\partial^2 Z}{\partial x^2}-\dfrac{\partial^2 P}{\partial x^2}\right)+q_m+q_g=S_g\varphi\dfrac{\partial(\rho_g)}{\partial t}+\rho_g\varphi\dfrac{\partial(S_g)}{\partial t}\\[4mm]
-\dfrac{\rho_w K_x}{\mu_w}\dfrac{\partial K_{rw}}{\partial x}\left(\rho_w g\,\dfrac{\partial Z}{\partial x}-\dfrac{\partial P}{\partial x}\right)-\dfrac{\rho_w K_{rw} K_x}{\mu_w}\left(\rho_w g\,\dfrac{\partial^2 Z}{\partial x^2}-\dfrac{\partial^2 P}{\partial x^2}\right)+q_w=\varphi\rho_w\dfrac{\partial(S_w)}{\partial t}
\end{cases}
\tag{4.26}
$$

对上式中的各个含变量项，采用二层全隐式法进行差分。假定煤储层在 x 方向上被剖分为 m 个网格，计算时间 T 分为 k 个步长。对时间 $t=k\tau$，空间节点 i，储层压力的偏导数为

$$
\left.\begin{aligned}
&P_i^k=\dfrac{1}{2}(P_i^{k-1}+P_i^k)\\[3mm]
&\left.\dfrac{\partial P}{\partial x}\right|_i^k=\dfrac{P_{i+1}^{k-1}-P_{i-1}^{k-1}+P_{i+1}^k-P_{i-1}^k}{4h}=\dfrac{\Delta P_i^k}{4h}\\[3mm]
&\left.\dfrac{\partial^2 P}{\partial x^2}\right|_i^k=\dfrac{P_{i+1}^{k-1}-2P_{i-1}^{k-1}+P_{i-1}^{k-1}+P_{i+1}^k-2P_i^k+P_{i-1}^k}{2h^2}=\dfrac{\Delta^2 P_i^k}{2h^2}
\end{aligned}\right\}
\tag{4.27}
$$

气饱和度的偏导数为

$$
\left.\begin{aligned}
S_{gi}^k &= \frac{1}{2}(S_{gi}^{k-1} + S_{gi}^k) \\
\left.\frac{\partial S_{gi}^k}{\partial x}\right|_i^k &= \frac{S_{gi+1}^{k-1} - S_{gi-1}^{k-1} + S_{gi+1}^k - S_{gi-1}^k}{4h} = \frac{\Delta S_{gi}^k}{4h} \\
\left.\frac{\partial S_{gi}^k}{\partial t}\right|_i^k &= \frac{S_{gi}^{k+1} - S_{gi}^{k-1}}{\tau}
\end{aligned}\right\} \tag{4.28}
$$

式中，τ 和 h 分别为时间和空间步长。

对于煤层埋深 Z，因为 Z 不随时间改变，故有

$$
\left.\begin{aligned}
Z_i^k &= Z_i \\
\left.\frac{\partial Z}{\partial x}\right|_i^k &= \frac{Z_{i+1} - Z_{i-1}}{2h} \\
\left.\frac{\partial^2 Z}{\partial x^2}\right|_i^k &= \frac{Z_{i+1} - 2Z_i + Z_{i-1}}{h^2}
\end{aligned}\right\} \tag{4.29}
$$

对变系数，采用"冻结"系数法，即利用上一时间层的有关参数来求取。如气和水的相对渗透率 K_{rg} 及 K_{rw} 分别可以表示为

$$
K_{rgi}^k = f_1(S_{gi}^k), \qquad K_{rwi}^k = f_2(1 - S_{gi}^k) \tag{4.30}
$$

式中，$f_1(S_{gi}^k)$ 和 $f_2(1 - S_{gi}^k)$ 分别为从相渗曲线上求取的气和水相对渗透率函数。

其对 x 的偏导数为

$$
\frac{\partial K_{rgi}^k}{\partial x} = f_1(S_{gi}^k) \cdot \frac{\Delta S_{gi}^k}{4h}, \qquad \frac{\partial K_{rwi}^k}{\partial x} = f_2(1 - S_{gi}^k) \cdot \frac{\Delta S_{gi}^k}{4h} \tag{4.31}
$$

在给定的储层压力下，甲烷密度为

$$
\left.\begin{aligned}
\rho_{gi}^k &= \frac{M}{R} \frac{P_i^{k-1}}{T_i^k} \\
\frac{\partial \rho_{gi}^k}{\partial x} &= \frac{M}{R(T_i^k)^2}\left(\frac{P_{i+1}^{k-1} - P_{i-1}^{k-1}}{2h}T_i^k - \frac{P_i^{k-1} - P_i^k}{2}\frac{T_{i+1}^k - T_{i-1}^k}{2h}\right) \\
&= \frac{M}{R(T_i^k)^2}\left(\frac{\Delta P_i^k}{4h}T_i^k - \frac{P_i^{k-1} - P_i^k}{2}\frac{\Delta T_i^k}{4h}\right) \\
\frac{\partial \rho_{gi}^k}{\partial t} &= \frac{M}{RT_i^k}\frac{P_{i+1}^{k-1} - P_{i-1}^{k-1}}{\tau}
\end{aligned}\right\} \tag{4.32}
$$

式中，M 为甲烷相对分子质量；R 为阿伏伽德罗常量。

显然，第一个方程为理想气体状态方程。

将式(4.27)～式(4.32)代入式(4.26)，得 $t = k\tau$，空间节点 i 的差分方程

$$
\left\{
\begin{aligned}
& \frac{f_1(S_{gi}^k)K_{xi}}{\mu_g}\frac{M}{R\,(T_i^k)^2}\left(\frac{\Delta P_i^k}{4h}T_i^k - \frac{P_i^{k-1}-P_i^k}{2}\frac{\Delta T_i^k}{4h}\right)\cdot\left(g\,\frac{M}{R}\frac{P_i^{k-1}}{T_i^k}\frac{Z_{i+1}-Z_{i-1}^k}{2h} - \frac{\Delta P_i^k}{4h}\right) \\
& + \frac{K_{xi}}{\mu_g}\frac{M}{R}\frac{P_i^{k-1}}{T_i^k}f_1(S_{gi}^k)\cdot\frac{\Delta S_{gi}^k}{4h}\left(g\,\frac{M}{R}\frac{P_i^{k-1}}{T_i^k}\frac{Z_{i+1}-Z_{i-1}^k}{2h} - \frac{\Delta P_i^k}{4h}\right) \\
& + \frac{K_{xi}}{\mu_g}\frac{M}{R}\frac{P_i^{k-1}}{T_i^k}f_1(S_{gi}^k)\cdot\left[g\,\frac{M}{R\,(T_i^k)^2}\left(\frac{\Delta P_i^k}{4h}T_i^k - \frac{P_i^{k-1}-P_i^k}{2}\frac{\Delta T_i^k}{4h}\right)\frac{Z_{i+1}-Z_{i-1}^k}{2h}\right. \\
& \left. + \left(g\,\frac{M}{R}\frac{P_i^{k-1}}{T_i^k}\frac{Z_{i+1}-2Z_i+Z_{i-1}}{h^2} - \frac{\Delta^2 P_i^k}{2h^2}\right)\right] + q_{mi}^k + q_{gi}^k \\
& = \frac{(S_{gi}^{k-1}+S_{gi}^k)}{2}\varphi_i\frac{M}{RT_i^k}\frac{P_{i+1}^{k-1}-P_{i-1}^{k-1}}{\tau} + \frac{M}{R}\frac{P_i^{k-1}}{T_i^k}\varphi_i\frac{S_{gi}^{k+1}-S_{gi}^{k-1}}{\tau} \\
& - \frac{\rho_w K_{xi}}{\mu_w}f_2(1-S_{gi}^k)\cdot\frac{\Delta S_{gi}^k}{4h}\left(\rho_w g\,\frac{Z_{i+1}-Z_i^k}{2h} - \frac{\Delta P_i^k}{4h}\right) \\
& - \frac{\rho_w K_{xi}}{\mu_w}f_2(1-S_{gi}^k)\left(\rho_w g\,\frac{Z_{i+1}-2Z_i+Z_{i-1}}{h^2} - \frac{\Delta^2 P_i^k}{2h^2}\right) + q_{wi}^k \\
& = \varphi_i\rho_w\frac{S_{gi}^{k+1}-S_{gi}^{k-1}}{\tau}
\end{aligned}
\right.
$$

$$(4.33)$$

当 $t=k\tau$ 时，令 $i=1,2,\cdots,m$。式(4.33)即可化为类似于 3.2.4 小节中式(3.52)的方程组，但是，明显可以看出，式(4.33)未知数 P_i^k、S_{gi}^k 在方程中的指数大于 1，是一个非线性方程组。

用类似方法可以将式(4.33)扩展为三维的情况，只是所形成的方程要比式(4.33)复杂得多。3.2.4 小节的扩散方程离散后形成的三对角方程更是无法与之比拟。

4.3.2　非线性方程组的解

对于非线性的方程组，其解算方法和步骤与 3.2.4 小节中介绍的追赶法相比，更为繁杂。其基本原理是，先将方程转化为线性方程组，然后再对线性方程组进行求解。下面简要介绍这一过程。

设差分方程组为

$$
\left\{
\begin{aligned}
& f_1(x_1,x_2,\cdots,x_m)=0 \\
& f_2(x_1,x_2,\cdots,x_m)=0 \\
& \qquad\vdots \\
& f_m(x_1,x_2,\cdots,x_m)=0
\end{aligned}
\right.
$$

$$(4.34)$$

式中，m 为空间差分后形成的节点数的 2 倍。

显然，对于式(4.34)，$(x_1,x_2,\cdots,x_m)=(P_1,P_2,\cdots,P_m,S_{g1},S_{g2},\cdots,S_{gm})$。引入向量 $\boldsymbol{x}^{(n)}$，$\boldsymbol{x}^{(n)}=(x_1,x_2,\cdots,x_m)$。

假定 $\boldsymbol{x}^{(r)}$ 为方程组的一个近似解，将函数在 $\boldsymbol{x}^{(n)}$ 附近展开为泰勒级数

$$f_i(\boldsymbol{x}^{(r)}) = f_i(\boldsymbol{x}^{(n)}) + y_1\frac{\partial f_i}{\partial x_1}\Big|_{x_1^{(n)}} + y_2\frac{\partial f_i}{\partial x_2}\Big|_{x_2^{(n)}} + \cdots i = 1,2,\cdots,m \qquad (4.35)$$

式中，$x_i^r = x_i^n + y_i$。

在此处取泰勒级数的线性项，得到含 m 个未知数 $y_1, y_2, \cdots, y_m = \boldsymbol{y}_m$ 的线性方程组，解出 $\boldsymbol{y}_m$，得比 $\boldsymbol{x}^{(n)}$ 更接近 $\boldsymbol{x}^{(r)}$ 的一组新解 $\boldsymbol{x}^{(n+1)}$。

$$\boldsymbol{x}^{(n+1)} = \boldsymbol{x}^{(n)} + \boldsymbol{y} \qquad (4.36)$$

下一步，把 $\boldsymbol{x}^{(n+1)}$ 当作 $\boldsymbol{x}^{(n)}$，代入式(4.35)形成的方程中，进一步解出更加精确的 $\boldsymbol{x}^{(n+2)}$。式(4.36)即为 Newton-Raphlson 解法的迭代公式。依上述公式进行多次迭代，直至 $\boldsymbol{x}^{(n+1)}$ 与 $\boldsymbol{x}^{(n)}$ 的差值小于某一给定的误差限 ε，即

$$\left| \boldsymbol{x}^{(n+1)} - \boldsymbol{x}^{(n)} \right| < \varepsilon \qquad (4.37)$$

此时的 $\boldsymbol{x}^{(n+1)}$ 可认为是方程在 $t = k\tau$ 时的准确解。

上述求解过程有两个关键的步骤，一是线性化的过程，包括对各差分方程进行求导并计算各导数值，从而得到线性方程组的系数矩阵 $\boldsymbol{A}$；二是得到线性方程组右边的矩阵 $\boldsymbol{B}$，即 $f_i(\boldsymbol{x}^{(r)})$ 的值。此时，上述问题被归结为解含有多个未知量 $x_1, x_2, \cdots, x_n$ 的线性方程组

$$\begin{cases} a_{11}x_1 + a_{12}x_2 + \cdots + a_{1n}x_n = b_1 \\ a_{21}x_1 + a_{22}x_2 + \cdots + a_{2n}x_n = b_2 \\ \quad\quad\quad\quad\vdots \\ a_{n1}x_1 + a_{n2}x_2 + \cdots + a_{nn}x_n = b_n \end{cases} \qquad (4.38)$$

这里 $a_{ij}(i,j = 1,2,\cdots,n)$ 为方程组的系数，$b_i(i = 1,2,\cdots,n)$ 为方程组自由项。式(4.38)的矩阵形式为

$$\boldsymbol{AX} = \boldsymbol{B} \qquad (4.39)$$

其中

$$\boldsymbol{A} = \begin{pmatrix} a_{11} & a_{12} & \cdots & a_{1n} \\ a_{21} & a_{22} & \cdots & a_{2n} \\ \vdots & \vdots & & \vdots \\ a_{n1} & a_{n2} & \cdots & a_{nn} \end{pmatrix} \quad \boldsymbol{X} = \begin{pmatrix} x_1 \\ x_2 \\ \vdots \\ x_n \end{pmatrix} \quad \boldsymbol{B} = \begin{pmatrix} b_1 \\ b_2 \\ \vdots \\ b_n \end{pmatrix}$$

线性方程组的数值解法可以分为直接法和迭代法两类。所谓直接法，就是不考虑舍入误差，通过有限步骤四则运算即能求得线性方程组(4.38)准确解的方法。这里，不对线性方程组的解算方法作系统地介绍，仅讨论计算机上常用而有效的直接解法，即高斯消去法。为方便起见，设所讨论的线性方程组的系数行列式中所有元素均不等于0。

首先介绍最基本的三角形方程组的解法。

三角形方程组是指下面两种形式的方程组

$$\begin{cases} a_{11}x_1 \quad\quad\quad\quad\quad\quad\quad\quad = b_1 \\ a_{21}x_1 + a_{22}x_2 \quad\quad\quad\quad\quad = b_2 \\ \quad\quad\quad\quad\vdots \\ a_{n1}x_1 + a_{n2}x_2 + \cdots + a_{nn}x_n = b_n \end{cases} \qquad (4.40)$$

或

$$\begin{cases} a_{11}x_1 + a_{12}x_2 + \cdots + a_{1n}x_n = b_1 \\ \qquad\quad a_{22}x_2 + \cdots + a_{2n}x_n = b_2 \\ \qquad\qquad\qquad\qquad\vdots \\ \qquad\qquad\qquad\quad a_{nn}x_n = b_n \end{cases} \qquad (4.41)$$

式(4.40)和式(4.41)分别称为下三角形方程组和上三角形方程组，三角形方程组的求解是很简单的。

如果 $a_{ii} \neq 0$，$i = 1, 2, \cdots, n$，则式(4.40)的解为

$$\begin{cases} x_1 = \dfrac{b_1}{a_{11}} \\ x_k = (b_k - a_{k1}x_1 - a_{k2}x_2 - \cdots - a_{k,k-1}x_{k-1})/a_{kk} \quad k = 2, 3, \cdots, n \end{cases} \qquad (4.42)$$

此过程称为前推过程。

同样地，若 $a_{ii} \neq 0$，$i = 1, 2, \cdots, n$，则式(4.41)的解为

$$\begin{cases} x_n = \dfrac{b_n}{a_{nn}} \\ x_k = (b_k - a_{k,k+1}x_{k+1} - \cdots - a_{kn}x_n)/a_{kk} \quad k = n-1, n-2, \cdots, 1 \end{cases} \qquad (4.43)$$

此过程称为回代过程。可见，上面的过程也就是 3.2.4 小节所介绍的追赶法。

从上面的过程看来，求出 x_k，需要作 $k-1$ 次乘法和加减法及一次除法，总共完成 $1 + 2 + \cdots + n = \dfrac{n^2}{2}$ 次乘法、加法及 n 次除法。

从式(4.42)和式(4.43)可以看出，三角形方程组的求解过程简单可行，只要把方程组化成等价的三角形方程组，就很容易实现求解。

为便于叙述，先以一个三阶线性方程组为例来说明高斯消去法的基本思想。

$$\begin{cases} 2x_1 + 3x_2 + 4x_3 = 6 \qquad (1) \\ 3x_1 + 5x_2 + 2x_3 = 5 \qquad (2) \\ 4x_1 + 3x_2 + 30x_3 = 32 \quad (3) \end{cases} \qquad (4.44)$$

在式(4.44)中，把方程(1)乘 $(-3/2)$ 后加到方程(2)上去，把方程(1)乘 $(-4/2)$ 后加到方程(3)上去，即可消去方程(2)、(3)中的 x_1，得同解方程组

$$\begin{cases} 2x_1 + 3x_2 + 4x_3 = 6 \qquad (1) \\ \quad\ 0.5x_2 - 4x_3 = -4 \qquad (2) \\ \quad\ -3x_2 + 22x_3 = 20 \qquad (3) \end{cases} \qquad (4.45)$$

在式(4.45)中，将方程(2)乘 $\dfrac{3}{0.5}$ 后加于方程(3)，得同解方程组

$$\begin{cases} 2x_1 + 3x_2 + 4x_3 = 6 & (1) \\ \quad\quad 0.5x_2 - 4x_3 = -4 & (2) \\ \quad\quad\quad\quad -2x_3 = -4 & (3) \end{cases} \tag{4.46}$$

由回代式(4.43)得

$$x_3 = 2 \quad x_2 = 8 \quad x_1 = -13$$

下面考察一般形式的线性方程组的解法，为叙述问题方便，将 b_i 写成 $a_{i,n+1}$，$i = 1,2,\cdots,n$。

$$\begin{cases} a_{11}x_1 + a_{12}x_2 + a_{13}x_3 + \cdots + a_{1n}x_n = a_{1,n+1} \\ a_{21}x_1 + a_{22}x_2 + a_{23}x_3 + \cdots + a_{2n}x_n = a_{2,n+1} \\ \quad\quad\quad\quad\quad\vdots \\ a_{n1}x_1 + a_{n2}x_2 + a_{n3}x_3 + \cdots + a_{nn}x_n = a_{n,n+1} \end{cases} \tag{4.47}$$

如果 $a_{11} \neq 0$，将第一个方程中 x_1 的系数化为 1，得

$$x_1 + a_{12}^{(1)}x_2 + \cdots + a_{1n}^{(1)}x_n = a_{1,n+1}^{(1)} \tag{4.48}$$

其中，$a_{1j}^{(1)} = \dfrac{a_{ij}^{(0)}}{a_{11}^{(0)}}$，$j = 1,\cdots,n+1$。（记 $a_{ij}^{(0)} = a_{ij}$　$i = 1,2,\cdots,n$；$j = 1,2,\cdots,n+1$）

从其他 $n-1$ 个方程中消 x_1，使它变成如下形式

$$\begin{cases} x_1 + a_{12}^{(1)}x_2 + \cdots + a_{1n}^{(1)}x_n = a_{1,n+1}^{(1)} \\ \quad\quad a_{22}^{(1)}x_2 + \cdots + a_{2n}^{(1)}x_n = a_{2,n+1}^{(1)} \\ \quad\quad\quad\quad \cdots \\ \quad\quad a_{n2}^{(1)}x_2 + \cdots + a_{nn}^{(1)}x_n = a_{n,n+1}^{(1)} \end{cases} \tag{4.49}$$

其中，$a_{ij}^{(1)} = a_{ij} - m_{i1} \cdot a_{ij}^{(1)} (i = 2,\cdots,n)$；$m_{i1} = \dfrac{a_{i1}^{(1)}}{a_{11}}(j = 2,3,\cdots,n+1)$。

由式(4.47)到式(4.49)的过程中，元素 a_{11} 起着重要的作用，特别地，把 a_{11} 称为主元素。

如果式(4.49)中 $a_{22}^{(1)} \neq 0$，则以 $a_{22}^{(1)}$ 为主元素，又可以把式(4.49)化为

$$\begin{cases} x_1 + a_{12}^{(1)}x_2 + \cdots + a_{1n}^{(1)}x_n = a_{1,n+1}^{(1)} \\ x_2 + a_{23}^{(2)}x_3 + \cdots + a_{2n}^{(2)}x_n = a_{2,n+1}^{(2)} \\ \quad\quad a_{33}^{(2)}x_3 + \cdots + a_{3n}^{(2)}x_n = a_{3,n+1}^{(3)} \\ \quad\quad\quad\quad\quad\vdots \\ \quad\quad a_{n3}^{(2)}x_3 + \cdots + a_{nn}^{(2)}x_n = a_{n,n+1}^{(2)} \end{cases} \tag{4.50}$$

针对式(4.50)继续消元，重复同样的手段，第 k 步所要加工的方程组为

$$
\begin{cases}
x_1 + a_{12}^{(1)} x_2 + a_{13}^{(1)} x_3 + \cdots + a_{1n}^{(1)} x_n = a_{1,\,n+1}^{(1)} \\
\qquad\quad x_2 + a_{23}^{(2)} x_3 + \cdots + a_{2n}^{(2)} x_n = a_{2,\,n+1}^{(2)} \\
\qquad\qquad\qquad\qquad \vdots \\
\qquad x_{k-1} + a_{k-1}^{(k-1)} x_k + \cdots + a_{kn}^{(k-1)} x_n = a_{k-1,\,n+1}^{(k-1)} \\
\qquad\qquad a_{kk}^{(k-1)} x_k + \cdots + a_{nn}^{(k-1)} x_n = a_{k,\,n+1}^{(k-1)} \\
\qquad\qquad\qquad\qquad \vdots \\
\qquad\qquad a_{nk}^{(k-1)} x_k + \cdots + a_{nn}^{(k-1)} x_n = a_{n,\,n+1}^{(k-1)}
\end{cases}
\tag{4.51}
$$

设 $a_{kk}^{(k-1)} \neq 0$，第 k 步先使上述方程组中第 k 个方程中 x_k 的系数化为 1

$$
x_k + a_{k,\,k+1}^{(k)} x_k + \cdots + a_{kn}^{(k)} x_n = a_{k,\,n+1}^{(k)}
$$

然后再从其他 $(n-k)$ 个方程中消 x_k，消元公式为

$$
\begin{cases}
a_{kj}^{(k)} = \dfrac{a_{kj}^{(k-1)}}{a_{kk}^{(k-1)}} \quad j = k, k+1, \cdots, n+1 \\
a_{ij}^{(k)} = a_{ij}^{(k-1)} - a_{ik}^{(k-1)} \cdot a_{kj}^{(k)} \\
j = k+1, \cdots, n+1 \\
i = k+1, \cdots n
\end{cases}
\tag{4.52}
$$

按照上述步骤进行 n 次后，将原方程组加工成下列形式

$$
\begin{cases}
x_1 + a_{12}^{(1)} x_2 + u_{13}^{(1)} x_3 + \cdots + a_{1n}^{(1)} x_n = a_{1,\,n+1}^{(1)} \\
\qquad\quad x_2 + a_{23}^{(2)} x_3 + \cdots + a_{2n}^{(2)} x_n = a_{2,\,n+1}^{(2)} \\
\qquad\qquad\qquad\qquad \vdots \\
\qquad\qquad\qquad x_{n-1} + a_{nn}^{(n-1)} x_n = a_{n-1,\,n+1}^{(n-1)} \\
\qquad\qquad\qquad\qquad\qquad x_n = a_{n,\,n+1}^{(n)}
\end{cases}
$$

回代公式得

$$
\begin{cases}
x_n = a_{n,n+1}^{(n)} \\
x_k = a_{k,n+1}^{(k)} - \displaystyle\sum_{j=k+1}^{n} a_{kj}^{(k)} x_j \quad k = n-1, \cdots, 1
\end{cases}
\tag{4.53}
$$

综上所述，高斯消去法分为消元过程与回代过程，消元过程将所给方程组加工成上三角形方程组，再经回代过程求解。

下面对高斯消去法的乘除法计算工作量进行统计。在式(4.52)第一个式子中，每执行一次需要 $n-(n-k)$ 次除法，在式(4.52)第二个式子中，每执行一次需要 $[n-(k-1)] \times (n-k)$ 次乘法。因此在消元过程中，共需要 $\displaystyle\sum_{k=1}^{n} [(n-k+1) \times (n-k) + (n-k+1)] = \displaystyle\sum_{k=1}^{n} (n-k+1)^2 = \dfrac{1}{6} n(n+1)(2n+1)$ 次乘除法。此外，回代过程共有 $\displaystyle\sum_{k=1}^{n} (n-k) = \dfrac{n}{2}(n-1)$ 次乘除法。

汇总在一起,高斯消去法的计算量为 $\dfrac{n}{3}(n^2+3n-1)=\dfrac{n^3}{3}+n^2-\dfrac{n}{3}$ 次乘除法。

对于具有 n 个节点的一维情况,方程的未知变量为储层压力和气饱和度两个,因此一个方程组中的未知数为 $2n$ 个。如果方程剖分成 20 个节点,在一个时间层内对方程进行解算,乘除法计算的次数为 3073 次。这只是一维且还不包括方程线性化的过程等其他计算的情况,如果做成近千个节点的三维模型,同时包含数千个时间层,其计算量必将非常巨大。

以上建立了表述煤层气地面开发井的地质模型和数学模型,并利用数值方法实现了模型的求解。以这些理论为基础研制储层模拟软件,即可用于煤层气科学研究和勘探开发实践。

5 煤层气储层模拟软件

前面的章节对煤层气井排采过程及其地质和数学建模以及模型的解算进行了讨论，可以看到，煤层气井排采过程的数值模拟是一个非常复杂的过程，涉及大量繁复的计算，利用人工进行这些计算基本上是不可能的，必须运用现代计算机技术来解决这个问题。最为有效的解决途径就是在模型研究成果的基础上，形成功能完善的储层模拟软件系统。一些研究机构或商业公司很早就着手此项工作。目前已有多种用于常规油藏开发的储层模拟软件系统，这些系统在一定程度上能够满足煤层气等非常规天然气的储层模拟研究。同时也有一些专门用于煤层气储层模拟的软件系统，它们是进行储层模拟研究必不可少的工具。

随着理论研究和工程实践的不断深入，煤层气井排采模型不断改进，相应的模拟软件系统也随之更新，计算结果更加精确可信，功能更加完善，操作更加便捷。本章首先介绍表述煤层气地面开发地质和数学模型的研究过程以及模拟软件系统的发展历程，然后以目前较为流行的 COMET3 软件为主线，介绍煤层气储层模拟软件的结构、功能、特性和操作。

5.1 煤层气储层模拟理论与技术的发展历程

煤层气储层模拟研究的核心理论是储层中气和水的动力学过程，其工具是模拟软件系统。煤层气在储层中的赋存和运移规律，主要由渗流理论、扩散理论、多相流、多重孔隙吸附解吸耦合模型等来定量表达。自 1952 年 Warren 和 Root 建立了黑油模型（Black Oil Model），阐述了气、水和油三相流体在油气藏中的渗流规律（Warren and Root，1952）之后，便开始了油气藏储层模拟研究的历程。以此为基础，以西方欧美为代表的国内外研究者在煤层气地质理论研究和开发实践成果的指导下，对煤层气赋存运移机理及其动力学模型开展了大量的研究工作。随着对煤层气扩散和渗流运移规律认识的不断深入，动力学模型不断完善，储层模拟研究方法和相应的模拟软件系统也经历了从无到有并逐渐改进完善的发展过程。

这个过程可以大致分成三个阶段，即早期阶段、发展成熟阶段和完善应用阶段。

5.1.1 早期阶段

这一阶段从 20 世纪初开始，一直持续到 20 世纪 60 年代末。其特点是围绕煤矿安全生产开展工作，主要的地点是在欧洲和美国等地，取得的成果都是经验性的模型。

早在 1907 年，美国学者 Chamberlin 和 Darton 研究总结了瓦斯聚集和运移的机理。

1928 年，Rice 提出了在采煤前采用垂直钻孔从煤层中除去瓦斯的设想。然而，这个设想持续了 40 年，在此期间，控制矿井瓦斯涌出通常的做法仍然是建立复杂的矿井通风系统和降低煤炭产量（Boyer et al.，1982；Ertekin and King，1983）。

1964 年，Lindine 等根据所观察到的初始含气量和残余含气量与深度之间存在的非线性函数关系，提出了第一个预测生产矿井瓦斯涌出量的经验模型（King and Ertekin，1989）。继 Lindine 之后，又出现了多个模型，如 Barrer 模型、Winter 模型、Airey 第一模型、McFall 模型、乌斯季诺夫模型等。国内的一些学者也提出过一些模型。这些总体可分为两类，一类是幂函数形式，另一类为指数形式。

Barrer 基于天然沸石对各种气体的吸附过程实验，认为吸附和解吸是可逆过程，在定压系统下，气体累计吸附量和解吸量与时间的平方根成正比（Barrer，1951）

$$\frac{Q_t}{Q_\infty} = \frac{2s}{V} \sqrt{\frac{Dt}{\pi}} \tag{5.1}$$

式中，Q_t 为从开始到时间 t 时的累计吸附或解吸气体量；Q_∞ 为极限吸附或解吸气体量；s 为试样的外比表面积；V 为单位重量试样的体积；t 为吸附或解吸时间；D 为扩散系数。

这是一个典型的幂函数式模型。

指数式衰减曲线模型是一个典型的经验模型，该模型通过对瓦斯涌出情况进行一段时间观测后，掌握产量随时间的变化趋势并据此进行预测。这种变化可呈指数、双曲线或谐函数形式衰减。例如 Airey 第一模型就是一个指数式的经验模型。他在研究英国 Sherwood 煤矿破碎煤样的瓦斯产出特征时获得了该模型。模型假设如下（Airey，1968）。

所有煤粒内甲烷的初始解吸速度非常快，即

$$q_d = \frac{\partial G_d}{\partial t} \rightarrow \infty \quad t \rightarrow 0 \tag{5.2}$$

式中，q_d 为解吸速率；G_d 为解吸量；t 为解吸时间。

足够长的时间内，解吸甲烷的总体积趋于一定值，即 $G_d \rightarrow$ constant，$t \rightarrow \infty$。煤粒的粒度较小时，解吸甲烷的相对数量较大；解吸总量随时间增加，解吸速度随时间减慢。

在上述条件下，Airey 第一模型可表示为

$$G_d = \frac{G_c^0}{1100} \left[1 - \exp\left(\frac{-t}{\tau_A}\right)^N \right] \tag{5.3}$$

式中，$G_c^0 = \frac{G_c^d}{1+0.31W_c}$；$G_c$ 为初始含气量；G_c^0 为初始含气量；G_c^d 为总解吸量；W_c 为水分；τ_A 为时间常数，取决于煤样粒径、初始气体压力及水分含量。

可见，本阶段主要还是围绕瓦斯给煤炭资源开发带来的问题进行工作的，所提出的各种模型依赖于直接观察或经验，在客观上很难精确反映地面开发过程中煤层气产出的过程。同时，所采用的参数仅在一定程度上代表某个地区的情况。此外，由于现代计算机技术在硬件和软件方面都尚未成熟，无法形成实用的储层模拟软件。其意义在于对这

个问题的关注并且形成了矿井瓦斯或煤层气产出预测的一些基本思路。

5.1.2 发展成熟阶段

本阶段从 20 世纪 60 年代末延续到 80 年代中后期。这个时期正是美国煤层气资源的地面开发从开始尝试到发展直至成熟的时期，煤层气地面开发理论和开发技术的形成和完善为储层模拟的发展提供了基础。这个阶段重要的标志之一是研究者们将偏微分方程引入该领域用以表述煤层气的产出过程并研发了多个模拟软件系统。

20 世纪 60 年代末至 70 年代初，美国各界都认识到，煤层气是一种潜在的有效替代能源。1973 年，阿拉伯产油国因不满西方国家支持以色列而进行石油禁运，所引发的能源危机强化了对煤层气资源的需求，由此在美国掀起了煤层气地面垂直井开发试验的热潮。

1969 年，美国完成了第一个采空区瓦斯抽放井施工工程。随后在宾夕法尼亚州格林县美国钢铁公司所属的 Cumberland 煤矿施工了三口煤层气井并进行了一系列先导性煤层气开发试验。这是第一个专门针对煤层气资源实施的地面开发试验工程。1974 年，在西弗吉尼亚州煤层气井生产出的煤层气第一次通过管线进行销售。1975 年，在亚拉巴马州橡树林煤矿实施了 23 口煤层气井的大规模开发试验项目。之后在粉河盆地、皮申斯盆地、尤因塔盆地、圣胡安盆地、阿科马盆地、黑勇士盆地、伊利诺伊盆地、拉顿盆地和中、北阿帕拉契亚盆地等十余个盆地逐渐形成了气田规模的商业化生产。

随着煤层气开发试验项目的相继实施和实践经验的积累，对煤层气的成藏、赋存和运移规律有了更深入理解，形成了抽水降压等一系列煤层气开采理论和技术。与此同时，业界也意识到迫切需要一个有效的工具来进行生产井气水产量数据的历史拟合，分析获取更为客观的煤层气储层参数；预测井的长期生产动态和产量；为井网布置、完井方案、井的生产工作制度和气藏动态管理的优化，同时为最经济、最有效的煤层气项目开发方案的决策提供科学依据。正是在这样的背景下，煤层气储层模拟研究开始从煤矿瓦斯问题分离出来，转为以煤层气地面开发为中心，通过借鉴油气藏数值模拟的理论、方法和技术，发展为专门用于煤层气资源勘探和开发的学科领域。

煤层气产出的物理和数学模型是储层模拟的理论基础，模拟软件和相应的研究方法等均基于模型开发和应用。因此，建模研究的过程能够很好地反映煤层气储层数值模拟理论在本阶段的发展历史。总体而言，煤层气产出模型的发展经历了从一维向多维、从单相向多相、从单重孔隙系统向多重孔隙系统、从平衡吸附向非平衡吸附以及从单组分向多组分发展的过程。

20 世纪 80 年代以前的模型以平衡吸附模型为代表。按照发表的顺序，这类模型共有 Airey 第二模型、Kesell 模型、INTERCOMP 模型、Gorbachev 模型、Karagodine 模型、Virozhtsov 模型、Nottingham 大学模型、Keen-O. shanghnessy 模型、Bumb 模型、Mckee-Bumb 模型、Bayies-Reznik 模型、Nguyen 模型、改进的黑油模型、Seidle 模型和 Ediz & Edwards 模型等十多个。发表的时间从 1964 年一直延续到 1991 年（张群，2003）。

在上述模型中，最初建立的是 Airey 第二模型，由 Airey（1971）提出。它是第一个预测矿井静止工作面瓦斯释放量的模型，模型第一次采用偏微分方程表述瓦斯运移的过程。该模型是一个一维、单孔隙、单一气相的产量预测模型。方程的求解并未采用数值方法，而是用了解析法。这个模型具有两个特点，一是仍然针对矿井瓦斯；二是相对于上一章介绍的模型而言，这个模型依然非常"原始"。

下面详细地介绍 Price-Abdalla 模型。

1973 年，Price 等提出了二维、单孔隙、气水两相综合性产量预测的数学模型和有限差分数值模型，该模型能求解具有不规则外边界问题和工作面推进时形成的移动内边界问题。同时，在现代计算机技术和设备发展成熟的背景之下，开发了具有实用意义的计算机软件 INTERCOMP-1（Price et $al.$，1973）。

模型具有如下特点：

气体 PVT 性质是压力的系数；

可用于非均质各向异性的储层特性；

可进行单相或气水两相流计算；

可计算二维流动；

可采用不规则外边界；

方程的内边界可变（模拟矿井情况时）。

模型的动力学方程如下

$$\begin{cases} \dfrac{\partial}{\partial x}\left(\alpha\lambda_{gi}\rho_g\dfrac{\partial\varPhi_g}{\partial x}\right)+\dfrac{\partial}{\partial y}\left(\alpha\lambda_{gj}\rho_g\dfrac{\partial\varPhi_g}{\partial y}\right)-Q'_g+Q'_d=\phi_{max}\dfrac{\partial}{\partial t}(\rho_g S_g) \\[3mm] \dfrac{\partial}{\partial x}\left(\alpha\lambda_{wi}\rho_w\dfrac{\partial\varPhi_w}{\partial x}\right)+\dfrac{\partial}{\partial y}\left(\alpha\lambda_{wj}\rho_w\dfrac{\partial\varPhi_w}{\partial y}\right)-Q'_w=\phi_{max}\dfrac{\partial}{\partial t}(\rho_w S_w) \end{cases} \tag{5.4}$$

式中，ρ_g 和 ρ_w 分别为气体和水的密度；λ_{gi} 和 λ_{gj} 分别为气相在 i 和 j 方向上的淌度；λ_{wi} 和 λ_{wj} 分别为水相在 i 和 j 方向上的淌度；$\varPhi_g$ 和 $\varPhi_w$ 分别为气相和水相的势；Q'_g 为气相单位体积质量流动速率；Q'_d 为气相解吸质量流动速率；Q'_w 为水相单位体积质流速率；ϕ_{max} 为最大孔隙度；S_g 和 S_w 分别为气和水的饱和度；p_{cgw} 为毛细管压力。

方程的另外两个附加条件是 $S_w+S_g=1$，$p_{cgw}(S_w)=p_g-p_w$。

对式（5.4）作一些解释。首先，离子的淌度是指在单位电场强度下，某种离子在一定温度和一定介质中移动的速率。显然，该模型借用淌度的概念，表述气水两相物质在流体势的作用下运移的过程。其次，流体势是指单位质量流体机械能的总和，式（5.4）中 $\varPhi_g$ 和 $\varPhi_w$ 分别代表了气和水所具有的位势能和储层压力梯度产生的势的总和。根据以上描述，再结合上一章中的式（4.19）就能够很好地理解它所表述的地质意义。

此外，平衡模型的最大特点是对解吸质量流动速率（Q'_d）的计算。这里，Q'_d 直接由 Langmuir 方程解出，忽略了气体在煤基质中的扩散过程，即

$$Q'_d=\frac{abP_g}{1+bP_g} \tag{5.5}$$

式中，P_g 为气压；a 为 Langmuir 体积；b 为 Langmuir 压力。

Price-Abdalla 模型是平衡模型中最为完善者之一，该模型去除了其他模型要求的

许多限制条件，如煤层产状水平、横向上等厚以及只考虑单相流等。但是，这类模型假设当压力下降时吸附气瞬时进入大孔隙中，吸附气与自由气压力处于连续平衡状态，不考虑气体在微孔系统运移过程中产生的时间延迟，忽略扩散和解吸过程的动力学作用。平衡吸附模型实质上是单孔隙模型，它针对煤储层具有的吸附和解吸特性在常规单孔隙中加入与压力有关的点源项，不能反映解吸时间的影响，没有真实反映煤层甲烷的赋存运移特征。正是由于这个缺陷，模拟计算结果所预测的产气量明显偏高。也正是因为这个原因，研究者们进一步引入了非平衡模型。

非平衡吸附模型基于储层的双孔隙结构特性。如上一章中的描述，煤层气的产出是通过降压解吸后扩散运移到裂隙系统中再以渗流的形式产出。Pavone 和 Schwerer（1984）基于黑油模型，建立了适合煤储层的双孔隙、拟稳态、非平衡吸附模型，这是最初的双孔单渗模型。如前所述，在该模型中煤储层由孔裂隙系统和基质块体构成，煤层气解吸后在孔隙中扩散进入裂隙，之后在裂隙中渗透进入井筒产出。该模型后来被大量学者沿用和完善（Paul *et al.*，1990；Sawyer and Paul，1990；Young，1998；Vaziri *et al.*，2002；Wei *et al.*，2007；Karacan *et al.*，2008；Sinayuç and Gümrah，2009；Zhang *et al.*，2009；Zou *et al.*，2010；Keim *et al.*，2011；Ziarani *et al.*，2011）。以下主要介绍非平衡模型的核心部分，即对煤层气在基质块体中扩散过程的表述。

非平衡吸附模型的关键就是用两种模型表述了扩散的过程，据此求取扩散进入渗流环节的煤层气数量。这两种模型分别是拟稳态非平衡模型和非稳态非平衡模型。在拟稳态非平衡吸附模型中，气体在微孔系统中的扩散运移用菲克第一定律来描述。菲克定律参见 3.1.2 小节中的式（3.11）。在扩散过程中，各处的扩散组元浓度 C 只随距离 x 变化而不随时间 t 变化，也就是说，dC/dx 是恒定不变的。在扩散过程中，每一时刻从前方扩散来多少原子就向后方扩散走多少原子，没有盈亏，因此浓度不随时间变化，而且扩散通量处处相同。这种状态被称为稳态扩散（steady-state diffusion）。显然，这个模型比平衡模型有了很大的改进，但与实际情况相差仍然较大。毕竟基质块体中赋存的煤层气是有限的，介质中的甲烷浓度不可能不发生变化，这必然带来较大的计算误差。但这个模型具有计算简单的优点。

拟稳态扩散（pseudo-steady state diffusion）模型所假定的条件在稳态和非稳态模型之间。该模型假设在煤基质块体内，煤层气在扩散过程中每一个时间段都有一个平均浓度，其解吸速度和基质内表面气体浓度与基质中气体平均浓度之差成正比，根据菲克第一定律推导出来的计算方法如 4.1 节中的式（4.4）所示。该模型考虑到了非稳态的问题，但又把非稳态问题进行了简化，同时还巧妙地应用解析时间这个参数避开了求取基质块体物性和几何参数的难题。该模型在煤层气储层模拟建模中被广泛采用。

非稳态非平衡吸附模型使用菲克第二定律来表述（Philibert，2005），即

$$\frac{\partial C}{\partial t} = \frac{\partial}{\partial x}\left(D\,\frac{\partial C}{\partial x}\right) \tag{5.6}$$

读者可能已经看出，式（5.6）与 3.1.2 小节中的扩散方程（3.22）完全相同，这样对非稳态扩散就很容易理解了。

与菲克第一定律相比，菲克第二定律表示的是非稳态扩散（nonsteady-state diffusion）的状

态。其特点是在扩散过程中，扩散通量 J 和甲烷浓度 C 随时间和距离的变化而变化。这样能够更好地表述扩散过程。但这仅仅是理论上的，因为实际应用中存在两个问题，第一个问题是确定物性和几何参数困难，很难获得基质块体中孔隙和固态有机质的形态参数，另外，在实验室里也很难实际测试煤基质块体的扩散系数；第二个问题是计算相对复杂。因此，真正应用这个模型的软件并不多。

研究者建立了多个拟稳态和非稳态的非平衡模型，属拟稳态非平衡模型的有 Fedorov 模型、COMET 模型、COALGAS 模型、ARRAYS 模型、PSU-1 模型、PSU-2 模型、PSU-4 模型以及 Mohaghegh & Ertekin 模型等。属非稳态非平衡模型的有 INTERCOMP 第二模型、SUGAE 模型、Smith & Sawyer 模型、PSU-3 模型以及 Chen 模型等。这些模型为模拟软件的发展提供了重要基础（张群，2003）。

ECBM 是煤层气开发的一个重要手段，为了模拟产气组分随时间和产能增强过程中注入混相气体（N_2、CO_2）的变化，多组分吸附解吸动力学和代表注入气和解吸甲烷气混合的方法，研究者发展了组分模型，使得模型和软件的功能得到拓展（Wei et al.，2007；Durucan and Shi，2009；Pan and Connell，2009）。

研究者们还尝试利用其他模型和软件来进行煤层气储层模拟研究。例如，油藏工程中最常用的黑油模型可以用来模拟煤层气的开采过程。在这种类型的模型中，不流动的油相视作煤基质，气体从油中解吸通过溶解气比与压力曲线来实现，该曲线用于代表 Langmuir 等温吸附曲线。采用这种方法需要对孔隙度和相对渗透率等参数进行修改。因为它们没有考虑吸附气体在基质中的运移时间，可见这种方法在本质上仍归为平衡吸附模型。当然，也可以使用双孔隙和双渗透率的黑油模型来代替非平衡模型。气体在基质中的扩散可以通过调整基质渗透率来模拟。由于黑油模型非常成熟且具有较好的适应性和在常规油气藏工程方面良好的应用基础，因而在煤层气储层模拟研究领域得到了一定的应用（Seidle and Arri，1990）。

在上述模型的基础上，研究者们研发了多种煤层气储层模拟软件系统。下面对一些代表性者进行介绍。

ARRAYS 软件。1981 年，由美国天然气研究所（Gas Research Institute，GRI）主持，美国钢铁公司（US Steel）和宾夕法尼亚州立大学等承担，开始了煤层气产量数学模型与模拟器开发项目（Development of Coal Gas Production Simulators and Mathematical Models for Well Test Strategies）的研究工作。在该项目中，Pavone 和 Schwerer（1984）基于双孔隙拟稳态非平衡吸附模型建立了描述煤储层中气水两相流动的偏微分方程组，采用全隐式进行求解，并开发了相应的计算机软件系统 ARRAYS。该软件系统包括 WELL1D 和 WELL2D 两个程序，分别进行未压裂或压裂后的单井和多井模拟。该软件系统的出现标志着模拟软件能够胜任井组规模以及压裂激化完井的储层模拟研究。

GRUSSP 软件包。1984 年，宾夕法尼亚州立大学的 Ertekin 和 King 开发了类似于 ARRAYS 模型的单井模型 PSU-1。该模型对方程组在空间和时间上进行差分离散，按全隐式、Newton-Raphson 方法进行求解。Remner 进一步把 PSU-1 模型升级为 PSU-2 模型，使其能够处理多个煤层气井。后来这个基于 PSU-2 模型开发的软件与 ARRAYS 软件组合在一起形成了 GRUSSP 软件系统并被推广应用。1987 年，Sung 建立了 PSU-4

模型并开发相应的软件，考虑了有限导流裂缝、水平钻孔和生产煤矿工作面等因素。使得上述系统具备了现代煤层气储层模拟软件的大部分功能，为煤层气储层模拟软件的发展奠定了基础。

COMET-TM 软件。1987 年，在美国天然气研究所的支持下 ICF Lewin Energy 公司开发了专门用于煤层气藏开发模拟的双孔隙、二维气水两相模拟软件 COMET-TM (Young，1998)，随后又推出了微机版的 COMETPC，COMET 是 Coalbed Methane Technology 的简写。COMET 软件的模型是从 SUGARWAT 模型(Devonian 泥岩模拟器)修改而成的(ICF Lewin Energy，1987；Sawyer and Paul，1990)。COMET 软件的模型与 ARRAYS 和 PSU 有许多相同的物理和数值特性，其最重要的贡献是建立了更为友好的用户界面。当然，这与本章后面介绍的 COMET3 软件可视化的 CometEditor 相比还是落后很多。例如，其输入参数是采用编辑文本文件(*.txt)来实现的，实际操作起来依然非常麻烦。这个问题一直到 Windows 视窗操作系统出现才得以根本解决。

COMETPC-3D 软件。1989 年，美国天然气研究所与国际先进能源公司(Advanced Resource International Inc.，ARI)等 13 个公司和工业财团联合，在 COMETPC 的基础上进一步开发出了 COMETPC-3D 软件，它是一个功能强大、三维、气水两相流的专用煤层气储层模拟软件，可模拟多井、多层和压裂井，考虑了重力效应、溶解气、孔隙压缩系数、煤基质收缩系数以及应力对渗透率的影响等(Paul *et al.*，1990；苏复义、蔡云飞，2004；王晓梅等，2004)。

COALGAS 软件。仍在 1989 年间，S. A. Holditch & Associates Inc.(SAH)独立开发了另一个可模拟煤层气和非常规天然气的储层模拟器 COALGAS。其煤层气模拟的特性与 GRUSSP 和 COMET 模拟器类似。该模拟器具有平衡吸附和拟稳态非平衡吸附两种选项，以及图示化和菜单式的前处理和后处理功能，因而操作方便，显示结果直观，一些研究者用其模拟了煤层气井的产能(陈彩红等，2004)。

COMET、GRUSSP 和 GOALGAS 等一系列模拟软件系统的出现标志着煤层气地面开发理论模型和模拟软件系统进入了成熟阶段，已经能够胜任大部分理论研究和实践应用工作。

在这个阶段内，煤层气储层模拟研究方法得到了充分的发展和完善。各种研究方法，如在地质勘探和开发试验成果数据基础上进行的地质建模已经能够在三维空间的意义上很好地表述地质构造特征、储层空间特性、储层含气性以及物性等；历史拟合方法能够很好地对勘探数据、室内实验测试数据和试井数据进行优化校正；包括工作制度设计和井位井网布置等在内的相关生产工艺技术优化以及井和井组排采表现预测方法也都发展到相当完善的程度。

5.1.3 完善应用阶段

本阶段从 20 世纪 90 年代开始，其间的二十余年来，人们仍不断地追求煤层气储层模拟模型和软件的进步和完善。

模型研究方面，在双孔、单渗透率、拟稳态或非稳态平衡煤层气产出模型的基础上，进一步发展了三重孔隙系统、双渗透率的模型；模型参数的确定也是一个热点问题，如储层渗透率排采诱导变化问题，相对渗透率的问题等。在这些方面，研究者们同时采用了理论分析和物理模拟实验研究等方法，取得了大量成果。另外，排采过程中的固流耦合问题，包括流体动力学过程对固态储层的影响和储层物性变化对流动过程的反作用等，利用数值模拟方法能够很好地认识这些现象和规律并进一步指导生产实践。这些内容将在后面的章节中作详细的阐述。

软件方面，1998 年，ARI 公司又推出新产品 COMET2，2000 年升级到COMET2.10版，2004 年进一步升级到最新的 3.0 版本，即目前仍在不断升级的 COMET3。至此，COMET 软件已经相当完善。软件中增加了三孔隙双渗透率模型，差分方程组采用全隐式求解，并参数亦按全隐式算法处理，可模拟注二氧化碳或氮气提高甲烷采收率。软件运行的操作系统为 Windows 2000、Windows NT、Windows XP 以及 Windows Vista等，其工作界面不再是 DOS 的老面孔而换成了可视化窗口。这些改进都使得软件的功能更强，运行稳定性更好，计算精度更高，操作更为便捷。此外，随着计算机硬件技术水平的提高，软件运行速度大大加快，从而提高了模拟工作效率。

在这个阶段内，还有很多软件可用于煤层气储层模拟研究工作。这些软件可分为两类，一类是油气藏通用的储层模拟软件，另一类是专门用于煤层气等非常规天然气的软件。前者如美国 Schlumberger（斯伦贝谢）的 ECLIPSE、加拿大 CMG（加拿大计算机模拟软件集团）的 CMG-GEM 等，这些软件均由国际上较为著名的油气公司开发，主要用于常规油气藏的储层模拟工作，同时也兼顾了煤层气储层模拟方面的一些特殊要求，如吸附气的计算以及 CO_2-ECBM 等。专用的煤层气模拟软件也不断出现，如澳大利亚的 SIMED 和加拿大的 METSIM2 等。

另外还有一类软件，如 MS Office、Goldensoftware 的 Surfer 和 HIS Inc. 的 Petra等。它们并不是储层模拟软件，但其独具特色的数据处理功能和图形处理功能能够为储层模拟工作服务，属于该项工作的辅助软件。

上述软件的一部分将在本章的最后进行讨论。

5.1.4　国内煤层气储层模拟研究

早在 20 世纪 90 年代，随着我国煤层气勘探开发的开展和发展，煤层气储层模拟研究的理论、方法和包括 COALGAS、COMET3 在内的软件系统被引入国内（唐书恒、陈彤，1998）。虽然我国煤层气储层数值模拟方面的水平与处于领先地位的美国等国家相比还存在着一定的差距，但在研究者们的持续努力之下，这种差距在不断缩小，而且在某些领域已经形成了自己的特色。

在理论研究方面，研究者对煤层气扩散渗流机理、储层物性排采诱导变化和排采固流耦合等方面进行了研究，虽然在思路和方法上与国外存在一定的相似之处，但由于它们基于中国的煤层气地质和开发条件，并且采用了国内的样品，所取得的成果更能够代表中国的具体情况（傅雪海等，2003；Wei et al.，2009；Zou et al.，2013）。

在生产实践方面，我国主要煤层气勘探开发基地，如辽宁铁法、山西晋城和柳林、陕西韩城以及黔西滇东等都有利用储层工作的报道，对煤层气资源地面开发起到了重要的指导作用（陈彩红等，2004；苏复义、蔡云飞，2004；王晓梅等，2004；雷波等，2010；郭晨等，2011a，2011b；蔡志翔等，2012）。随着煤层气勘探开发工作的开展，国家管理部门还出台了相应的规范，将储层模拟方法应用于煤层气资源/储量计算工作中。

20世纪末，国内煤层气储层模拟工作主要以美国的软件系统为工具，但是，对于我国在复杂构造条件下具有低渗透、强吸附、多层赋存等特征的煤层而言，其实际应用受到一定的限制。因此，国内的研究者一直坚持开发能够适应我国地质和开发条件的软件系统。在20世纪90年代，相继出现了一些自行研制的煤层气储层模拟软件（李斌，1996；骆祖江，1997）。中国矿业大学2000年开发了二维二相拟稳态煤层气储层模拟软件，2009年和2011年，在国家"863"计划和国家科技重大专项的资助下，又再次开发了具有排采诱导渗透率变化功能的模拟软件和针对煤层气田排采动态的模拟和评价软件。

近年来，在定向羽状水平井快速发展的背景下，国内有一些单位开发了煤层气定向羽状水平井数值模拟软件并得到应用（张亚蒲，2005；张冬丽、王新海，2005；吴晓东等，2007）。

另外，国内研究者一直在尝试运用各种数学方法来实现煤层气井的产能预测。从较早出现的时间序列分析法（杨永国、秦勇，2001）到近期的格子玻尔兹曼法（罗金辉，2012）等，不一而足。

5.2   COMET3 软件的结构和功能

COMET3 是目前较为流行的煤层气储层模拟软件系统，本章的下面两节将对其进行较为系统的介绍。其中的信息主要源自文献 ARI（2005a，2005b）。

5.2.1   软件功能和假设条件

COMET3 软件系统是一个三维、多组分、气水两相、三重孔隙（也可选择单孔或双孔模式）的天然气地面开发模拟器。该系统采用拟稳态非平衡吸附模型，同时也可利用黑油模型进行模拟。软件能够模拟煤储层和页岩储层等的地面排采过程，同时也能够进行常规储层模拟。

COMET3 软件系统基于 Warren 和 Root 在 1952 年提出的裂隙介质理想模型构建了软件系统一般运行情况下采用的双重孔隙储层模型。气水两相流体在裂隙系统中渗流，裂隙系统可看作是连续的，为流体提供了流向生产井的通道，气体由不连续的煤基质块体解吸扩散进入裂隙系统，这两个过程由在煤基质块体表面的解吸等温线和扩散方程相联系。

对于三重孔隙、双渗透率的选项，软件系统加入了基质块体渗流孔孔隙度和渗透率等参数。这样就可以对煤储层和页岩储层中气体的解吸和运移机制进行模拟，即通过双渗透率的网络系统模拟气体在储层中的解吸、扩散和达西渗流过程。对于传统的双渗透率和双孔隙度储层(如含有天然裂隙的碳酸盐岩),也可以在关闭解吸扩散机制选项之后进行模拟。

三组分气体吸附特性通过运用扩展的 Langmuir 等温吸附方程,将多组分自由气体和吸附多组分混合气体(CH_4、N_2 和 CO_2)之间的非线性关系定义为一个关于甲烷浓度的函数。

COMET3 软件系统还可以模拟下面几个关键而且独特的、影响煤层气产量的煤储层特性:

储层压力变化导致的孔隙体积压缩影响裂隙孔隙率和渗透率;

基质块体的收缩导致的孔隙体积增大影响裂隙孔隙率和渗透率;

气体的重吸附(gas readsorption);

提高煤层气的回收(ECBM);

碳封存(carbon geosequestration)。

此外,重力作用和水中溶解气的影响也都严格地考虑在内。

COMET3 软件系统可在极坐标系(r-θ-z)和笛卡儿坐标系(x-y-z)两种状态下工作,前者仅用于单井,后者用于单井和多井问题的模拟。例如垂直单井运用笛卡儿坐标系的对称象限(通常是井圆周四分之一的范围)进行模拟即可达到很好的效果,这样能够节省很多的运算时间。依据有限差分网格和井参数处理方法均可针对无论是有限还是无限的传导裂隙(压裂裂缝)进行模拟。此外,井可以是垂直的也可以是水平的。

COMET3 软件系统一个很实用的特性是可以通过在最大水产速率限制和井底压力控制之间,或者在最小井底压力限制和水产速率控制之间的自动转换,从而进行针对不同的井运行约束条件进行设置。对有水产速率限制的煤层气井进行模拟能够取得很好的效果。

在单井模式(r-z)中,运用了一种全隐式的井孔算法,可以指定井液面位置、井头压力(well head pressure)或总的水产速率中的任意一个。该特性对于模拟关井阶段气和水向井孔的流动过程非常有用。

尽管 COMET3 软件系统主要是用来模拟双孔隙或三孔隙模型,但是它也可以作为传统的气水两相模拟器使用。在单孔隙模式下,软件几乎可以模拟所有的天然气储层。由于考虑了溶解气,软件可以通过设定属性,把水变为油而用作一个通用的三维气体锥进模型。

为了使 COMET3 软件系统成为真正意义上的通用模型,软件系统使用了尽量少的限制假设条件,以下是其基本假设条件:

储层常温;

气和水在裂隙系统中的流动可用达西定律和相对渗透率来描述;

同一个有限差分网格中煤基质块体都是同性的,但是不同的网格块中,基质块体的大小、气体吸附时间及某些物性参数可以有不同的设置;

在任何时刻,流体从煤基质块体向裂隙系统的扩散过程为拟稳态,这是基于经典的 Warren 和 Root 假设,即甲烷浓度在每一个基质块体单元中均以相同的比率下降。

5.2.2　软件组成模块

COMET3 软件系统由两个功能模块组成，一个是基础数据和成果编辑器(CometEditor)，另一个是 COMET3 模拟器(COMET3 Simulator)。

CometEditor 是一个可视化的用户界面，它的主要功能包括创建和编辑 COMET3 输入文件、运行 COMET3 模拟器、查看模拟结果以及管理输入和输出文件。可见 Comet-Editor 是连接用户和 COMET3 模拟器的途径。用户通过它来运行和操作 COMET3，并查看模拟计算结果。因此，CometEditor 实际上是该软件的前、后处理模块。

COMET3 模拟器是软件的核心，它能完成软件包括解算气水两相渗流方程在内的绝大部分运算功能。

5.3　COMET3 软件基本操作

COMET3 软件的操作过程，首先利用 CometEditor 建立模拟基础数据文件，然后调用 COMET3 模拟器进行模拟运算，最后利用 CometEditor 来输出和查看模拟结果。Comet-Editor 为 COMET3 创建的输入文件有两种，即 *.SIM 文件和 *.CME 文件。*.SIM 文件是软件的基础输入数据文件，它可由 COMET3 执行文件直接运行，而 *.CME 文件由 CometEditor 创建，也仅能由 CometEditor 运行。CometEditor 可直接载入已有的 *.SIM 或 *.CME 文件，在输入窗口中进行修改或者运行计算。COMET 模拟器模拟计算结果以 *.out 文件输出，该文件可在 CometEditor 中运行，也可以导出到其他软件中进行处理。

5.3.1　软件输入界面

CometEditor 模块的输入功能由 17 个界面实现，分别是模型描述(Description/Model)、主要选项(Major Options)、运行控制(Run control)、输出控制(Output control)、网格生成和井位确定(Grid description and well location)、初始压力和饱和度(Pressure and Saturation)、裂隙性质(Fracture properties)、基质体性质(Matrix properties)、吸附和压缩性(Sorption and compressibility)、选择渗透率模型(Alternative permeability models)、相对渗透率和毛细管压力(Rel Perm and cap pres)、整个网格系统的性质组合(Property arrays for entire grid)、气体性质(Gas properties)、水的性质(Water properties)、含水层特性(Aquifers)、时间步长控制(Recurrent data-timestep control)和节点性质(Recurrent data-node properties)。

下面逐个介绍这些界面。

5.3.1.1　Description/Model 界面

对模型进行基础描述，并选择模型的类型(图 5.1)。

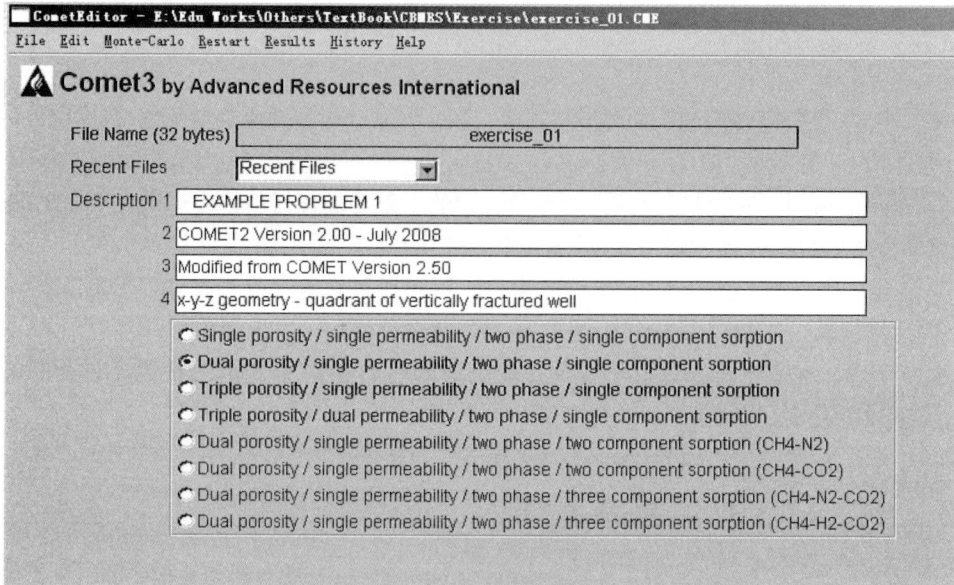

图 5.1   Description/Model 界面

该界面用于输入模拟基础数据(∗.SIM)的名称，文字描述本次模拟工作的特点和内容并确定模拟采用的模型。

界面上部的四个输入框(1、2、3、4)可输入对模型或本次模拟的文字描述，这些输入对模拟计算没有影响。

可选择的模型有下面 7 个。

1) 单孔/单渗/两相/单组分吸附模型；

2) 双孔/单渗/两相/单组分吸附模型；

3) 三孔/单渗/两相/单组分吸附模型；

4) 三孔/两渗/两相/单组分吸附模型；

5) 双孔/单渗/两相/双组分吸附模型(CH_4-N_2)；

6) 双孔/单渗/两相/双组分吸附模型(CH_4-CO_2)；

7) 双孔/单渗/两相/三组分吸附模型(CH_4-N_2-CO_2)。

在选择了不同的模型之后，后续的输入界面会根据模型特性的变化有所改变。

5.3.1.2 Major Options 界面

对模型中基础数据的输入输出类型进行选择(图 5.2)。

选择的内容包括单位采用英制或是公制；流体相态是气-水、气-油或是油-水；基质块体是球形、圆柱形或是板状；网格块的高程是海拔或是相对高程；含气量单位等。

另外还可以对数值解算模型进行设置。界面左下方的数值模型(Numerical Model)选项可对井常数(well constant)的算法进行选择，"Peaceman"和"Babu"分别适用于直井和水平井。右下方的其他(Other)选项中，一个是全隐式井筒算法(Fully implicit

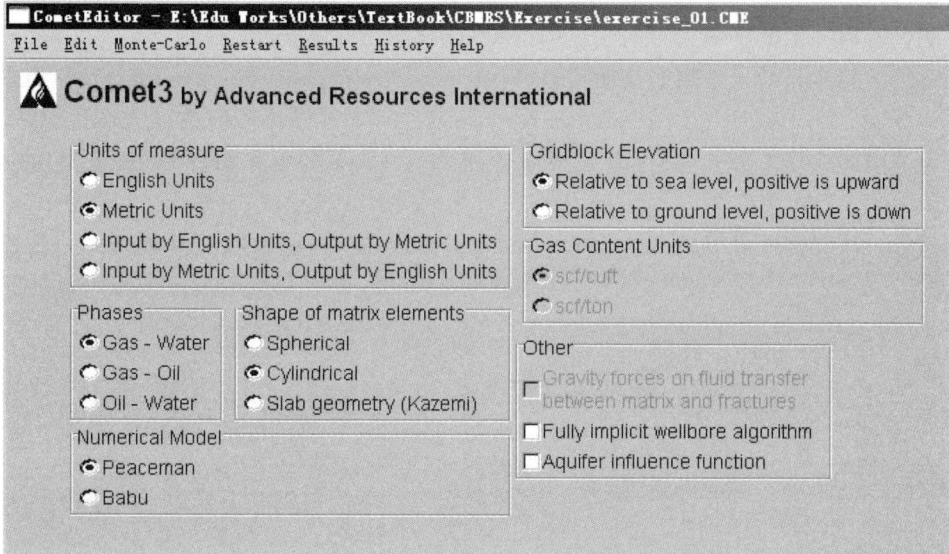

图 5.2　Major Options 界面

wellbore algorithm)，即在井筒部位采用全隐式算法以提高非线性方程组解的稳定性，这样在时间和空间步长较大的情况下仍然能够获得较高的精度。另一个选项是含水层影响函数(Aquifer influence function)，选择它可以引入含水层的影响。

5.3.1.3　Run control 界面

对软件的运算进行控制(图 5.3)。

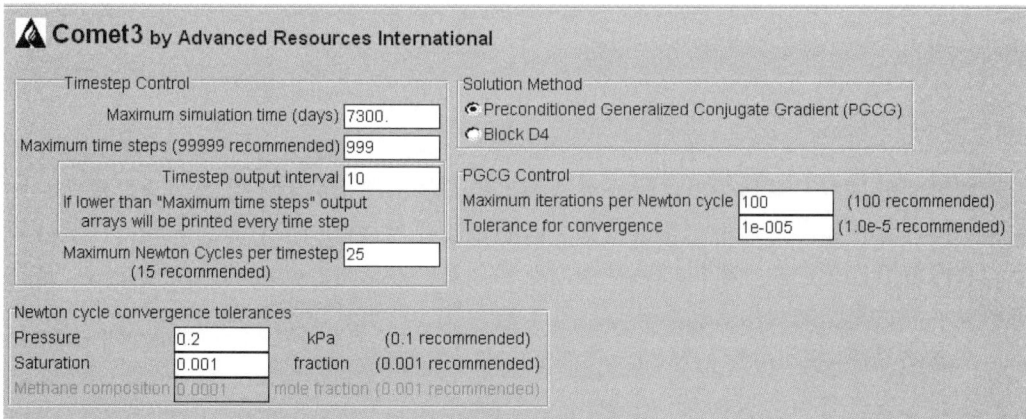

图 5.3　Run control 界面

时间步长控制要求输入两项，即模拟的总时间(Maximum simulation time)，最大时间步长(Maximum time steps)，以天(d)为单位。

输出时间间隔(Timestep output interval)是指计算结果如气水产量等写入硬盘的时间间隔,若输入值低于最大时间步长则按照每个时间层运算输出数据。

每个时间步长最大牛顿迭代循环数(Maximum Newton Cycles per timestep)是指每一次解算动力学方程时,运用 Newton-Raphlson 法解非线性方程时的最大迭代次数[参见 4.3 节中的式(4.36)],缺省为 15 次。本书作者在调试该算法时曾经观察过,实际计算一般为 4~5 次。

此外,该界面还可以输入 Newton-Raphlson 法的迭代误差以及对解算的一些控制(PGCG control)。

5.3.1.4　Output control 界面

输出参数控制(图 5.4)。

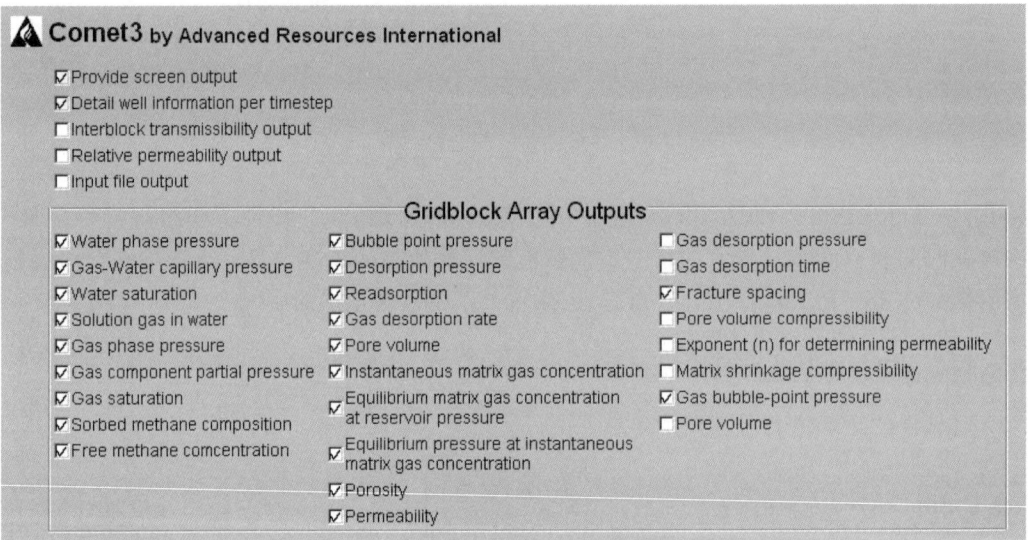

图 5.4　Output control 界面

该界面提供了一系列选项供操作者选择模拟数据的输出内容。上面部分提供的是一些常用的选择,如屏幕输出与否以及每个时间步长井参数等。下面的部分则是按照时间步长和网格节点,在整个模拟排采过程内对部分储层参数进行实时的网格化输出,这些参数包括渗透率、储层压力、含气量、气水饱和度、储层孔隙参数等。

从这个界面可以看到 COMET3 软件强大的数据输出功能。

5.3.1.5　Grid description and well locations 界面

该界面的主要功能是建立模拟网格系统(grid description)和确定井的位置(well locations)(图 5.5)。具体包括选择极坐标系统或是直角坐标系统(界面的左上方单选菜单),选择工作窗口的查看方式(界面右上方下拉菜单),包括地图、深度和立体方式等。

图 5.5 显示了建立网格系统的界面。从中可以进一步选择三种建立网格系统的模式，即自定义模式(Custom)、单井模式(1 Well)和固定布长模式(Even Spacing)之中的一种来建立模拟网格。同时还有井参数输入(Well info)和井边界输入(Bounds)两种功能。

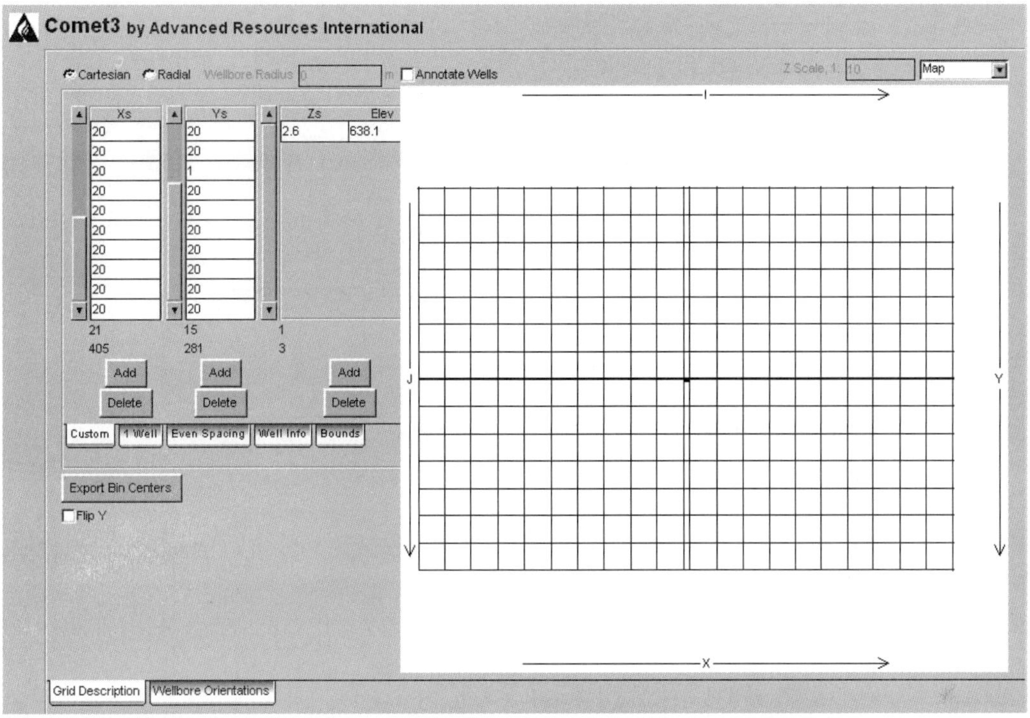

图 5.5　Grid description and well locations 界面

Custom 模式，在数据表中输入网格的个数和长度，通过调整 Xs 和 Ys 的数值，可以做成等大网格，也可以做成变密度网格。在 z 方向上，可以通过输入 Zs 数据和海拔高度或相对高差(Elev)建立单煤层或多煤层模型，同时还可以设置同一煤层在垂向上的网格层数。

1 Well 模式，输入井的参数，包括网格间隔距离、单井影响范围、外部影响因素以及垂向间隔等(图 5.6a)。

Even Spacing 模式，Block Size 子菜单栏中输入 x、y 和 z 方向每一格的长度及格数；Model Size 子菜单中输入整个网格在 x、y 和 z 方向上的大小即可形成网格(图 5.6b)。

Well info 按钮，需要输入井的具体参数。包括井的名称、埋深和温度等，选择压裂井或水平井，并给井定位。如 $X=8$、$Y=9$ 表示井的位置在 X 方向的第 8 格，Y 方向第 9 格。井的位置也可以直接在图 5.5 中右方的网格图上点击鼠标左键，在网格上定井位。此外，在界面上可以设置多个井并形成井网(图 5.6c)。

Bounds 按钮，可以修改井的边界。

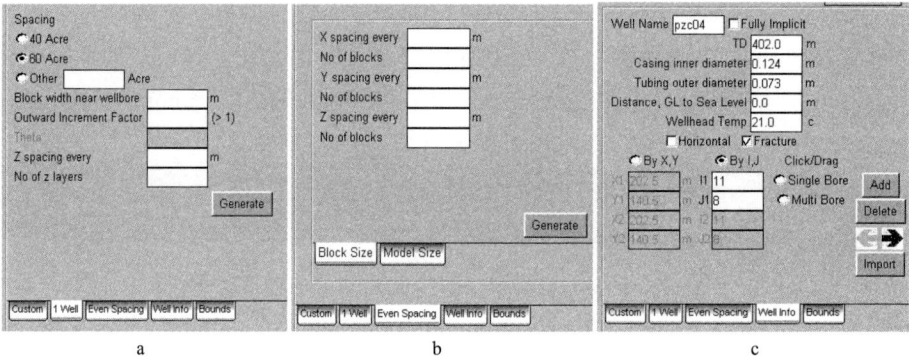

图 5.6　几种网格设置的方式

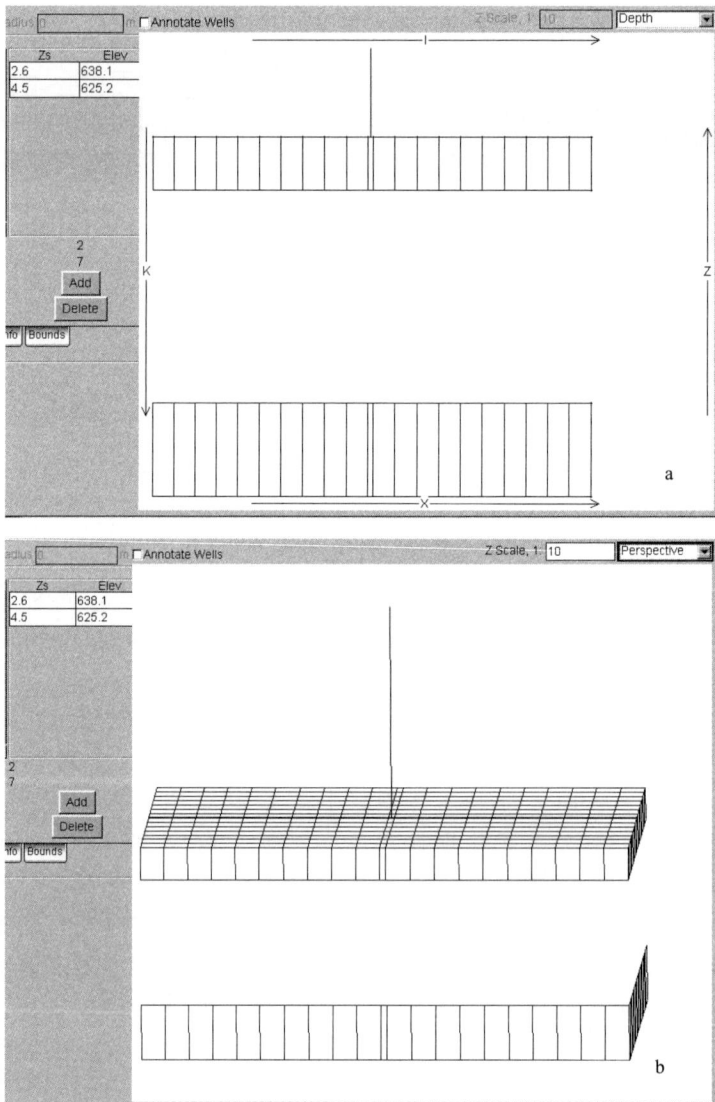

图 5.7　直角坐标网格系统的另外两种显示模式

无论是极坐标还是直角坐标系统，在建立模拟网格系统的同时也限定了井的影响范围。

从上面的描述可以看出，COMET3 建立模拟网格系统的方法还是比较灵活的，操作也不算复杂。只要认真阅读软件说明书，具有一般计算机水平的人都能够比较方便地建立起模拟网格系统。

这个界面提供了三种网格显示模式，图 5.5 是"map"模式，显示 x-y 平面上的情形；图 5.7a 是"Depth"模式，显示 x-z 平面上的情形，注意，图中该界面显示的模型包含两个煤层；图 5.7b 是"Perspective"模式，即三维显示。图 5.8 是极坐标系统的 Perspective 显示模式，图中还可见到网格参数的设置。

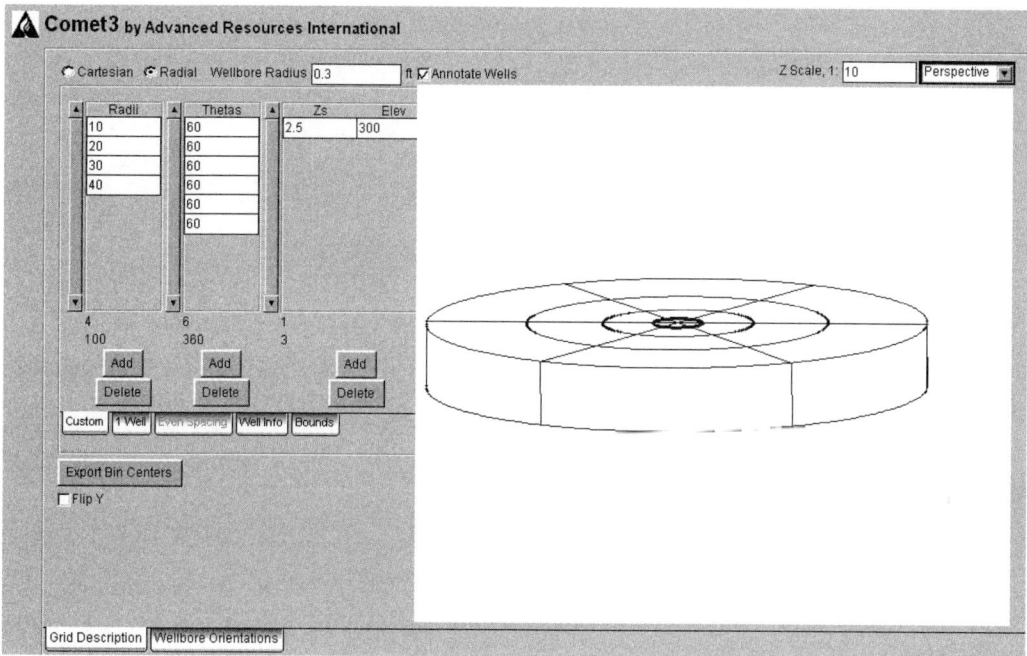

图 5.8 极坐标网格系统的 Perspective 显示模式

5.3.1.6 **Pressure and Saturation 界面**

该界面用于输入初始储层压力和初始水饱和度数据(图 5.9)。可直接输入初始储层压力和裂隙系统中的含水饱和度数据，也可以输入初始气水界面(GWC)的海拔，由软件自行计算储层压力(此时用静水压力代替储层压力)。当点选了界面右上方的"GWC Initialization"单选项时，只有在 Description/Model 界面中选择了三孔单渗或三孔两渗模型，"matrix water saturation"输入框才可用，也就是说此时才需要渗流孔的初始水饱和度值。

在这个界面的右下方有两个按钮，即"By Layer"和"By Region"。前者表示"按层输入"(图 5.9)，即一个参数代表整个煤层，也就是说在横向上没有变化；后者是一个很有意思的功能，就是按照区域来输入参数(图 5.10)。该功能让使用者能够在 x-y 平面

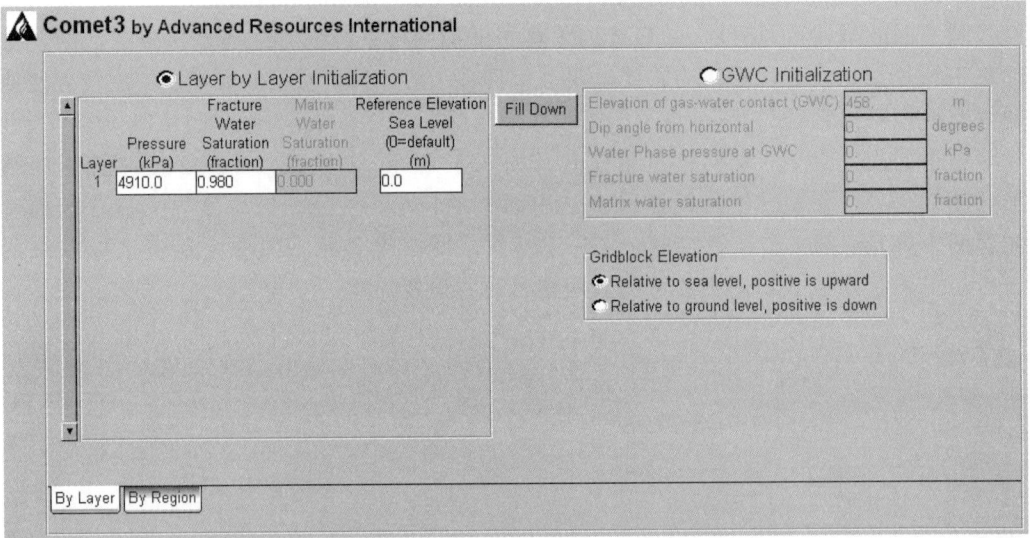

图 5.9 Pressure and Saturation 的 By layer 输入界面

上根据网格块的分布，任意选择不同区域输入不同的初始储层压力和饱和度数值，这样就能够在横向上改变参数的数值。在后面的一些界面中，"By Layer"和"By region"按钮也常常出现。

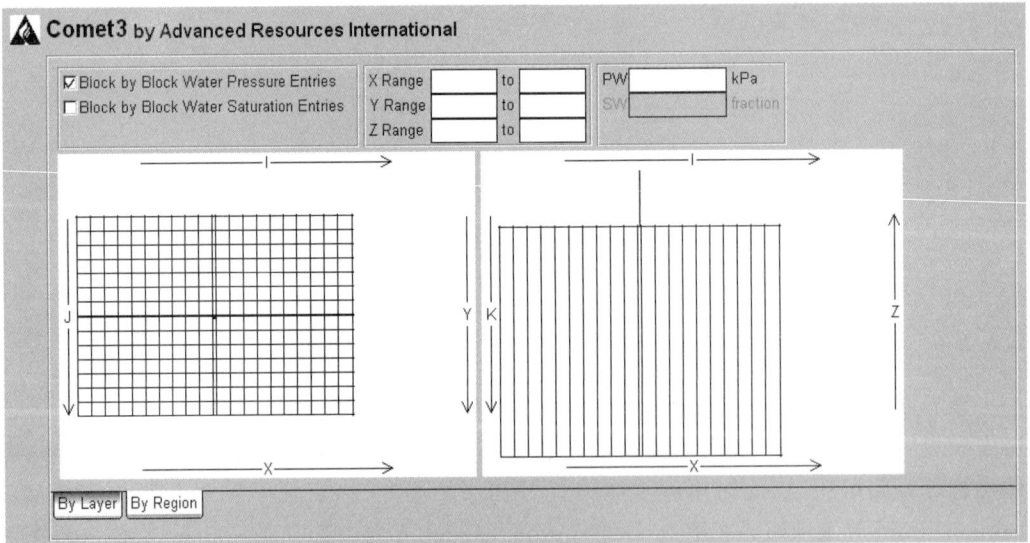

图 5.10 Pressure and Saturation 的 By region 输入界面

在使用 By region 方式输入参数时，可以逐个对网格块输入参数值，也可以选择多个相邻的网格输入。区域的定义方式，可以在 X、Y、Z Range 输入框中输入，还能够用鼠标点击单个网格输入，或按左键拖动鼠标选择多个相邻网格。图 5.10 界面中上部的几个输入框清楚地显示了这一点。显然，在图形显示窗口中，左方按照 map 方式显示网格，右方则按照 Depth 方式显示。

5.3.1.7　Fracture properties 界面

如图 5.11 所示，主要输入参数包括每一煤层在 x、y、z 三个方向上的初始裂隙渗透率、初始裂隙孔隙率和基质块体解吸时间等。煤储层可以是各向同性，也可以是各向异性。前者在 x、y、z 方向上的渗透率值相等。同时还可以设定 z 方向不导通，煤层之间无干扰，也就是把 z 方向的初始裂隙渗透率设为 0。

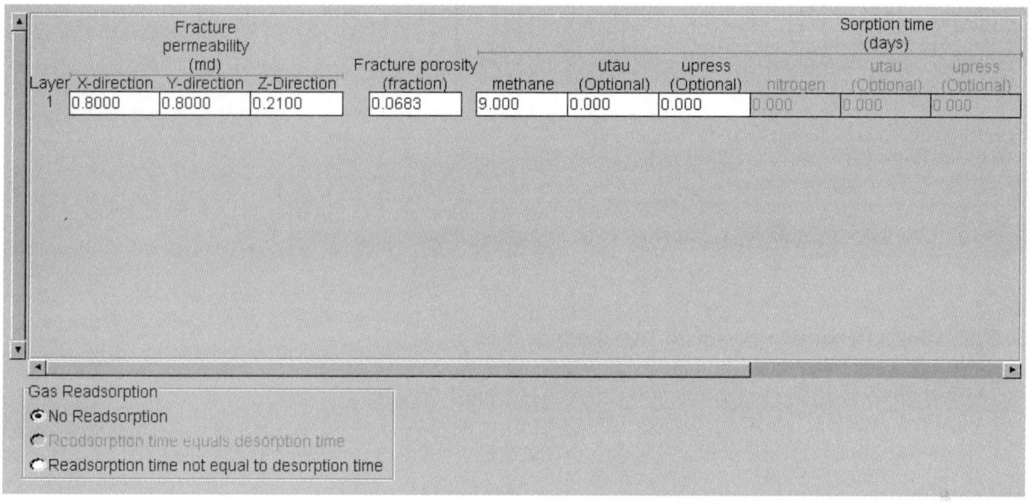

图 5.11　Fracture properties 界面

当基本模型为多组分模型时，需要输入其他气体的吸附时间值。

这个界面同样可以按照 By layer 和 By region 两种方式来输入。

5.3.1.8　Matrix properties 界面

当在 Description/Model 界面中选择了三孔两渗模型时，该界面才可用，并要求输入在 x、y、z 三个方向上基块渗透率的初始值、基块孔隙率、基块大小和形状因子等参数。如果未选择三孔两渗模型，该界面是不可用的。

5.3.1.9　Sorption and compressibility 界面

该界面用于输入吸附参数和可压缩性参数(图 5.12)。同样可以采用 By layer 和 By region 两种方式输入。

吸附性参数包括 Langmuir 体积、Langmuir 压力、临界解吸压力(或初始含气量)等。可压缩性是指基质块体膨胀或收缩引起渗透率变化的特性(这方面的详细描述请参见 9.1 节)。可压缩性参数包括孔隙体积压缩系数、储层压力导致渗透率变化指数和基质收缩系数等。如果采用了多组分模型，还要输入相关组分气体的吸附参数和吸附膨胀系数。

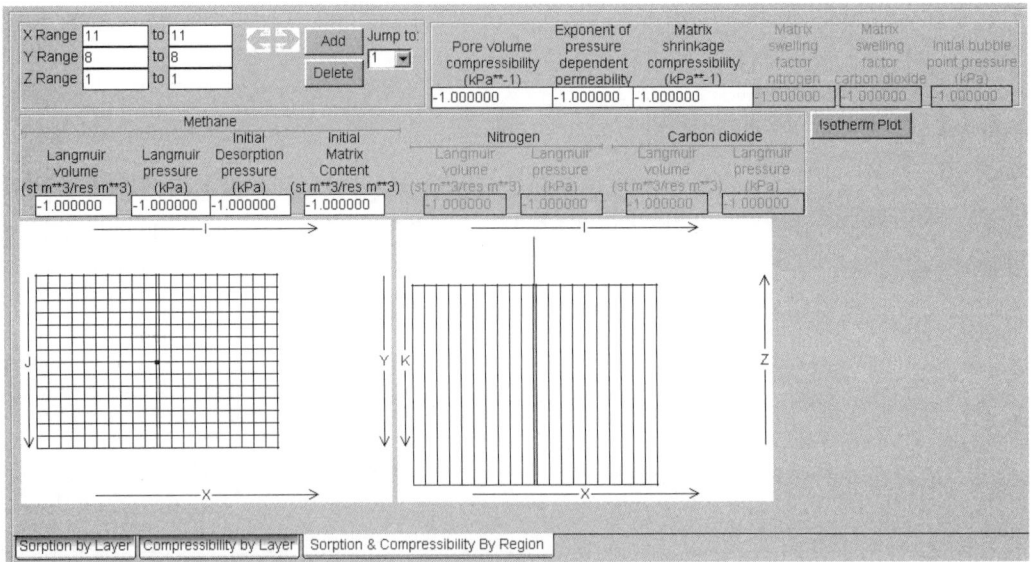

图 5.12　Sorption and compressibility 的 By region 界面

5.3.1.10　Alternative permeability models 界面

该界面用来调整储层压力变化导致的渗透率变化(图 5.13)。

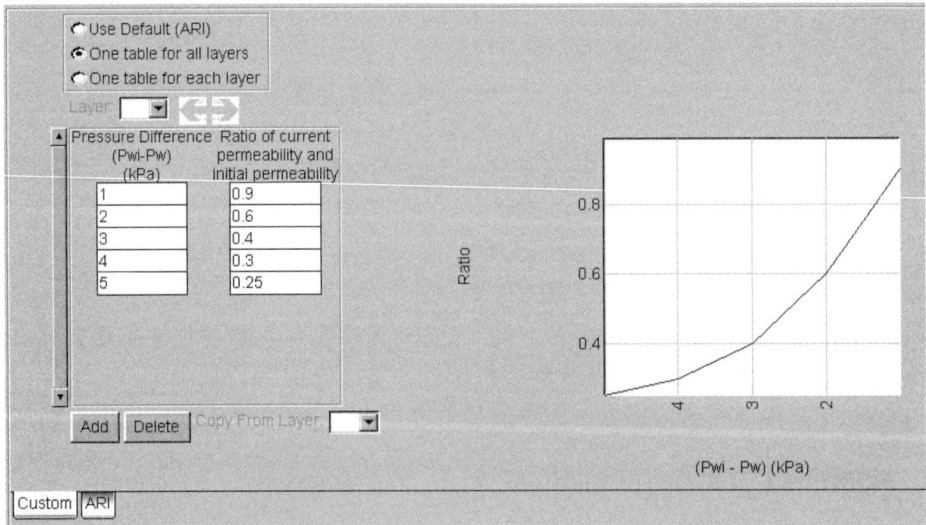

图 5.13　Alternative permeability models 界面的 Custom 输入窗口

　　界面上的"Custom"按钮是用于自定义渗透率模型输入，要求输入的参数是排采过程中储层压力变化值与相应的渗透率值和初始渗透率的比值两个数据。界面的右方会自动绘制压力-渗透率变化率曲线图。

　　"ARI"按钮是软件开发者给出的缺省模型。

5.3.1.11　Rel Perm and cap pres 界面

该界面用于输入气水相对渗透率特性。输入不同水饱和度对应的水相对渗透率值和气相对渗透率值，生成气水相对渗透率曲线。也可以用科里法（Corey）选项来自动生成相渗曲线，如图 5.14 所示。

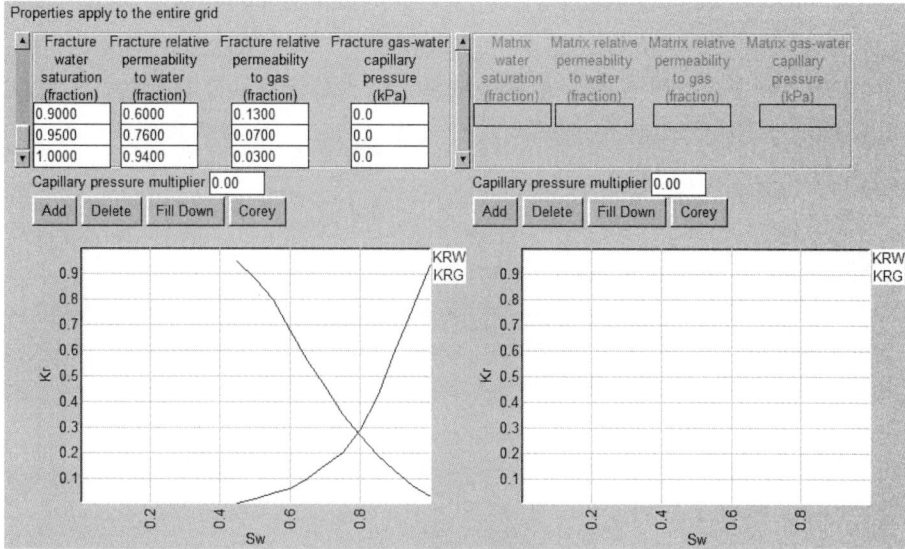

图 5.14　相渗曲线输入窗口

同样可以选择采用 By layer 或 By region 两种方式输入。

5.3.1.12　Property arrays for entire grid 界面

按照 By layer 方式输入中不同位置的储层参数值（图 5.15），实现"平板状"数据的实际化。

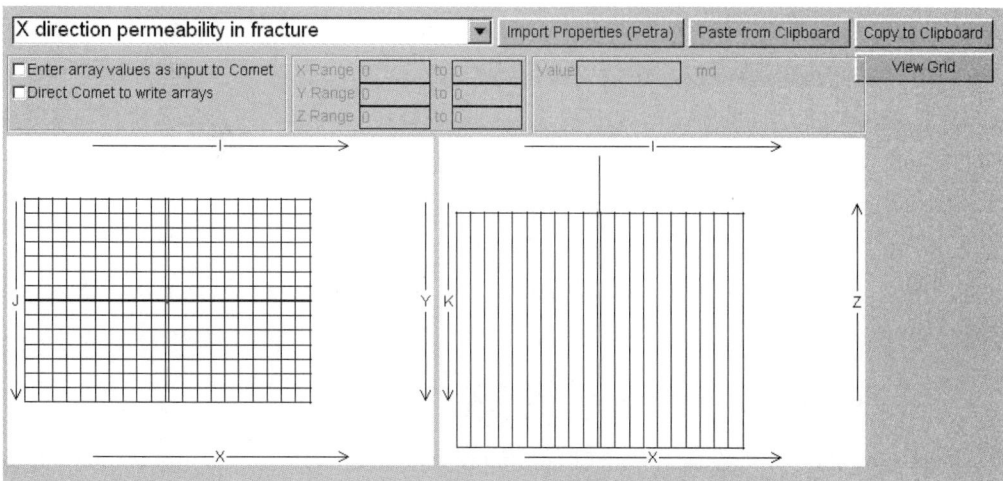

图 5.15　Property arrays for entire grid 界面

通过位于界面左上方的下拉菜单可选择不同的输入参数。包括煤层埋深和厚度、裂隙间距、裂隙和基块孔隙率、在 x、y、z 三个方向上的裂隙渗透率和基块渗透率、不同组分气体的吸附时间、不同组分气体的 Langmuir 参数、甲烷临界解吸压力、含气量和动液面等，这表明 By region 的功能是非常强大的。

5.3.1.13 Gas properties 界面

如图 5.16 所示。该界面可输入模拟气体的参数，包括标准状态下的气体密度、黏度、压缩系数和储层温度等参数。在一般情况下，气体全部由 CH_4 组成，不含其他成分。如果采用了多组分模型则需要输入其他气体（CO_2、N_2）的摩尔分数以及它们的压缩系数和黏度等。

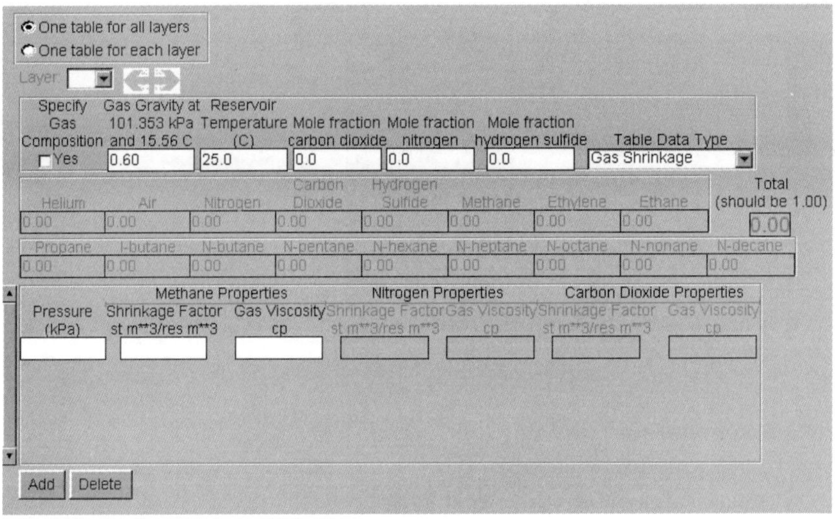

图 5.16　Gas properties 界面

5.3.1.14 Water properties 界面

如图 5.17 所示。该界面用于输入水的特性参数，如水的密度、黏度和体积压缩系数等。此外还包括是否考虑水溶气的选项，如果选择了该选项，还可输入甲烷在水中的溶解特性参数。

5.3.1.15 Aquifers 界面

COMET3 软件考虑了与煤储层相邻的含水层对排采的影响，该界面用于输入含水层的性质。

5.3.1.16 Recurrent data-timestep control 界面

如图 5.18 所示，该界面有两个功能。第一个功能是选择是否启用"Restart"功能。该功能决定软件是否在进行完第一次模拟之后自动开始第二个设置条件不同的模拟计

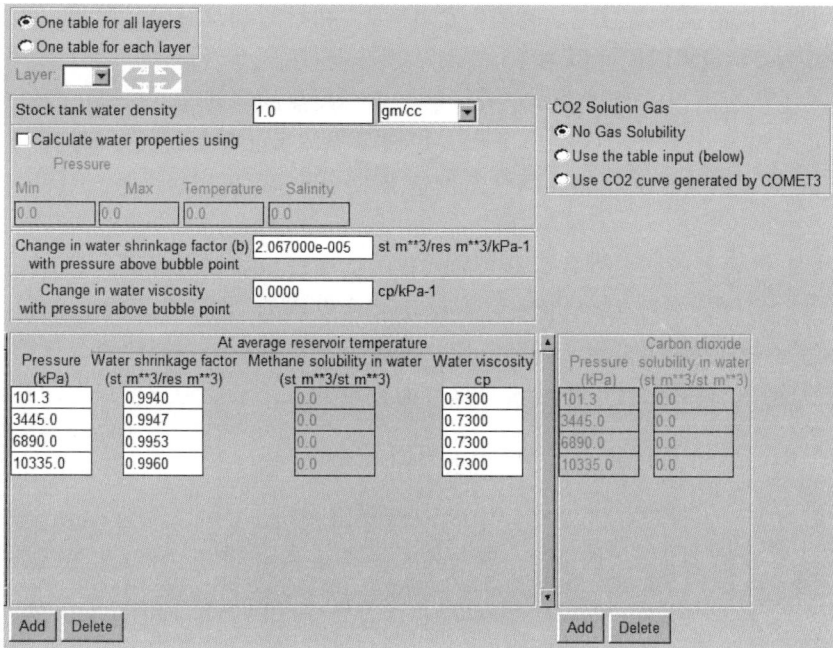

图 5.17　Water properties 界面

算。这是一个非常实用的功能，能够把对一口井的整个模拟划分为若干不同排采工作制度的时间段并不间断地对各个阶段进行模拟计算。例如按照产气特征分为三个阶段，即不产气的单相水阶段、产气量较高的气水混相阶段和低产的产气量下降段，按照井的实际排采参数设置各个阶段的工作制度，使得历史拟合工作更加容易完成。

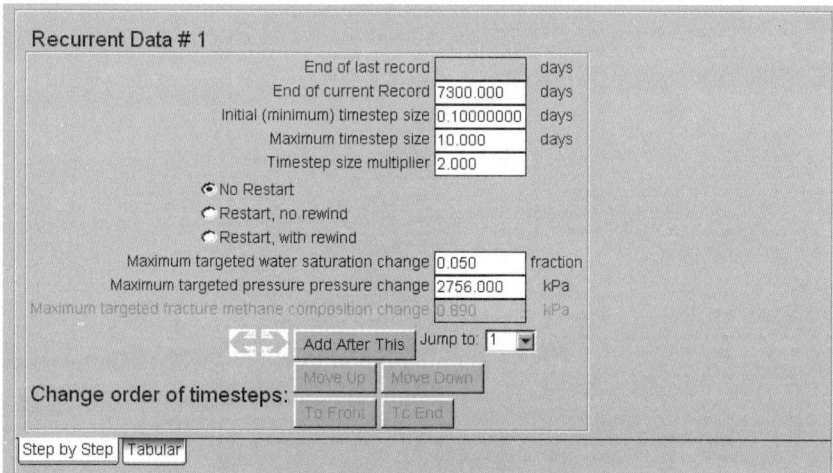

图 5.18　Recurrent data-timestep control 界面

这个界面的另外一个功能是控制在不同阶段模拟结果写入硬盘的时间间隔。需要输入的参数包括写硬盘的总时间、初始时间间隔、最大时间间隔和时间倍数。举例说明如下。

图 5.18 中设定模拟的总记录时间为 7300 天，初始写硬盘时间间隔为 0.1 天，写硬盘间隔倍数为 2，最大时间间隔为 10。

显然第 1 个写硬盘的时间为 0.1 天，第 2 个写硬盘的时间为 0.1+0.1×2＝0.3 天，第 3 个时间间隔为 0.3+0.3×2＝0.9 天。以此类推，当计算所得的时间间隔大于 10 天时，则取 10 天，因为最大时间间隔已经设定为 10 天，软件会按照这个间隔一直记录模拟结果至 7300 天。

排采早期各种参数会发生较为复杂的变化，缩短模拟前期的写硬盘时间间隔对精细研究各种参数的变化非常有利，因此这是一个非常有用的功能。

如果在上一个界面中设定了不同阶段，该界面会根据设定按照阶段依次读取相关井的参数进行计算。如果只有一个阶段，该界面设定的就是整个阶段所采用的参数。

5.3.1.17   Recurrent data-node properties 界面

该界面主要用来设定井排采过程中的一系列限制（图 5.19）。"Direction"输入框内可选择压裂裂隙的方向。"Pressure Switch"选择采用井口压力（well head pressure，WHP）或是井底压力（buttom hole pressure，BHP）。"Rate and pressure control"选择控制工作制度的变量，包括定井底压力、定井口压力、定产气速率、定注入气速率、定产水速率和定注水速率等，由此设定了井的工作制度。

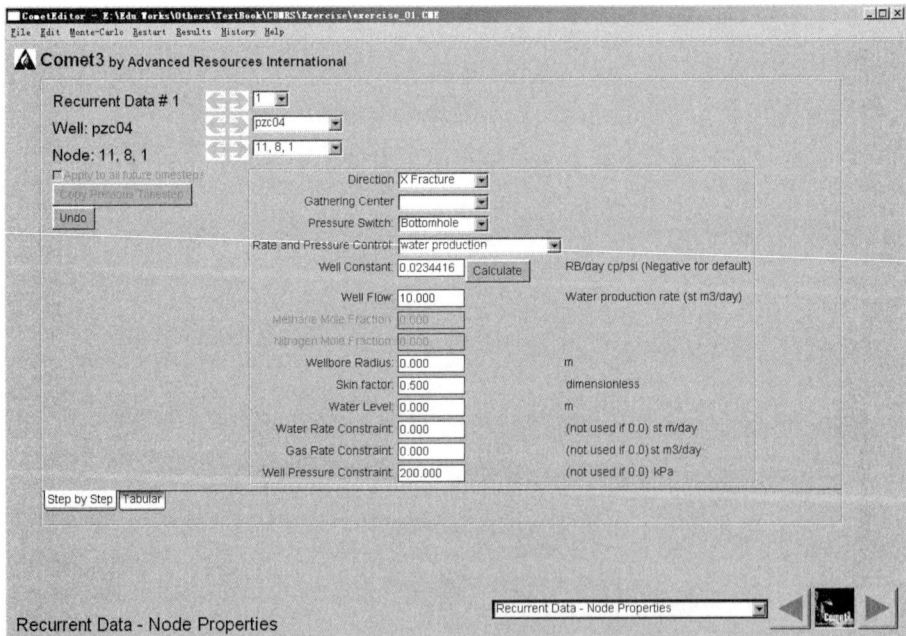

图 5.19   Recurrent data-node control 界面

其他输入参数包括井半径、表皮系数、液面深度、水产量约束值、气产量约束值和压力约束值等。

以上介绍了 COMET3 的输入界面，可以看到这些界面中输入的参数和需要选择的选项数量非常大，这里只是选择了主要的部分进行介绍，要精通这个软件的输入操作，操作者需仔细研读软件手册并不断尝试才有可能成为煤层气储层数值模拟的“高手”。

图 5.19 是完整的 Recurrent data-node properties 界面图，可以看到左下方的界面名称，右下方的输入界面选择按钮和下拉菜单，点击向左和向右的两个箭头按钮可以分别向后和向前切换输入界面，下拉菜单则可以跳转到需要的输入界面。两个箭头按钮中间有 COMET 软件标识的按钮是开始模拟计算的按钮，当输入完成后，按下模拟计算按钮，调用模拟 COMET Simulator 计算模块，即可进行模拟计算。

5.3.2 模拟计算界面

按下模拟计算按钮，软件会调用 COMET3 Simulator 模块来进行模拟计算，在计算过程中，软件将显示如图 5.20 所示的界面，界面以列表的形式显示时间步长、(累计)模拟时间、产气速率、产水速率、预设和实际的牛顿迭代次数、网格上的最大储层压力变化值、网格上最大水饱和度变化值和气水平衡误差等变量，其中的各个变量会随着时间步长的增加而不断滚动更新。在本书 1.2 节中就提到，COMET3 的模拟计算模块是用“老”Fortran 语言写的，图 5.20 就是一个证据，20 世纪 90 年代的计算机操作者会对此类界面记忆犹新。

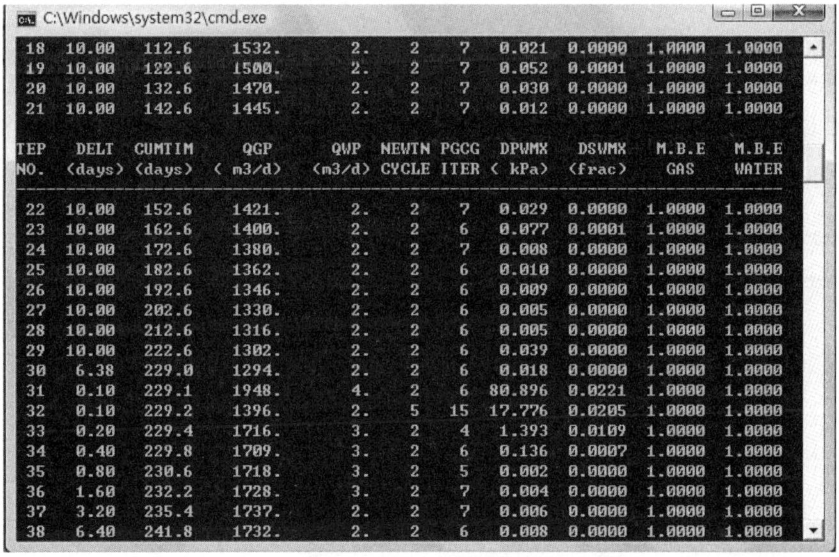
C:\Windows\system32\cmd.exe

18	10.00	112.6	1532.	2.	2	7	0.021	0.0000	1.0000	1.0000
19	10.00	122.6	1500.	2.	2	7	0.052	0.0001	1.0000	1.0000
20	10.00	132.6	1470.	2.	2	7	0.030	0.0000	1.0000	1.0000
21	10.00	142.6	1445.	2.	2	7	0.012	0.0000	1.0000	1.0000
TEP NO.	DELT (days)	CUMTIM (days)	QGP (m3/d)	QWP (m3/d)	NEWTN CYCLE	PGCG ITER	DPWMX (kPa)	DSWMX (frac)	M.B.E GAS	M.B.E WATER
22	10.00	152.6	1421.	2.	2	7	0.029	0.0000	1.0000	1.0000
23	10.00	162.6	1400.	2.	2	6	0.077	0.0001	1.0000	1.0000
24	10.00	172.6	1380.	2.	2	7	0.008	0.0000	1.0000	1.0000
25	10.00	182.6	1362.	2.	2	6	0.010	0.0000	1.0000	1.0000
26	10.00	192.6	1346.	2.	2	6	0.009	0.0000	1.0000	1.0000
27	10.00	202.6	1330.	2.	2	6	0.005	0.0000	1.0000	1.0000
28	10.00	212.6	1316.	2.	2	6	0.005	0.0000	1.0000	1.0000
29	10.00	222.6	1302.	2.	2	6	0.039	0.0000	1.0000	1.0000
30	6.38	229.0	1294.	2.	2	6	0.018	0.0000	1.0000	1.0000
31	0.10	229.1	1948.	4.	2	6	80.896	0.0221	1.0000	1.0000
32	0.10	229.2	1396.	2.	5	15	17.776	0.0205	1.0000	1.0000
33	0.20	229.4	1716.	3.	2	4	1.393	0.0109	1.0000	1.0000
34	0.40	229.8	1709.	3.	2	6	0.136	0.0007	1.0000	1.0000
35	0.80	230.6	1718.	3.	2	5	0.002	0.0000	1.0000	1.0000
36	1.60	232.2	1728.	3.	2	7	0.004	0.0000	1.0000	1.0000
37	3.20	235.4	1737.	2.	2	7	0.006	0.0000	1.0000	1.0000
38	6.40	241.8	1732.	2.	2	6	0.008	0.0000	1.0000	1.0000

图 5.20 模拟计算界面

如前所述，计算的结果将以 *.out 格式的文件保存下来。

5.3.3 成果显示和分析界面

CometEditor 模块的另一个重要功能是显示和分析模拟计算成果。成果的显示方式有数据表格(图 5.21)和曲线图(图 5.22)两种。从图 5.21 可以看出，COMET3 输出的数据非常丰富，为进一步分析和研究提供了必要的基础。曲线显示模块还具有同时显示多条曲线的功能，如产气速率和产水速率曲线，多条产气速率曲线等，以便对不同结果进行对比分析。

图 5.21 计算成果数据表显示界面

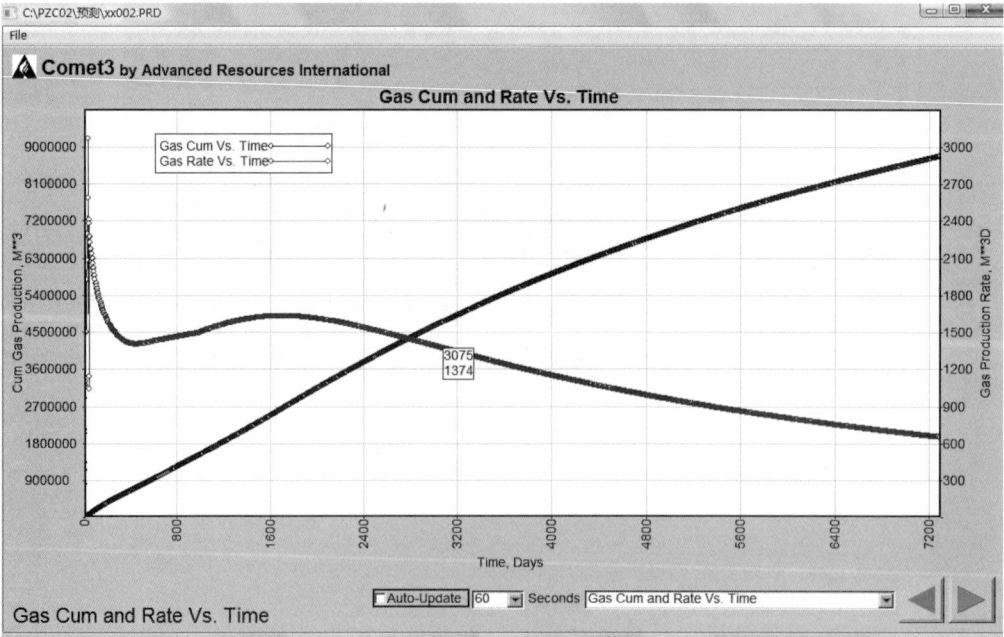

图 5.22 曲线表显示界面

*.out 文件也可以转入 Microsoft Excel 或 Golden Software Surfer 等软件中作进一步的计算和绘图处理。

5.3.4 基础数据显示及其他功能

图 5.23 显示了完整的 CometEditor 的菜单界面。"File""Edit"和"Help"菜单是一般软件的通用功能，这里不予介绍。"Restart"菜单用于控制多个工作制度持续运行的状态。"Results"菜单则是以不同方式显示基础数据和上一小节提到的成果数据。可以用文本模式、曲线模式和网格模式(即三维模式)查看包括输入数据和模拟计算结果数据在内的各种数据。

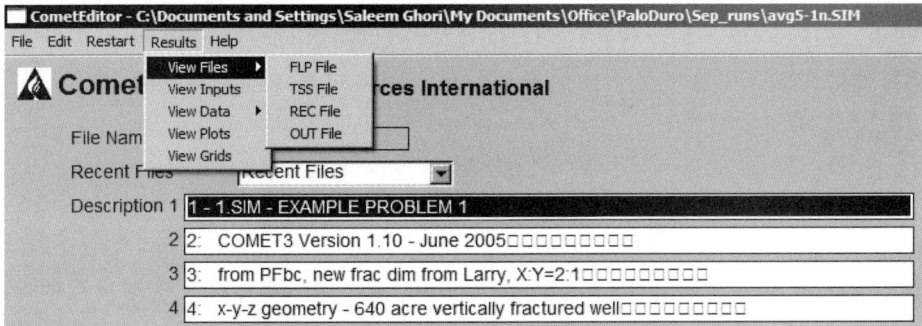

图 5.23 点击了"Results"菜单的 CometEditor 菜单栏

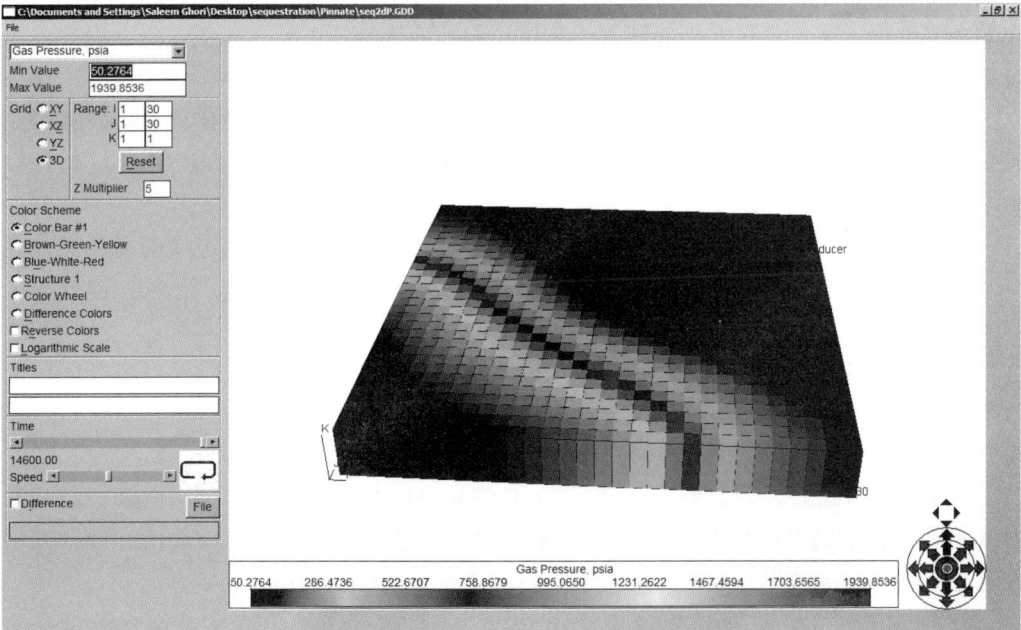

图 5.24 CometEditor 以 Grid 模式显示网格的储层压力

显示输入的基础数据是 COMET3 软件系统的另外一个重要功能，除了观察数据特性之外，它所起到的另外一个重要作用就是对输入的数据进行检验。在图 5.24 中，如果出现了某个特别大或特别小的数据，那么操作者应对此数据进行核对，看看是否存在录入错误。因为除了断层或者是陷落柱之外，不太可能出现数据突变的情况。

5.4　其他储层模拟软件与辅助软件

前面讨论了 COMET3 软件系统的特性、功能和操作方面的问题，显示了该软件系统进行常规和非常规天然气产出过程进行模拟研究的能力。这类软件系统可认为是煤层气储层模拟的专用软件，主要还是针对煤层气开发的。另外一些主要针对常规油气开发的储层模拟软件，如 Schlumberger 的 ECLIPSE、加拿大计算机模拟软件集团的 CMG-GEM 以及 CSIRO（澳大利亚联邦科学与工业研究机构）的 SIMED 等，也可以用于煤层气的储层模拟研究，在这里称它们为通用软件。下面再简单介绍其中最具代表性的软件，ECLIPSE 的主要特性。

5.4.1　ECLIPSE 软件系统

ECLIPSE 软件系统是由 Schlumberger 公司开发，用于油藏综合管理决策的标准化工具。该软件系统综合了地质、地球物理、钻井工程、油藏工程、采油工程和经济评价等多方面的理论和技术，预测不同条件下油藏开发动态特性，为油气藏开发提供服务。其主要功能包括地质模型建立和地质储量计算，油气藏地质模型不确定性评估，油气田开发决策优化，油气藏开发机理研究，流体相态准确预测，以及在不同压力、温度、时间条件下油气藏动态特征和采收率最大化等（Schlumberger GeoQuest，2006）。

软件系统由 ECLIPSE 黑油模拟器、ECLIPSE 组分模拟器、ECLIPSE 热采模拟器、FrontSim 流线模拟器、ECLIPSE Office 一体化数模管理模块和 ECLIPSE 前后处理模块等构成。

1）ECLIPSE 黑油模拟器是全隐式、三维、三相并带有凝析气藏选项的通用黑油模拟器，是 ECLIPSE 软件家族的核心模拟器。它适用于黑油、挥发油、干气、湿气等各类油气藏模拟。

2）ECLIPSE 组分模拟器适用于凝析气藏、挥发性油藏以及注气等油气藏开采过程的模拟。

3）ECLIPSE 热采模拟器是基于组分模型的模拟器。

4）FrontSim 流线模拟器是一个有别于有限差分模拟器的模拟工具，它基于隐式压力显式饱和度（IMPES）和流线/前缘追踪概念的油藏模拟器。可以避免数值弥散和网格方向的影响，直接量化井组的注采关系，同时使模拟进程更快速、稳定和直观。

5）ECLIPSE Office 一体化数模管理模块。该模块提供一个完全桌面化的解决方案，实现建模、数据管理、运行控制和结果输出。它能够在一个界面下实现所有 ECLIPSE模块的管理（图 5.25），允许创建新的或打开已有的模拟模型，输入、调用或

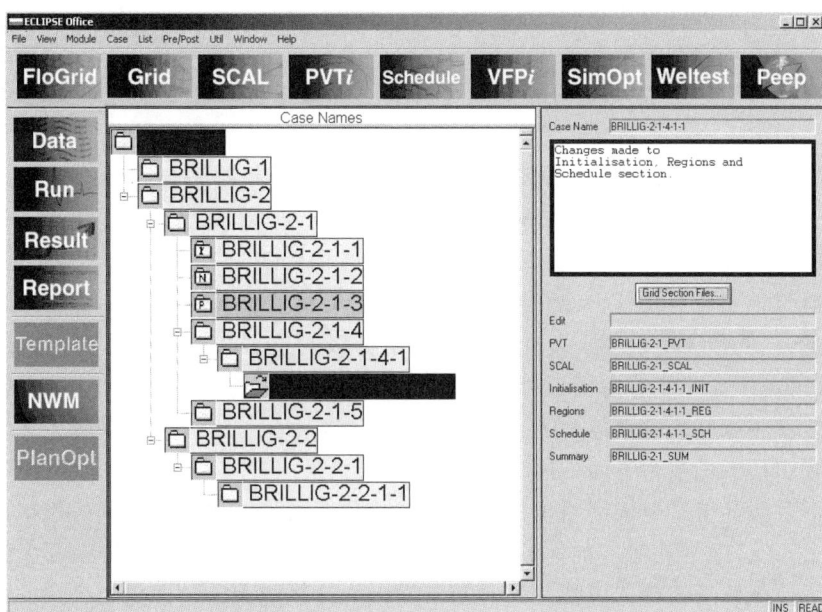

图 5.25　ECLIPSE 软件系统的 ECLIPSE Office 模块界面

编辑模型数据并提交运行，在数模运行中随时查看模拟结果并且生成结果报告。

6）ECLIPSE 前后处理模块。前处理子模块包括网格生成（FloGrid）、流体 PVT 数据分析（PVTi）、相对渗透率和毛细管压力数据准备（Scal）、生产动态数据和完井数据准备（Schedule）及井筒垂直管流计算（VFPi）。后处理子模块包括各种曲线显示及二维、三维可视化处理程序（FloViz）。前后处理模块用来为 ECLIPSE 生成模拟所需要的相关数据文件，并对模拟结果进行分析与展示，帮助用户简化冗长的数据准备过程，提高数据的准确性和运行的效率。

该模块中的 ECLIPSE FloGrid 是一个交互式高级地质建模软件，它采用 3D 结构化角点网格和属性粗化技术，综合利用来自地球物理学和地质学的数据为油藏数值模拟建立油藏模型（图 5.26），用于油田储量评估、流动模拟和开发方案编制。

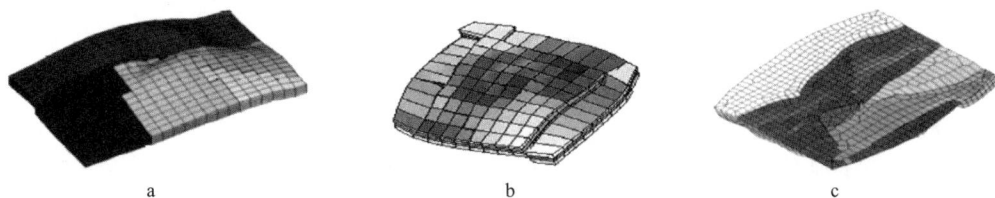

图 5.26　网格生成子模块 FloGrid 生成的各种网格
a. 块中心网格；b. 角点网格；c. 非结构化网格

ECLIPSE 软件系统具有许多高级选项，包括高级油藏数值模拟研究选项、生产管理选项、EOR 三次采油模拟、SimOpt 历史拟合辅助计算、PlanOpt 井位优化工具、NWM 近井模型和 Reservoir Optimization 油藏优化等。

此外，软件系统的高级选项中还有 CBM 煤层气选项。ECLIPSE 将煤层气藏处理为一个双孔模型，能够模拟煤层中甲烷气体的产出并显示气和水在煤层裂缝中的扩散和流动过程。其模型基于 Warren-Root 双孔模型用于描述煤层介质，气体赋存于煤基质块体内，利用 Langmuir 等温吸附模型，通过扩散进入裂缝系统产出。系统含有包括 Palmer-Mansoori 模型在内的多种模拟压实效应模型来模拟排采过程中渗透率的物性变化，同时能够进行 N_2 或 CO_2-ECBM 模拟计算。

ECLIPSE 软件系统目前仍在更新中，例如 ECLIPSE 2010 版本改进了部分模型如热采模拟器等，发展页岩气、CO_2 封存及 CO_2-EOR 模拟技术。

ECLIPSE 页岩气及人工压裂模拟采用多组分吸附模型、非达西流模拟和地应力敏感性-岩石压实模型并能够在模拟时针对多孔隙系统考虑气体在超低渗基质中的瞬时流动效应，能够进行水平井模拟和人工压裂模拟。

在运算和计算机技术方面，ECLIPSE 软件系统采用并行模拟技术，ECLIPSE 并行能够面对百万级甚至千万级网格模型，利用区域分解法将油藏分为不同的模拟区域，同时调用多个 CPU 求解相对应的区域，可以使海量模拟计算的时间从几天减少到几个小时。实现了大规模油藏整体模拟。同时基于强大的计算能力，设置更为精细的网格，求解更多的方程，模拟更多组分，引入更为精细的地质力学模型，实现精细模拟。

从上面的介绍可以看到，作为主流的商业储层模拟软件，地质建模能力和运算能力强大，功能丰富完善，前后处理功能完善是 ECLIPSE 软件系统的最大特点，它能够胜任煤层气等非常规天然气储层模拟研究工作。但由于其模拟器的基本模型是黑油模型，在对煤层气的解吸扩散过程以及储层孔渗特征的表述方面，仍有待进一步的改进完善。

5.4.2　CBMDPS 软件系统

煤储层开发动态评价软件系统(CBMDPS)是中国矿业大学化石能源研究团队依托国家科技重大专项开发的煤层气储层模拟专用软件系统。CBMDPS 是 Coalbed Methane Dynamic Pridiction System 的缩写。该软件系统能够针对多煤层、单井或井网、横向基础数据变化、复杂边界和工作制度变化等地质和生产条件进行储层模拟研究，并包含了结果数据处理和生产决策评价功能。软件系统采用三维气水两相拟稳态非平衡动力学模型，系统还包括双孔单渗和三孔两渗储层模型以及排采诱导渗透率变化模型。

软件在开发之前，进行了系统的需求和功能模块划分，根据实际需要将整个系统划分为基础数据处理、动态参数处理、动态评价计算和成果记录显示四大功能模块，进一步又将四大模块细分为若干个子模块(图 5.27)。在此基础上，根据系统的功能和数据流程进行软件系统结构总体设计(图 5.28)。

完成软件系统的功能和结构设计后，即开展物理开发工作，软件系统的开发平台为 Visual Studio 2010 C♯.NET。

在数据库开发模块，首先设计了储层基本参数表、流体 PVT 参数表、井基本参数表和井生产数据表等数据表结构。通过编程建立了各个数据表，再利用 Visual Studio 2010 C♯.NET程序设计语言和 ADO.NET 技术建立数据库接口(数据库管理模块)，为数据库

```
                                                            ┌─────────────────┐
                                                         ┌──│ 数据表录入子模块  │
                                                         │  ├─────────────────┤
                                        ┌────────────┐   ├──│ 人机对话录入子模块│
                                     ┌──│数据录入子模块│───┤  ├─────────────────┤
                                     │  └────────────┘   ├──│ 图形式录入子模块  │
                         ┌──────────┐│                   │  ├─────────────────┤
                      ┌──│基础数据处理│┤                   └──│ 图表文件导入子模块│
                      │  │   模块    ││                      └─────────────────┘
                      │  └──────────┘│                      ┌─────────────────┐
                      │              │  ┌────────────┐   ┌──│ 数据检查纠错子模块│
                      │              └──│数据处理显示 │───┤  ├─────────────────┤
                      │                 │  子模块    │   ├──│ 数据表显示子模块  │
                      │                 └────────────┘   │  ├─────────────────┤
                      │                                  └──│ 图形显示子模块    │
                      │                                     └─────────────────┘
```

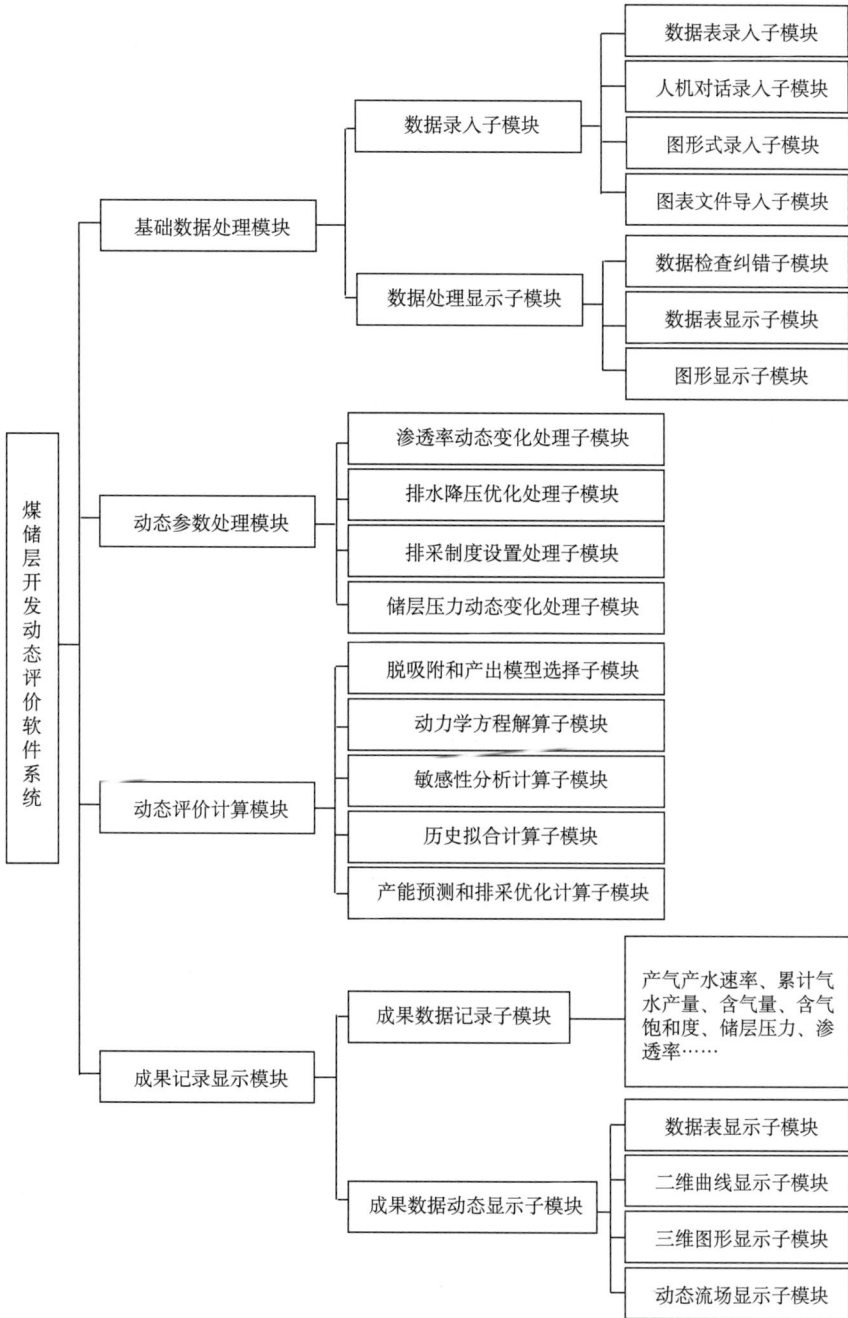

图 5.27 CBMDPS 软件系统功能模块分解组成图

的数据管理、操作以及数据在各个功能模块之间的传输提供支持，进而实现了数据录入与修改、创建数据表、数据查询与更新和数据处理与显示等功能(图 5.29)。

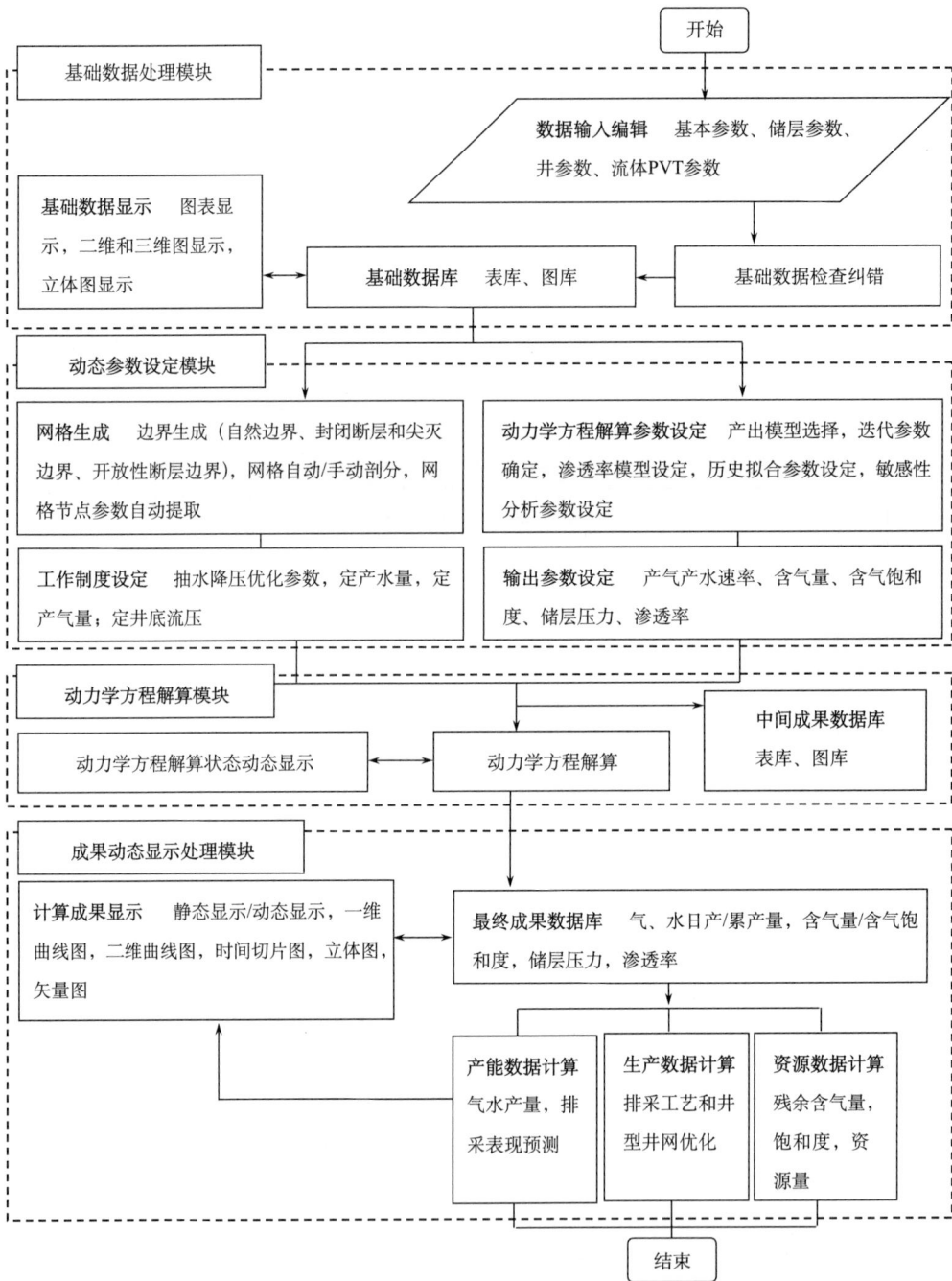

图 5.28 CBMDPS 软件系统结构设计流程图

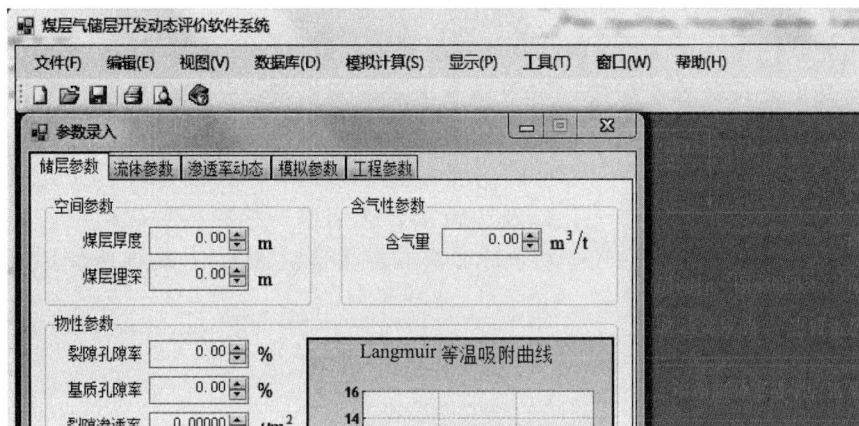

图 5.29   CBMDPS 软件系统主界面

在动态参数处理模块，建立了排采诱导渗透率变化模型和排水降压工作制度优化模型。上述模型的建立基于以沁水盆地为主的样品分析测试和实验室模拟成果数据（详见后面的章节），其中排采诱导渗透率变化模型还包括了国内外流行的多个模型，如 P-M（Palmer-Mansoori）模型等。排采工作制度设置子模块采用了与 COMET3 相似的阶段划分方法，根据排采特征及其阶段性设置不同的工作制度进行模拟计算。

动态参数处理子模块的另外一个功能是能够设置计算过程中实时输出含气性、含水性、储层物性和储层压力等参数，便于处理后观察分析井排采动态变化过程和规律。

动态变化评价计算模块。根据拟稳态非平衡模型建立了解吸和扩散运移子模块，同时建立了包括双孔单渗和三孔两渗模型的储层孔隙模型。该模块的核心是三维两相动力学方程的解算，采用流行的全隐式有限差分求解方法，利用 VC++高级语言完成编程后，以 COMET3 作为参照进行试算和调试工作。考虑到历史拟合的繁杂和结果判断的困难，采用集对分析法和聚类分析法构建了历史拟合效果定量判识模型（详见后面的章节），形成程序并嵌入到系统中。敏感性分析和生产优化涉及多次重复计算的问题，为了方便起见，编制了自动控制程序进行计算的代码，实现一次操作完成大量模拟计算工作的功能。

依托煤储层动态评价数据库的数据支撑，以计算机图形学理论为指导，运用 Visual Studio 2010 C#.NET 程序设计语言研制了软件系统的成果显示模块，该模块以数据报表、图表和二维、三维图形形式展示各个模拟研究环节的数据特征及其动态变化过程，形成了以数据报表为基础，以曲线图、柱状图、等值线图和三维立体图为辅的多参数动态显示模块，为最终的成果体现提供了可视化的手段。同时，系统也可以将成果数据以表格的形式输出，便于采用其他软件做进一步的编辑处理。除了进行成果数据的记录和显示之外，该模块还提供了一些开发状态的计算功能，如残余含气量、饱和度以及剩余资源量等。这些计算都是基于模拟网格和模拟计算结果等参数，采用体积法计算而得的。

在完成了煤储层开发动态评价软件的数据库模块、显示模块和动力学方程解算模块的研制工作之后，将三个功能模块集成为一个完整的软件系统。目前已经完成了该系统的大部分开发工作并应用于理论研究和生产实践之中。

为了使软件更好地反映我国特殊的煤层气地质条件，开发者有针对性地研究了我国煤层气地面井排采表现规律，采用以沁水盆地为主的煤样大量的分析测试和物理模拟实验成果进行建模。该软件除了能够进行一般的历史拟合、产能模拟、井网优化和排采工作制度优化之外，还能够对排采过程中的一系列动态过程如储层流体动态变化、固态储层物性动态变化以及固流耦合作用进行模拟研究。因此，该软件将成为一套能够适应我国煤层气开发条件并具有较大普适性的中-高煤级储层动态评价综合性软件系统。

5.4.3　相关辅助软件

如前面的介绍，一般而言无论是通用的还是专用的储层模拟软件，其核心模拟计算模块和附带的前后处理功能会各具特色，因此不同软件灵活搭配使用，充分发挥它们的特长就成为了一个非常不错的选择。

一方面，可以根据不同软件的特点和长处搭配使用。例如先用 COMET 软件系统相对精确的模型进行历史拟合，获得精度较高的参数之后，再用 ECLIPSE 系统强大的建模能力和海量运算能力对气田进行储层模拟研究。与单独利用一个软件系统相比，这样进行模拟研究的效果和水平将会得到增强和提高。

另外，一些储层模拟软件能够导入第三方软件的数据。如 COMET3 具有导入＊.DAT、＊.GRD 和＊.XYZ 等格式文件的功能，非常有利于地质模型中埋深和煤厚等模型的建立。具体的操作是在 COMET3 的"Files"菜单中点选"Imports"命令，在弹出的窗口中右击鼠标并选择"Import Grid"命令，选择相应的文件导入即可(图 5.30，图 5.31)。这是对前处理辅助软件的典型应用。

Goldensoftware 的 Surfer 和 IHS Inc. 的 Petra 等一系列软件都能够胜任此项工作。Goldensoftware 的 Surfer 软件最重要的功能是根据三维数据(x,y,z)绘制等值线图(图 5.32)。该软件在这方面功能很强大，除了能够进行多种方式的显示之外，它具有多种插值方法，如克里金法(Kriging)、最小曲率法(Minimum Curvature)、径向基函数法(Radial Basis Function)和局部多项式法(local polynomial)等 12 种。插值生成的文件就是上面提到的＊.GRD 文件。

HIS Inc. 的 Petra 软件主要用于油藏描述及油藏管理，它集地质、测井、物探和油藏管理，项目数据库操作、管理、可视化和解释于一身。其主要功能包括从测井数据提取油藏属性，利用层模型计算储量等，能够输出油藏相关的属性平面图、剖面图、交汇图、测井解释图等地质研究成果图等图件，同时具有较为强大的地质建模功能(图 5.33)，完全能够满足煤层气储层模拟研究的需要(IHS Inc.，2011)。

在后处理方面，一些非常常用的软件能够发挥作用。例如人们日常办公用的Microsoft Excel 就能够很好地绘制各种曲线图和诸如降压漏斗等的三维立体图。

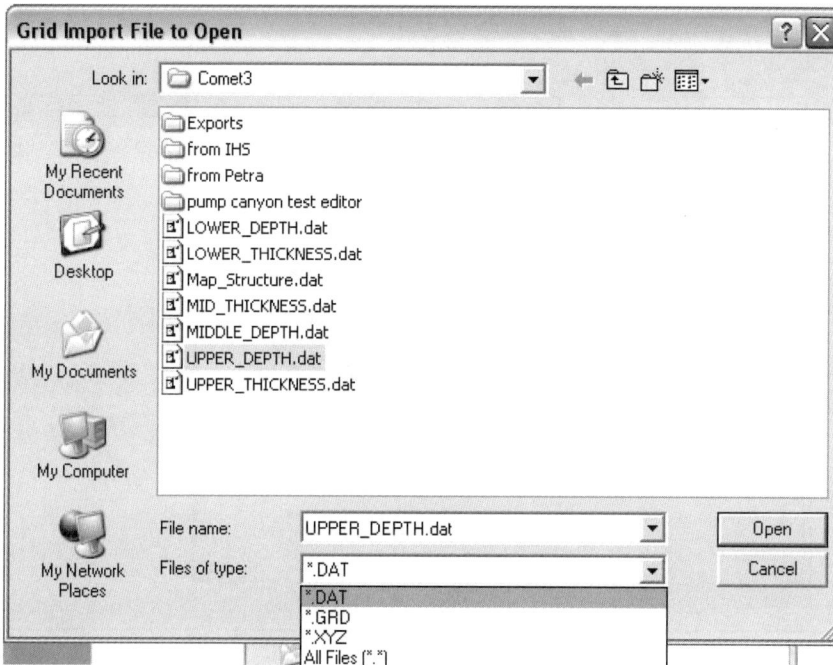

图 5.30　COMET3 软件系统打开导入文件对话框

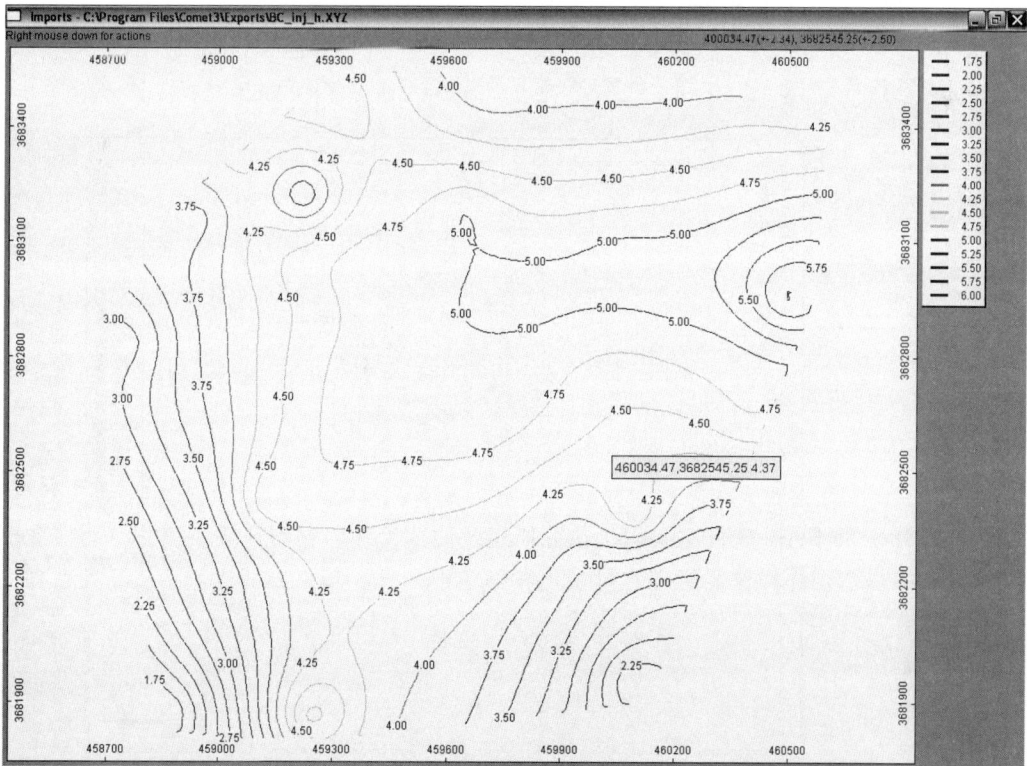

图 5.31　COMET3 软件系统导入的 ＊.GRD 文件显示煤层厚度等值线图

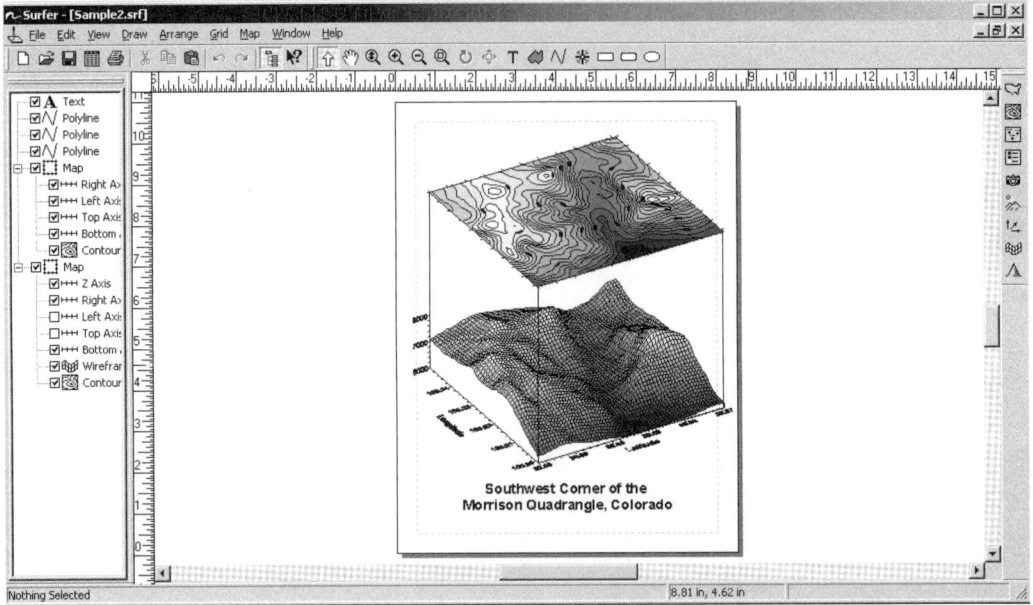

图 5.32　Goldensoftware Surfer 软件的主界面

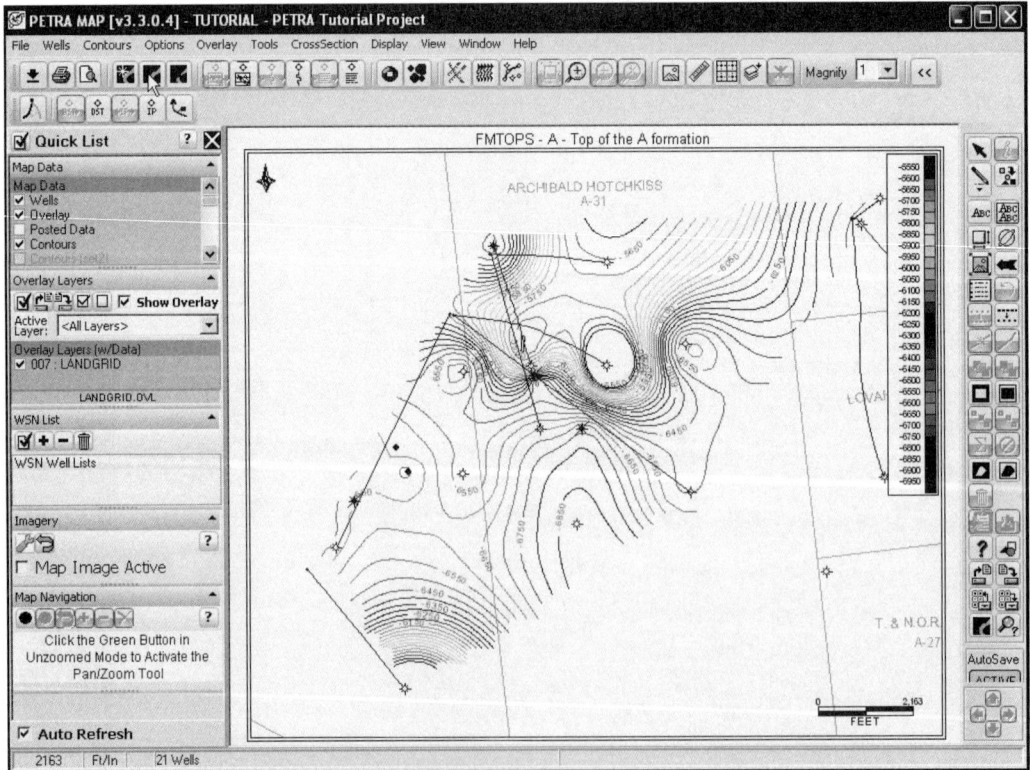

图 5.33　GeoPLUS 的 Petra 软件的主界面(据 IHS Inc.，2011)

上面的做法能够在一定程度上克服储层模拟软件存在的某些缺陷，如基础数据处理功能以及输出图件和表格格式不能满足要求等，是值得采用的方法。

总之，储层模拟软件系统及其相关的辅助软件是储层模拟研究不可或缺的工具。在目前的科学技术条件下它们已经发展到了一个新的高度，在很大程度上能够满足科学研究和生产实践的需求。在现有条件下扬长避短，灵活运用是取得理想应用效果的关键。后面的章节将会从多个角度涉及上述的各个方面。

第三篇

煤储层数值模拟技术应用

6　煤层气井参数优化与产能预测

针对煤层气资源地面开发中井和小井网的模拟研究是一项基础性工作。本章将在前面介绍的煤层气井排采过程地质模型、数学模型和模拟软件基础上，结合工程实例介绍储层模拟的理论和技术方法在煤层气资源勘探开发中的实际应用，内容包括历史拟合技术、排采工艺优化技术和产能预测技术。这是储层模拟研究最有实际价值的工作之一。

6.1　历史拟合技术

6.1.1　概述

历史拟合（historical matching）的主要目的是通过一系列计算来对地质勘探、试井和排采试验获得的数据进行优化校正，以获得更加准确的含气性和储层物性参数并应用于之后的排采工艺优化和产能预测等工作（Zuber et al.，1996；王晓梅等，2004；Clarkson et al.，2012；Clarkson，2013）。

这项工作的实现是通过构建一个储层模型并运行该模型来观察和描述实际排采过程中储层及其内部发生的过程来实现的。这个模型包含了煤层气基础地质参数、储层参数和工程参数（Watkins et al.，1992；Zuber et al.，1996）。实际的历史拟合工作是在软件中输入一套包括储层几何特征、储层物性、含气性和生产数据在内的基础数据，然后运行模拟软件，观察诸如产气产水速率曲线、储层压力以及见气时间等模拟计算结果，如果它们与实际生产记录高度相近，则认为输入的参数是正确的，否则需要调整某些参数，直到模拟结果和实际结果的近似程度达到要求，就可以认为那些调整过后的参数才是正确的。这样做的原因是由于实际条件的限制，在勘探和开发试验中获得的很多数据是不准确的。例如最常用的含气量数据，由于从钻遇煤层到把煤样品放到解吸罐进行解吸实验之间存在一个时间间隔，在这段时间里样品从井底提升到地面，因暴露和降压而解吸"漏掉"的气体量很难计算。所以，含气量这个数据的准确性就很有问题。

历史拟合是煤层气储层模拟研究的基础。通过历史拟合可以检验所建立的储层地质模型是否合理；找出储层和过程描述资料的不足之处；对生产中出现的问题进行诊断并找出低于经济产能并可能重新完井的井；标出相对高残余气含量区域作为潜在开发区或找出钻探靶区；还可以得到与实际储层比较接近的相关参数，再利用这些参数能够实现对储层的较高精度的动态预测，更好地指导下一步的开采。

历史拟合是一项工作量大而且烦琐的工作，既费神又费时。这主要是因为历史拟合输入参数和拟合结果的多解性或不唯一性，产生良好效果的数据组合可能不止一组。另外当关键参数比如裂隙渗透率和含气量未知时,单纯依靠模拟程序获得可靠的历史拟合会遇到很多难题。在这种情况下,利用模拟软件进行敏感性分析会有助于解决数据的不确定性问题。

这里使用的主要模拟软件是上一章介绍的 COMET3。除了前面介绍的功能和特点之外,COMET3 的另一个重要功能是可以通过开关来将用户所指定井的运行要求进行保存,这一功能表现在对最大产水速率的限制和对井底流压的控制,或者对最小井底流压和产水速率的控制等方面。这在对煤层产水量有限的井进行模拟时非常有用。

6.1.2 历史拟合的基本原则

实践经验表明,进行煤层气井的历史拟合研究通常需要遵循以下几个原则(Zuber et al.,1996;王晓梅等,2004)。

第一,资料收集要尽量齐全。因为历史拟合的结果具有多解性,只有当储层的资料丰富、齐全和准确的时候才有可能从众多的参数中正确地选择出需要修正的参数及其组合,使得历史拟合的结果能够准确地反映储层的实际情况。

第二,在进行计算时,不确定性强的参数优先调整,确定参数要慎重修改。

第三,参数的调整要从整体来考虑。有时一种参数的调整会引起多种动态指标的改变,因此在拟合某一动态指标而调整该项参数时要考虑其对别的动态指标所造成的影响是否合理。

在历史拟合过程中需要全面分析引起模拟结果与生产数据之间差异的各种因素,根据以上所述的主要原则,针对储层具体的地质和开发特征,抓住主要问题,才能够快速有效地做好这项工作。

6.1.3 历史拟合的一般步骤

一般来说,煤层气井历史拟合工作过程可以分为四个主要步骤,首先确定参数的可调性,然后检查模型数据,再确定工作制度和拟合指标,最后进行动态指标拟合(王晓梅等,2003)。

6.1.3.1 确定参数可调范围

确定参数可调性是一项重要而细致的工作。在历史拟合过程中,需要用到大量的参数,为了确定这些参数的可调性,在此引入“不确定性等级”这个概念。它可以用来衡量输入数据质量的高低,使模拟人员能够判断参数的不确定性并根据不确定性的高低来确定参数的可调范围,不确定性越高的参数,调整范围越大。为了避免修改参数的随意性,在历史拟合开始时还必须确定模型参数的可调范围,首先分清哪些参数是确定的,即准确可靠的,哪些参数是不确定的,即不准确、不可靠的。然后根据实际地质条件和开采条件等具体情况确定可调范围,使参数的修改和调整在合理和可接受的范围之内。一般情况下历史拟合主要参数及其可调性如表 6.1 所示。

表 6.1 历史拟合参数及可调性分类表（据王晓梅等，2004）

不 确 定 参 数		确定参数
调整范围较大的参数	调整范围较小的参数	
裂隙渗透率 裂隙孔隙度 气水相对渗透率曲线 裂缝半长（表皮系数）	含气量 等温吸附曲线 解吸时间 含水层性质	初始条件 储层构造 储层厚度 气水 PVT 参数 压缩系数 毛管压力

　　1）裂隙渗透率。由于钻探过程中泥浆极易污染煤层，试井测试煤层渗透率往往偏低，而且由于煤的各向异性和非均质性，使渗透率的空间分布呈现不同程度的不确定性。因此对渗透率的修改，容许范围较大。

　　2）裂隙孔隙率。由于实验室条件的限制，测试结果可能无法反映原始地层条件下原位煤层应力和温度条件下的孔隙特征。同时，实验样品的尺寸也受到限制。采用试井方法获得的数据也会因精度的限制而存在误差。因此可以将裂隙孔隙率列为不定参数，容许作适当调整。

　　3）气水相对渗透率曲线。在实际模拟计算过程中，常常假设同一煤层的气水相对渗透率值是不变的，实际上煤层是非均质的，因此相对渗透率应看作不定参数，容许在实验结果的基础上作适当修改。

　　4）裂缝半长。目前国内主要采用大地电位法直接测定压裂裂缝动态参数，测试结果为动态裂缝半长，或者采用试井方法通过计算来确定裂缝半长。而在储层模拟中，裂缝半长指有效支撑的裂缝半长，因此测试值或计算值应视为不定参数，容许作适当修改。

　　5）含气量。本小节前面已经提到，含气量数据可能存在一定的误差，计算时容许根据实验数据对含气量作小范围的调整。

　　其他参数如等温吸附特性、解吸时间和含水层性质都不像储层构造和厚度那样可以较精确地探测到，也不像 PVT 参数或压缩系数那样可以精确测定，因此可以在小范围内进行调整。

　　此外，可以采用敏感性分析方法来研究参数是否可调的问题。敏感性分析法是一种研究某个由多因素组成的系统中各个因素对系统行为影响程度的方法。在煤层气地面排采固态储层、气水流体和生产设备构成的系统中，含气性、储层物性和生产工艺技术是决定排采效果的因素组合。为了研究某个参数的敏感性大小，可以将其他因素值固定，通过在一定范围内改变该因素的数值并输入模拟系统进行计算，观察排采效果的变化幅度，以此确定其敏感性。显然，当输入参数的数值在一定范围变化时，输出结果（产气速率和产水速率等）变化越大，参数对结果的影响越大，其敏感性也就越强。

　　参数对系统的敏感性强表明它被调整时系统将会改变，反之，敏感性弱则不会或较少改变系统的行为。显然在进行历史拟合时，后者没有必要进行过多的调整。

　　另外，各个参数的调整范围应根据研究区的实际情况和一些常识性知识来确定。例如，极少出现煤层的渗透率达到上百毫达西，实际工作中不应该出现此类情况。

6.1.3.2   数据检查

储层模拟的地质模型涉及储层空间和物性参数、流体性质参数、井动态参数和运行控制参数等，实际收集的数据可能成千上万，有些数据可能会因为输入时的疏忽而发生错误。在进行历史拟合之前，必须对模型数据进行全面细致的检查。除了进行仔细核对之外，上一章还提到了利用图件进行数据校检的方法。

6.1.3.3   确定历史拟合工作制度和拟合指标

井的工作制度主要有定气产速率、定水产速率和定井底流压三种类型。

当一口井只穿过一个网格，即生产井是单层开采时，三种工作制度均可以采用。

当一口井在垂向上穿过多层网格，即生产井是多层合采时，由于给定的各种条件都是对整口井而言的，因此涉及产量在各层的分配问题。如果井所穿过的各层网格互相连通，井底压差的影响可以忽略，即认为各层网格的压差都是相等的，这时可以定整口井的产气速率或产水速率，模拟软件会根据"流动系数分配法"自动给各层网格分配产量。

当井在垂向上穿过多层互不连通的网格时，一般采用定井底流压的工作制度。因为当垂向非均质较严重，尤其当层间不互相连通的情况下，压差的影响不能忽略。在这种情况下，如果继续采用定产量的工作制度，各层的产量分配就必须考虑压差随时间的变化情况，从而增加了历史拟合的难度。

6.1.3.4   各项动态指标的拟合

由于储层的实际情况千差万别，要求拟合的历史动态指标也多种多样，总的来说可以归纳为四种类型，即产气速率和产水速率、累计产气量和累计产水量、生产井的井底压力、见水时间和见气时间。这些参数都可以作为历史拟合的对象。

1）井底压力。当拟合指标为井底压力时，可以修改的主要参数为储层的裂隙孔隙率、裂隙渗透率和表皮系数。

2）见水时间和累计产水量。煤层的裂隙孔隙率一般较低，因而井的累计产水量一般不高。在模拟过程中，当初始条件下出现煤层中水的体积远小于累计产水量的情况时，应结合地质和现场施工资料分析含水层的影响，同时确定含水层的各项特性参数。当排采的水主要来源于含水层时，通过调整含水层的渗透率和该层的表皮系数可以较好地拟合见水时间。其一般规律是渗透率增大，表皮系数降低，见水时间缩短。含水层的孔隙度和孔隙结构特征主要影响水的储量和可采量，在排采过程中表现为中后期产水量的变化。也就是说，如果产水量的拟合在前期较好，中后期出现较大差异时，应调节含水层的孔隙度。

3）产气速率和产水速率。如果模拟过程中产气速率或产水速率都比实测值偏大或者偏小，可以调整储层的裂隙渗透率、裂隙孔隙率和表皮系数，使模拟的产气和产水速率同步增加或减少（表6.2）。如果模拟产气速率和产水速率的变化不同步，即模拟产气速率比实测值偏大（或偏小），而模拟产水速率比实测值偏小（或偏大），则可以调整煤储

表 6.2 产气速率、产水速率随参数调整的变化趋势（据王晓梅等，2004）

调整参数	调整方向	定井底流压	
		产气速率	产水速率
裂隙渗透率	升高	升高	升高
	降低	降低	降低
裂隙孔隙率	升高	降低	升高
	降低	升高	降低
表皮系数	升高	降低	降低
	降低	升高	升高

层的孔隙度，以实现模拟产量接近实际产量。

产气速率和产水速率随着裂隙渗透率的增减而增减，这一点很好理解。这里需要解释一下改变裂隙孔隙率时产气速率和产水速率发生相反变化的情形。这种情况实际上只发生在排采的早期，此时的水饱和度相对高于气饱和度，因此水相对渗透率也高于气相对渗透率，当裂隙孔隙率相对较大时自然会有较多的水产出。

4）见气时间。当模拟的见气时间与实测见气时间差异较大时，需要调整等温吸附曲线。如果模拟的是多组分气体，由于 CO_2 更容易吸附于煤的微孔中，纯甲烷和混合气体的吸附和解吸结果会有一定的差别。气体成分中 CO_2 的含量越高，煤层气的临界解吸压力会越高，见气时间就会越短。此外，等温吸附曲线的调整要求模拟人员调研实验数据的测试方法和可信度，根据实际情况调整相应参数。

6.1.4 历史拟合研究实例

历史拟合是煤层气储层模拟的最基本工作之一，国内外的报道非常多（Young，1998；王晓梅等，2004；苏复义、蔡云飞，2004；Wei et al.，2011）。下面以沁水盆地南部的 QN-3 井为例展示历史拟合参数优化校正的工作过程（郭晨等，2011a；蔡志翔等，2012）。

6.1.4.1 排采历史

QN-3 井位于沁水盆地南部阳城县，目的煤层为山西组 3 煤层，是一口参数井。

该井于 2007 年 1 月 18 日至 2007 年 4 月 1 日完成钻井和完井施工，井深 700m，完钻于奥陶系峰峰组。完井方式为套管完井。采用活性水和液氮为压裂液进行压裂激化。井的排采时间为 2009 年 12 月 29 日至 2010 年 5 月 4 日，共持续了 127 天。最高产气速率为 1229.23m³/d，累计产气量为 6.32 万 m³，最高产水速率为 14.23m³/d，累计产水量近 530m³。其排采曲线见图 6.1。根据井的气水产出特点和排采动态曲线分析，排采可划分为排水降压、产气量上升和稳定产气三个阶段。

排水降压阶段历时 65 天。此阶段产水速率变化较大，但总体呈上升趋势，从 0.14m³/d 上升至 14.23m³/d。该阶段内几乎没有产气，仅在最后 3 天加大了产水速率

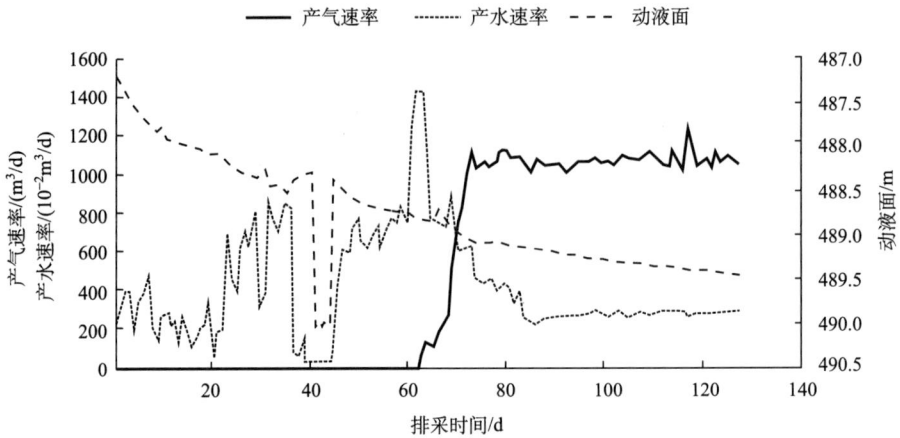

图 6.1   QN-3 井排采曲线

之后开始产出少量气体。动液面变化不大，平均约为 488m，总体呈下降趋势。但在第 40～44 天有一个快速的下降，产水速率同时降至 0，这可能与生产设备的操作有关。

产气量上升阶段历时 7 天。在加大产水速率之后，产气速率从第 66 天的 169m³/d 左右迅速上升到第 73 天的约 1114m³/d。产水速率从第 66d 的最高值 14.23m³/d 下降至 4.31m³/d，之后的变化幅度很小。此阶段内动液面下降的速率相对较快。

稳定产气阶段历时 55 天。阶段内产气速率总体稳定，平均产气速率为 1052m³/d。第 117 天和第 118 天的产气速率突破了 1200m³/d，达到了整个排采期的最大值 1229.23m³/d。产水速率早期下降，之后基本稳定略有上升，平均值为 2.73m³/d。动液面呈稳定下降的趋势，平均为 489m。

6.1.4.2   基础数据

模拟区域为以 QN-3 井为中心的 2000m×2000m 的正方形区域，目的煤层为 3 煤层。实际拟合范围为以该井为中心的 1000m×1000m 的正方形区域。

确定了模拟区域之后，需在系统收集储层参数和生产数据的基础上建立关于模拟区域的地质模型，即把实际储层模型化，把全部影响煤层气开发过程的储层特征在时间和空间上的分布用数据模型表述出来。具体包括模拟网格划分和数据描述两项。

模拟网格为 20m×20m 的正方形网格。

基础数据为 2000m×2000m 区域内 3 煤层的埋深、煤厚以及含气量（图 6.2，图 6.3，图 6.4）。初始储层参数包括储

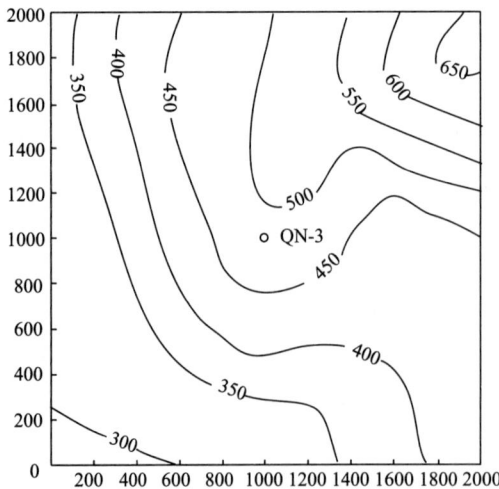

图 6.2   3 煤层埋深等值线图（m）

层压力为 3340kPa（区域上的数值利用埋深进行了校正）。储层温度为 21℃，裂隙孔隙率为 0.0653，裂隙渗透率为 6.31mD，初始裂隙水饱和度为 100%，甲烷吸附时间为 9.24 天，Langmuir 体积为 44.93m³/t，Langmuir 压力为 3220kPa，初始含气量为 17.85m³/t，压裂裂缝半长为 20m，压裂裂缝渗透率为 30mD。另外在模拟时不考虑毛管压力和基质收缩效应。

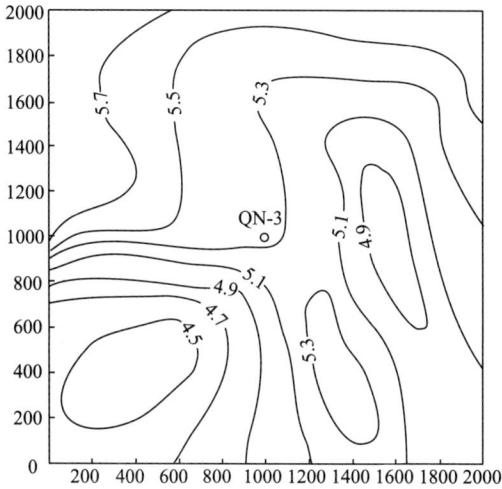

图 6.3　3 煤层厚度等值线图（m）

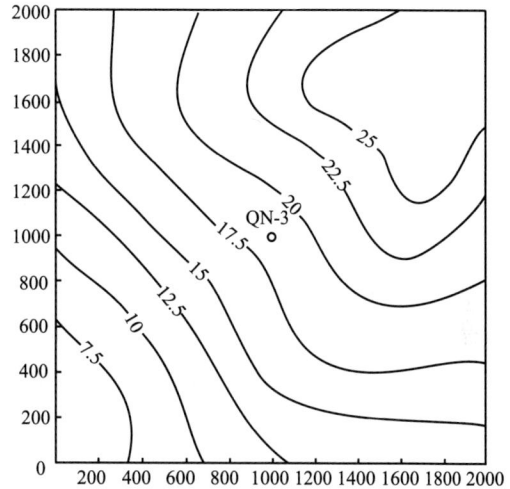

图 6.4　3 煤层含气量等值线图（m³/t）

6.1.4.3　拟合计算

在拟合时，按照前面分析的排采阶段，将 QN-3 井 127 天的排采过程分为三个工作制度，三个阶段均采用定产水速率的排采工作制度。并参照井的实际排采数据定出相关的数值，详见表 6.3。

表 6.3　QN-3 井的拟合工作制度

时间段/d	工作制度	日产水量值/(m³/d)
0～65	定产水速率	0.01
66～120	定产水速率	4.30
121～130	定产水速率	4.00

采用 COMET3 软件系统完成了 QN-3 井生产历史拟合。在模拟过程中采用了双孔、单渗、单组分模型和气水两相系统。不断调整参数并进行了 15 次计算，肉眼观察每一条拟合曲线与实际排采曲线的拟合程度，选择了认为拟合度最好的一个模拟结果，如图 6.5 所示。

由图 6.5 可见，经过多次参数调整和拟合计算，模拟结果与实际生产数据非常接近，拟合了产气曲线的总体趋势，只是见气时间和产气峰值在时间上略有偏差。考虑到峰值两端的拟合情况和进一步调整的难度，认为拟合结果可以接受，参数的拟合值可以应用于实际。

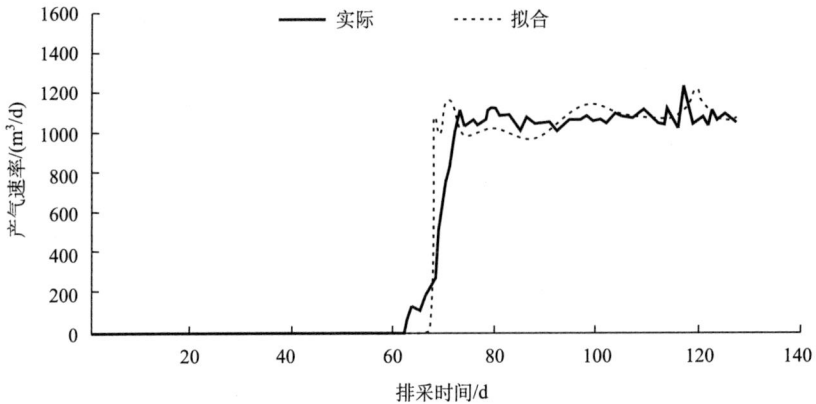

图 6.5 QN-3 井拟合产气曲线与实际产气曲线图

经过历史拟合得到的储层参数如表 6.4 所示。该表表现的是初始值与拟合值之间存在着不同程度的差异。如裂隙渗透率降低了 62%，幅度非常大。裂隙孔隙率减少了53.8%，超过了 50%。压裂裂缝渗透率则减少了 50%。其他参数也有较大的调整，Langmuir 体积降低了 27%，含气量增加了 17%，吸附时间增大了 31.1%。

表 6.4 QN-3 井初始参数值及历史拟合值对比

模拟参数	初始值	拟合值	变化率/%
裂隙渗透率/mD	6.31	2.40	−62.0
裂隙孔隙率/	0.065	0.030	−53.8
Langmuir 体积/(m³/t)	44.93	32.79	−27.0
初始含气量/(m³/t)	17.85	21.00	17.6
压裂裂缝渗透率/mD	60	30	−50.0
吸附时间/d	9.24	12.11	31.1

拟合得到的气水相对渗透率见表 6.5，曲线形态见图 6.6。曲线整体右偏，显示煤的束缚水饱和度较高，可能会对排水采气产生不利影响。

表 6.5 拟合气水相对渗透率值

裂隙水饱和度	水相对渗透率	气相对渗透率	裂隙水饱和度	水相对渗透率	气相对渗透率
0.45	0.00	0.95	0.75	0.25	0.28
0.50	0.04	0.87	0.80	0.36	0.20
0.55	0.06	0.75	0.85	0.48	0.15
0.60	0.09	0.59	0.90	0.60	0.10
0.65	0.13	0.48	0.95	0.76	0.05
0.70	0.18	0.37	1.00	0.94	0.02

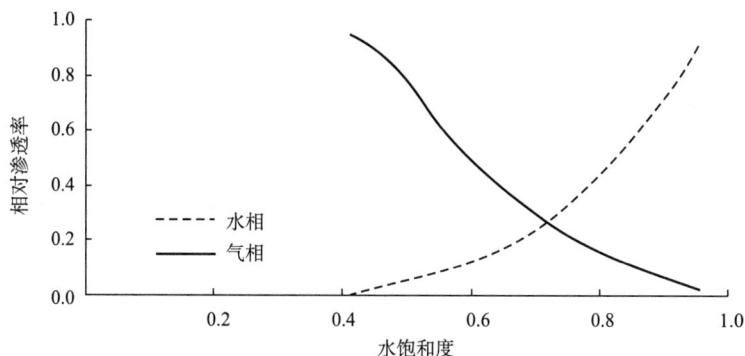

图 6.6 拟合得到的气水渗透率曲线

与直接采用勘探和试井参数相比，历史拟合得到的如表 6.3 和表 6.4 所示的成果能够更客观地反映煤储层的自然特征和煤层气井生产能力，根据这些参数，可以对煤层气井的排采表现进行更准确和合理的评价。

6.1.5 历史拟合效果定量判识

6.1.5.1 方法研究

目前，判断历史拟合结果的好坏仍然是采用"相面"的方法，即通过肉眼观察实际和拟合的曲线形态特征的方法来确定拟合结果是否能被接受。上一小节即是如此，这是目前很流行的做法，但显然不是最好的办法。鉴于此，本书作者尝试建立一种更为科学和客观的定量方法来进行历史拟合效果的判识。这里采用集对分析法、灰色关联分析法、模糊综合评判法和层次分析法(许树柏，1988；赵克勤、宣爱理，1996；宋晓秋，1999；黄超超，2013)来进行历史拟合效果定量评价研究。以下是拟合效果评价的研究方法和实例。

六个因素被运用于历史拟合效果定量判识的指标体系，它们是集对联系度、绝对关联度、相对关联度、综合关联度、产气(水)速率和累计产气(水)量。其中，前面四个因素与曲线几何方面的特征有关，后面两个与排采工程相关。

集对分析是一种处理不确定性问题的系统分析方法，其核心是把被研究的客观事物之间确定性与不确定性联系作为一个不确定系统来分析处理。所谓集对是指有一定联系的两个集合组成对子，集对原理就是在一定背景下，对组成集对的两个集合(A,B)的特性作同一性、差异性和对立性分析。集对的不确定关系用联系度来描述，即

$$\mu_{(A-B)} = \frac{S}{N} + \frac{F}{N}i + \frac{P}{N}j \tag{6.1}$$

式中，N 为集合特性的总项数；S 为同一性的个数；P 为对立性的个数；F 为差异性的个数；i 为差异性不确定系数，在$(-1,1)$区间视不同情况取值，一般可取 $i=(a-c)/(a+c)$；j 为对立系数，在计算中 $j=-1$。

为简便起见，令 $a=S/N$，称为在研究问题下的同一度，$b=F/N$ 称为差异度，

$c=P/N$ 称为对立度。a、b、c 分别表征集合 A 和 B 所呈现出的相同、相异、相反的关系，其中 a、b、c 满足归一化条件，即 $a+b+c=1$。

式(6.1)可简写为

$$\mu_{(A-B)} = a + bi + cj \tag{6.2}$$

具体计算过程如下。首先根据研究对象，分别构造时间序列集合

$$A\{x_1, x_2, \cdots, x_n\}, B\{y_1, y_2, \cdots, y_n\} \tag{6.3}$$

其中 x_i，y_i 分别为集合 A 与集合 B 按时间排列的数据点。集合 A 和 B 就构成集对 (A,B)。如果集合 A 与 B 的元素之间的数量级不同，则先按一定标准进行数据规格化处理。

然后计算构成集对的集合 A 与 B 对应元素之间的相对误差。若二者的相对误差在区间 $(0, 10\%]$ 内，则认为集合 A 和 B 的元素具有相同的级别水平，即具有同一性，标记为 Ⅰ。若相对误差在区间 $(10, 20\%]$ 内，则认为集合 A 和 B 的元素具有差异性，标记为 Ⅱ。若相对误差大于 20%，则认为集合 A、B 的元素具有对立性，标记为 Ⅲ。

再统计集对 (A,B) 中具有同一性 S、差异性 F、对立性 P 的元素对个数，即 Ⅰ、Ⅱ 和 Ⅲ 中的项数。

最后通过联系度表达式(6.1)计算出集对联系度 μ，结合同一度 a、差异度 b、对立度 c 综合分析得出结果。

由此得到历史拟合效果定量评价的第一个指标，即集对联系度。

绝对灰色关联度和相对灰色关联度分别是从曲线的几何形状和空间位置两方面来刻画拟合曲线和实际生产曲线相似关系的。绝对灰色关联度反映了两条曲线在几何形状方面的相似度；相对灰色关联度则反映了两条曲线在空间位置上的接近程度。

设有时间序列 X_0 与 X_i

$$X_0 = [x_0(1), x_0(2), \cdots, x_0(n)], X_i = [x_i(1), x_i(2), \cdots, x_i(n)]$$

它们的始点零化像分别为

$$X_0^0 = [x_0^0(1), x_0^0(2), \cdots, x_0^0(n)], X_i^0 = [x_i^0(1), x_i^0(2), \cdots, x_i^0(n)]$$

其中

$$x_i^0(n) = x_i(n) - x_i(1) \tag{6.4}$$

且有

$$|s_i| = \left| \sum_{k=2}^{n-1} x_i^0(k) + \frac{1}{2} x_i^0(n) \right| \tag{6.5}$$

$$|s_j| = \left| \sum_{k=2}^{n-1} x_j^0(k) + \frac{1}{2} x_j^0(n) \right| \tag{6.6}$$

$$|s_i - s_j| = \left| \sum_{k=2}^{n-1} [x_i^0(k) - x_j^0(k)] + \frac{1}{2} [x_i^0(n) - x_j^0(n)] \right| \tag{6.7}$$

X_0 与 X_i 的绝对灰色关联度为

$$\varepsilon_{ij} = \frac{1 + |s_i| + |s_j|}{1 + |s_i| + |s_j| + |s_i - s_j|} \tag{6.8}$$

绝对灰色关联度 $0 < \varepsilon_{ij} \leqslant 1$，是数据序列在曲线的几何形状上相似性的度量，曲线的几何形状越相似，ε_{ij} 越接近 1，反之越接近 0。

针对这里的情况，设有时间序列

$$\left.\begin{array}{l} X_0 = [x_0(1), x_0(2), \cdots, x_0(n)] \\ X_1 = [x_1(1), x_1(2), \cdots, x_1(n)] \\ \qquad\qquad\qquad \vdots \\ X_n = [x_n(1), x_n(2), \cdots, x_n(n)] \end{array}\right\} \tag{6.9}$$

式中，X_0 为实际产气曲线的时间序列；$X_1 \sim X_n$ 分别为 $1 \sim n$ 条拟合产气曲线作为时间序列；$x_i(j)$ 分别代第 i 个时间序列中第 j 个数据点。

首先计算绝对灰色关联度。

根据式(6.4)得出 $X_0, X_1, X_2, \cdots, X_n$ 的始点零化像

$$\left.\begin{array}{l} X_0^0 = [x_0^0(1), x_0^0(2), \cdots, x_0^0(n)] \\ X_1^0 = [x_1^0(1), x_1^0(2), \cdots, x_1^0(n)] \\ X_2^0 = [x_2^0(1), x_2^0(2), \cdots, x_2^0(n)] \\ \qquad\qquad\qquad \vdots \\ X_n^0 = [x_n^0(1), x_n^0(2), \cdots, x_n^0(n)] \end{array}\right\} \tag{6.10}$$

且有

$$|s_i| = \left| \sum_{k=2}^{n-1} x_i^0(k) + \frac{1}{2} x_i^0(n) \right| \tag{6.11}$$

$$|s_j| = \left| \sum_{k=2}^{n-1} x_j^0(k) + \frac{1}{2} x_j^0(n) \right| \tag{6.12}$$

$$|s_i - s_j| = \left| \sum_{k=2}^{n-1} [x_i^0(k) - x_j^0(k)] + \frac{1}{2} [x_i^0(n) - x_j^0(n)] \right| \tag{6.13}$$

则绝对灰色关联度为

$$\varepsilon_{ij} = \frac{1 + |s_i| + |s_j|}{1 + |s_i| + |s_j| + |s_i - s_j|} \tag{6.14}$$

然后计算相对灰色关联度。

先计算 $X_0, X_1, X_2, \cdots, X_n$ 的始点初值像

$$\left.\begin{array}{l} X_0' = [x_0'(1), x_0'(2), \cdots, x_0'(n)] \\ X_1' = [x_1'(1), x_1'(2), \cdots, x_1'(n)] \\ X_2' = [x_2'(1), x_2'(2), \cdots, x_2'(n)] \\ \qquad\qquad\qquad \vdots \\ X_n' = [x_n'(1), x_n'(2), \cdots, x_n'(n)] \end{array}\right\} \tag{6.15}$$

其中

$$x_i'(n) = x_i'(n) - x_i'(1) \tag{6.16}$$

再根据相对灰色关联度的定义和式(6.11)～式(6.19)即可算出 X_0 与 $X_m(m=1,$ $2,\cdots,n)$ 的相对灰色关联度。称 X_i' 与 X_j' 的绝对灰色关联度 ε_{ij}' 为 X_i 与 X_j 的相对灰色关联度，记为 r_{ij}。

相对灰色关联度是序列 X_i 与 X_j 相对于初始点的变化速率之间联系的表征，即 X_i 与 X_j 在空间上距离远近的接近程度，X_i 与 X_j 的变化速率越接近，r_{ij} 越大，距离越近；反之就越小，距离越远。

最后计算综合灰色关联度。

设序列 X_i 与 X_j 长度相同且初值不等于零，ε_{ij} 和 r_{ij} 分别为 X_i 与 X_j 的绝对灰色关联度和相对灰色关联度，$\theta \in [0,1]$，则称

$$\rho_{ij} = \theta \varepsilon_{ij} + (1-\theta) r_{ij} \tag{6.17}$$

为 X_i 与 X_j 的综合灰色关联度。

综合灰色关联度不仅体现了 X_i 与 X_j 的数据曲线在几何形状上的相似程度，还反映了 X_i 与 X_j 相对于初始点变化速率的接近程度，能够较为全面地表征 X_i 与 X_j 序列之间的联系是否紧密。一般情况下，可取 $\theta = 0.5$，如果对绝对量之间的关系比较关注，θ 可取大一些；如果认为变化速率比较重要，则 θ 可取小一些。

得出绝对关联度和相对关联度后，依据式(6.12)即可得到 X_0 与 X_1、X_0 与 X_2 和 X_0 与 X_3 等的综合灰色关联度。综合灰色关联度不仅体现了 X_i 与 X_j 的曲线在几何形状方面的相似程度，也反映了 X_i 与 X_j 在空间位置的接近程度，能够较为全面地刻画出 X_i 与 X_j 序列之间的联系程度。

由此得到了绝对关联度、相对关联度和综合关联度三个因素的计算方法。

对其余两个指标，即产气(水)速率和累计产气(水)量，采用相对误差来表述，即

$$e_i = \left| \frac{x_i - y_i}{x_i} \right| \tag{6.18}$$

式中，e_i 为相对误差；x_i 为实际产气数据序列的第 i 个点的数据；y_i 为拟合产气数据序列的第 i 个点的数据。

完成上述计算后，利用层次分析法确定各个指标的权重，进一步用模糊综合评判法计算历史拟合效果的模糊熵值，根据模糊熵值的大小确定不同历史拟合曲线拟合效果的好坏。这里不再详细介绍层次分析和模糊综合评判的计算方法，感兴趣的读者可以参考相关的文献。

利用模糊熵值原理计算三次拟合曲线的模糊熵值 Q

$$Q = \frac{\sum_{i=1}^{n} b_i^2 p_i}{\sum_{i=1}^{n} b_i^2} \tag{6.19}$$

式中，b_i 为隶属度；p_i 为评价等级的评分；Q 为模糊熵值。

Q 值越大表明曲线的拟合效果越好。

以上就是采用集对分析法、灰色关联分析法、模糊综合评判法和层次分析法来进行历史拟合效果定量评价的模型和具体算法。

6.1.5.2 计算实例

图 6.7 是对沁水盆地南部煤层气开发直井 QN-4 井产气速率曲线进行的三次拟合计算。通过不断调整参数，拟合效果已经非常不错，但通过"相面"的方法很难判断这三条拟合曲线哪个更好一些。采用上述方法进行评价。首先进行集对分析，表 6.6 为集对分析结果。

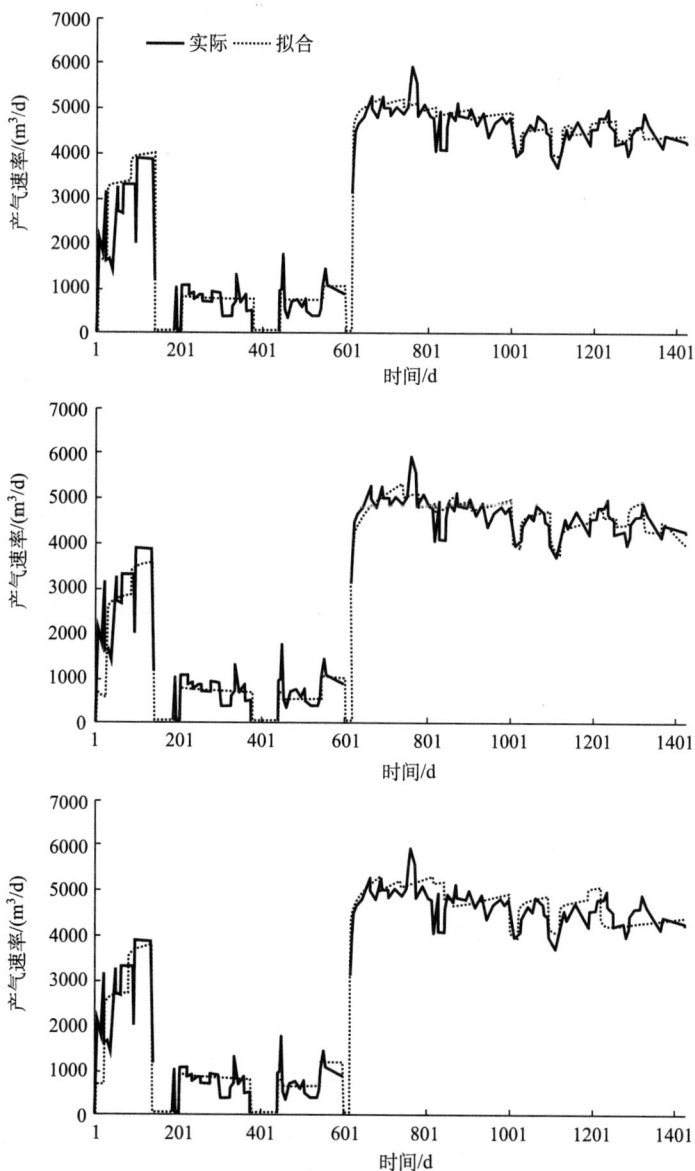

图 6.7 QN-4 井三次历史拟合曲线图

表 6.6   相对误差分类统计表

相对误差种类	(A_0, A_1)	(A_0, A_2)	(A_0, A_3)
Ⅰ类(同一)	970	1031	1023
Ⅱ类(差异)	158	128	123
Ⅲ类(对立)	151	120	133
联系度 μ	0.721	0.785	0.764

进一步计算三条拟合曲线的绝对灰色关联度、相对灰色关联度和综合灰色关联度，结果如表 6.7 所示。

表 6.7   曲线拟合关联度计算结果表

拟合次数	第一次拟合	第二次拟合	第三次拟合
绝对灰色关联度	0.938	0.952	0.867
相对灰色关联度	0.825	0.837	0.807
综合灰色关联度	0.881	0.894	0.787

根据该井排采曲线的特征，将产气速率和累计产气量曲线分成三个阶段，第一阶段(0~138 天)，见气后产气速率短暂上升又迅速下降；第二阶段(139~600 天)，产气速率较低，维持在 $1000\text{m}^3/\text{d}$ 以下；第三阶段(601~1430 天)，产气速率迅速上升，达到 $5000\text{m}^3/\text{d}$，之后比较稳定。据此计算拟合值与实际值的相对误差，总相对误差取三者的和(表 6.8)。

表 6.8   工程因素评价指标拟合程度评价结果表

阶段	平均产气速率误差			累计产气量误差		
	一次拟合	二次拟合	三次拟合	一次拟合	二次拟合	三次拟合
第一阶段/%	0.22	1.75	11.42	0.21	1.76	11.40
第二阶段/%	9.83	0.19	26.09	9.73	0.05	25.97
第三阶段/%	2.47	0.29	0.51	2.46	0.28	0.51
累计相对误差/%	12.52	2.23	38.02	12.3	2.09	37.88
拟合程度	0.875	0.977	0.629	0.877	0.979	0.621

进一步利用层次分析法确定各个因素的权重，如表 6.9 所示。

表 6.9   历史拟合评价指标权重表

第一层次	工程因素评价指标		几何因素评价指标	
权重	0.33		0.67	
第二层次	平均产气速率	累计产气量	联系度	综合灰色关联度
权重	0.223	0.112	0.222	0.443

最后利用多级模糊综合评判法计算各次拟合的模糊熵值，如表 6.10 所示。

表 6.10　历史拟合综合评价结果

拟合次数	综合评价值隶属度				模糊熵值
	优	良	中	差	
第一次	0.501	0.999	0.498	0.000	0.751
第二次	0.737	0.795	0.259	0.000	0.846
第三次	0.239	0.872	0.760	0.127	0.652

计算结果表明，图 6.7 中的三次拟合，第二次拟合的效果最好。认真观察图 6.7 就会发现，三次拟合的结果其实非常相近，肉眼上能够粗略判断第一次和第二次好于第三次，但第一次和第二次就比较难区分了。

虽然定量评价方法的计算过程略显繁复，但若做成程序实现自动计算则不存在任何问题。采用这种方法能够在一定程度上克服人为的因素而更多的是注重实际曲线与拟合曲线之间形态上的对比。同时需要认识到，即使再改进指标体系构成和算法也比较难解决历史拟合研究存在的多解性问题。因此在实际工作中，可能的情况下应尽量增加试井和拟合井的数量并结合生产实际进行验证，这样才能从根本上获得理想的参数优化校正效果。

6.2　煤层气井产能预测技术

储层模拟研究的重要工作之一就是进行煤层气井的气水产能预测。在历史拟合工作结束之后，利用历史拟合研究获得的参数，即可对井或井网未来一定时间内的排采表现进行预测。这是人们对储层模拟最为关注的焦点，同时也是一项非常常规的工作，国内外的报道非常多，如 Young (1998)、Zou 等(2010)。

在进行产能预测的时候，工作制度的设定是一个关键的问题。通常情况下都采用给定初始定产水速率的方法。开始排采后的产水量由动力学方程自行控制。

仍然运用 COMET3 软件，采用拟合获得的参数对 QN-3 井进行了 3500 天(约 10年，每年要留出进行排采设备检修等工作的时间 1～2 月)的产能预测。假定整个排采期间产水速率为 7.8m³/d。不同时间的产气量和产水量预测结果见表 6.11 和图 6.8、图 6.9。

表 6.11　QN-4 井产能量预测结果

时间/a	产气速率/(m³/d)	产水速率/(m³/d)	累计产气量/10⁴m³	累计产水量/m³
1	1265.2	4.1	54.864	1880.5
3	1333.9	2.5	147.216	4300.4
5	1230.7	1.6	242.194	5744.5
10	816.6	0.7	412.620	7319.1

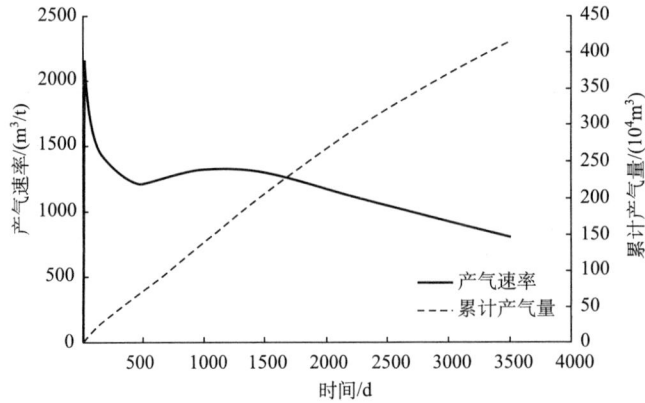

图 6.8　QN-3 井产气量预测曲线

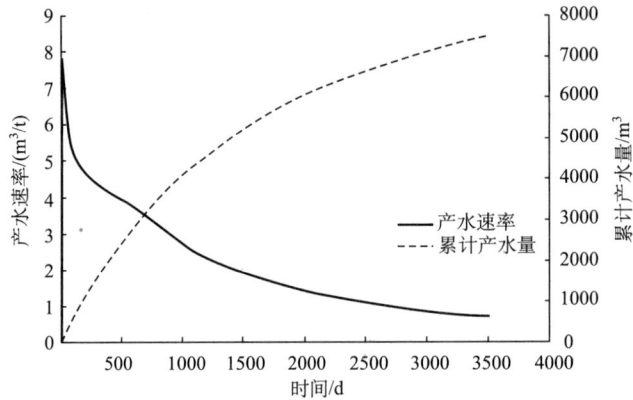

图 6.9　QN-3 井产水量预测曲线

从表 6.11 和图 6.8、图 6.9 可以看出，经过持续很短时间的排采最初期产气高峰（2157m³/d）之后，产气速率快速下降，在约第 500 天的时候达到谷底进入稳定排采期，在第 1106 天时出现第二个高峰（1335.8m³/d），在约第 1850 天时结束了稳定期，进入下降阶段，产气速率一直缓慢降低，至第 3500 天时产气量为 816.6m³/d。第 3500 天的累计产气量为 412.620×10⁴ m³，平均日产气速率为 1199.1m³/d。

产水速率总体以先快后慢的形式持续下降。最初的产水速率为设定值 7.8m³/d，到第 3500 天时降为 0.7m³/d，3500 天时间内的累计产水量为 7319.1m³，平均产水速率为 2.1m³/d。

对计算结果讨论如下。

对比实际排采曲线和预测曲线（图 6.1，图 6.8，图 6.9）会发现二者之间有一个重要的区别，那就是前者的形态常常呈具有一定总体变化趋势的折线状而后者则非常光滑。前者是由于开采地质条件和开采技术的复杂性造成的。井排采范围内的封闭性小断层等地质构造、储层物性的非均质性、对排采设备的操作和控制等有可能造成一些小的变化,其中对是否存在诸如气堵之类的现象需要做进一步研究。而预测曲线不会受到这些因素的影响。

因此,与实际情况相比,预测结果在一定程度上仍然是在理想化条件下获得的。

另外,人们通常将产能预测视为储层模拟研究的最终成果,实际上这种理解存在一定的偏差。产能预测的成果不但能够为后期的区块优选、开发技术决策和经济评价提供依据,同时也是利用储层模拟方法对包括井位井网布置和排采工作制度等进行优化的基础。也就是说,这些工作很大程度上是以井的排采表现来决定的。在下一节的讨论中这一点将会清楚地表现出来。

6.3 排采工艺技术优化

煤层气井排采工艺技术包括钻井、完井、激化和排采工作制度设置等。如果没有进行储层模拟研究,上述工作需要根据经验进行决策。这样往往会出现精度低的问题,甚至是较大的误差或错误。在地质条件查明的条件下,运用储层模拟技术对上述工作进行优化,有助于科学合理地进行煤层气资源的开发。

储层模拟研究的成果可应用于指导生产。历史拟合和产能预测结果能够为很多方面的决策提供依据。首先,根据储层参数和井的排采表现,决定煤层气资源的开发方式,如果研究区具有良好的含气性、储层特性和排采表现,地面开发将是最好的开发方式。如果储层物性,特别是渗透性存在问题,则可以根据具体情况,决定是否实施压裂完井工作,或是采用地面和井下联合开采的方式或纯井下抽采的方式。其次,根据地质条件和排采表现,确定开发区内井或井网的空间布置和开发顺序。再次,优化井网布局和排采工作制度。本节将重点介绍后面两个内容。

6.3.1 井网优化

下面仍以 6.1.4 小节中的 QN-3 井为例,介绍如何运用储层模拟技术来进行井网布局优化(郭晨等,2011b)。

在本例中,模拟区域为 1000m×1000m 的正方形区域,模拟井数设定为 4～6 口,并针对每种井数,寻找最高效的井组方案,最后综合考虑产能预测结果和井的数量,在高效率和低成本的前提下给出最优方案。模拟期限为 3650 天,采用定井底流压的工作制度,井底流压设置为 1600kPa。相关的地质条件和参数见本章前面的 6.1.4 小节。

首先分别模拟 300、400、500 和 600m 四种不同井距的正方形井组方案(图 6.10a),目的是找出最佳井距。模拟结果如图 6.11 所示,四种井距获得的累计产量依次为 $11.50 \times 10^6 m^3$、$11.80 \times 10^6 m^3$、$11.94 \times 10^6 m^3$ 和 $11.84 \times 10^6 m^3$。从中可以看出,500m 井距方案 10 年内产能最高,且在排采 1000 天后产能有明显增加趋势,大约 2000 天后产气速率显著高于其他井距,表明 500m 井距方案在排采后期有较好的排采潜力,据此认为在四口井呈正方形布置方案中,500m 是最优井距,将此定为方案 1。

在得到最优井距的基础上,设计了另外三种布井方案。方案 2 是在方案 1 的中心加一口井(图 6.10b)，方案 3 是五口井呈正五边形布置(图 6.10c)，方案 4 是在方案 3 的基础上增加一口中心井(图 6.10d)。在上述方案中，所有相邻井间距均为最优井距 500m。

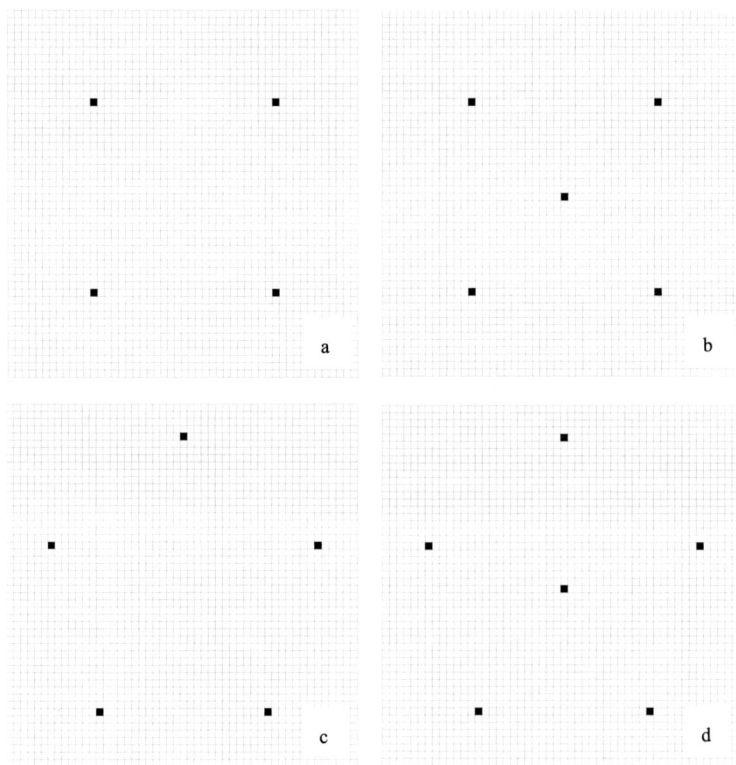

图 6.10　井网布置示意图

a. 正方形 4 井；b. 正方形 5 井；c. 正五边形 5 井；d. 正五边形 6 井

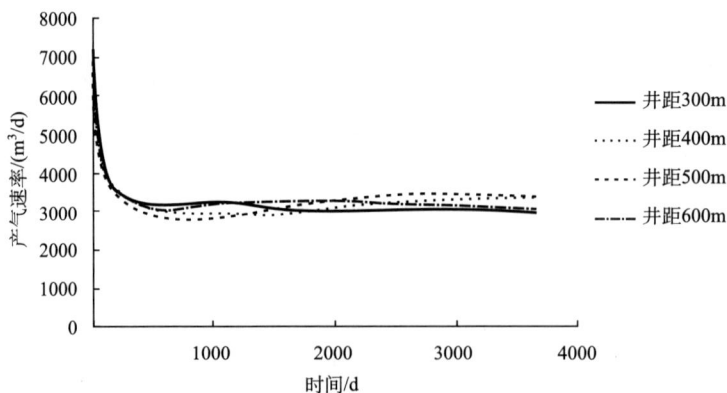

图 6.11　四种井间距产气速率预测曲线

产能预测结果见图 6.12，进一步将数据汇总如表 6.12 所示。根据图 6.12 和表 6.12，在四种方案中，10 年累计产量从高到低排序依次为方案 4、2、3 和 1。4 个布井方案均为基于最优井距为 500m 的前提而设计的方案，仅布井样式和密度上有所区别，但排采表现存在很大的差别，对此作进一步的分析。

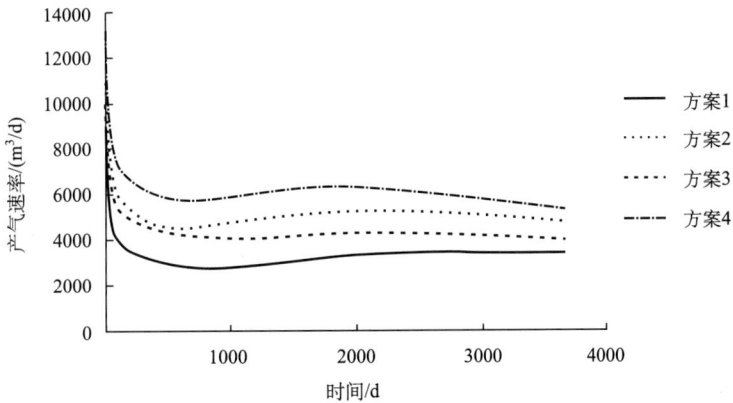

图 6.12　方案 1~4 日产气量预测曲线

表 6.12　方案 1~4 产能状况汇总

方案	井组描述	10 年总产量/$10^6 m^3$	单井平均产量/$10^6 m^3$
方案 1	4 井　正方形	11.942227	2.98555675
方案 2	5 井　正方形加心	18.540556	3.70811120
方案 3	5 井　正五边形	15.543405	3.10868100
方案 4	6 井　正五边形加心	22.269858	3.71164300

　　方案 2 和方案 4 的单井平均产量远高于另外两个方案。而方案 2 和方案 4 分别是在方案 1 和方案 3 的基础上增加了中心井。与方案 1 相比方案 2 的总产量增加了 55%，单井平均产量增加 24.2%。方案 4 比方案 3 总产量增加 43.2%，单井平均产量增加 19.4%。

　　增加中心井后的增产机理应是通过中心井的纽带作用将原来孤立或联系较弱的各井之间联系加强，形成了井间干扰效应，在区域上形成了一个统一的降压场，扩大了单井影响范围，从而实现真正意义上的井网联合开采。这个问题在后面的 10.5 节中将作更进一步的讨论。

　　进一步考虑方案 2 和方案 4 的选择。方案 4 的产能最高，预测 10 年总产量达 22.27×$10^6 m^3$，可保证本区的煤层气资源得到最充分的开采。方案 2 因比方案 4 少一口井，产能有所下降，但同时成本也会降低，且正方形高度的对称性也使本方案更利于向更大的区域拓展，其适用性更广。在实际生产中，应结合具体的生产条件、施工成本以及开发区块地形地貌特征等因素，选择最适合的布井方案。

　　以上的井网优化过程仅是一个有些理想化的例子。实际上，上述四种方案并没有完全囊括所有的可能性，进一步尝试可能还会有其他更好的设计。另外，受到地形地物等其他因素的影响，真正的布井可能会需要根据情况灵活调整。还有一点，就是我国煤层气开发地质条件和开采技术条件在横向上普遍存在的非均质性问题，即使在同一区域内，完全相同的方案都有可能得到不同的结果。因此，做好基础工作是使用这种方法的重要前提。

6.3.2　排采工作制度优化

井排采工作制度的设置对排采效果具有很大的影响，有时甚至关系到开发工程的成败。下面以 QN-4 井为例，介绍储层模拟技术在排采工作制度优化中的应用（蔡志翔等，2012）。该井的历史拟合曲线如图 6.7 所示，拟合校正后的井参数如表 6.13 所示。

表 6.13　QN-4 井基本参数表与拟合值表

模拟数值参数	初始值	拟合值	模拟数值参数	初始值	拟合值
裂隙渗透率/$10^{-3}\mu m^2$	0.7	6	煤厚/m	6.31	—
裂隙孔隙率/%	3.2	—	Langmuir 压力/MPa	2.91	
含气量/(m³/t)	19.8	—	埋深/m	270	
储层压力/MPa	2.5	—	解吸时间/d	4	
Langmuir 体积/(m³/t)	46.38	—			

这里主要考虑井初始产水速率设定的问题。

在上述工作的基础上，运用历史拟合得到的参数对 QN-4 井进行产水速率优化，井的枯竭压力设为 0.7MPa，排采截止时间设定为产气速率降到 500m³/d 的时候。

给出下面五个排采方案。方案 1 至方案 5 的初始最大产水量分别为 6、5、4、3 和 2m³/d，随着排采时间的延长由软件控制逐渐减少。

各方案的模拟结果如图 6.13 所示。总体而言，随着初始产水量的逐渐降低，最高产气速率逐渐降低，见峰时间延长，峰值后期产气量逐渐增加，产气时间变长。

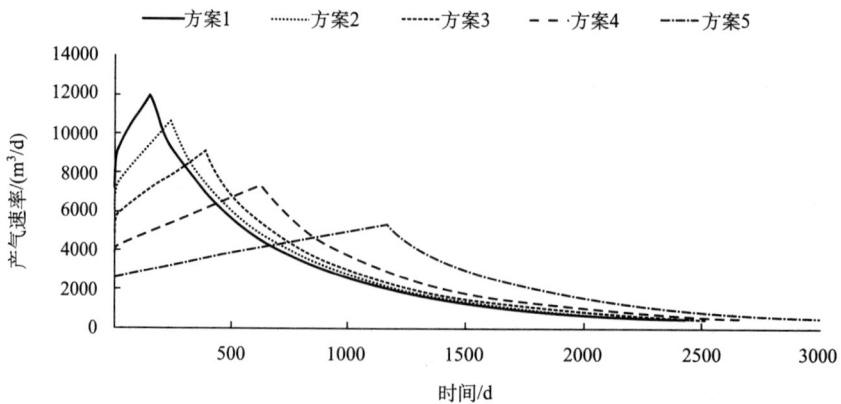

图 6.13　QN-4 井排采各方案日产气量曲线

方案 1 在排采第 150 天时出现最高产气量 11954m³/d。排采 2430 天后产气量降到 500m³/d 以下，期间累计产气量 800.2×10⁴m³。

方案 2 最高产气量 10556m³/d，出现在排采第 240 天。排采 2460 天后产气量降到 500m³/d 以下，期间累计产气量 800.0×10⁴m³。

方案 3 最高产气量为 9048m³/d，出现在第 390 天。排采 2520 天后产气量降到 500m³/d 以下，期间累计产气量 799.8×10⁴m³。

方案 4 在排采第 630 天时，出现了最高产气量 7322m³/d。排采 2670 天后产气量降到 500m³/d 以下，期间累计产气量为 800.4×10⁴m³。

方案 5 最高产气量 5369m³/d，出现在排采第 1171 天。排采 3000 天之后产气量降到 500m³/d 以下，期间累计产气量 799.4×10⁴m³。

根据图 6.14 将各个方案的累计总产气量做一个比较，随着设定的初始产水速率的降低，产气速率峰值出现时间降低并延后。累计产气量则呈波动变化，从方案 1 开始下降到方案 3，方案 4 又增加再降低。但总体变化幅度较小，不超过 10000m³。

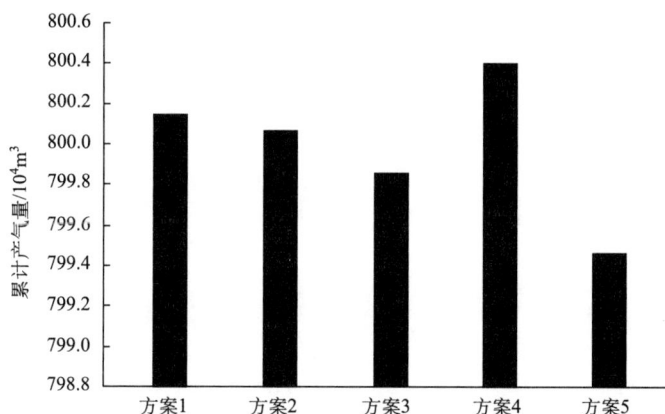

图 6.14　QN-4 井排采各方案累计产气量柱状图

对五个方案做综合的考虑，由于前期排水量过大可能会对储层产生一些不利的影响，例如过快降压可能导致有效应力发生剧变，渗流速度过高可能导致煤粉堵塞裂隙。而排水量过小又会使压降困难，延长见气时间和总排采时间，而且产气量偏低。所以应该选择初始产水量适中，且累计产气量最高的方案 4 作为确定井排采工作制度的依据。

需要指出的是，由于 COMET3 软件功能的限制，利用储层模拟软件进行排采工作制度优化时存在无法确定最大气水产出速率的问题。这将在后面的章节中作进一步的探讨。

从上面的内容可以看到，对煤层气井和井网的储层数值模拟是理论和技术与生产实践紧密结合的工作，它是在用历史拟合方法对基础参数进行优化和校正的基础上，针对不同需求，运用储层模拟软件进行计算，尝试不同的方案并观察分析模拟结果，综合平衡各方面的因素并从中选择最可行、高效和经济的方案，从而达到获得最佳开发效果的目的。这就是进行此项工作的根本思路和技术路线。

7 煤层气田开发预测与评价

煤层气田开发预测与评价是储层模拟在煤层气开发工程中最为重要的工作之一。其目的和任务是在单井和小井网模拟研究的基础上，通过对整个气田或开发区块的模拟计算，研究和优化煤层气资源的开发方式、钻井完井工艺和排采工艺设计，预测气田在今后一定时期内工业开发的前景。从而指导气田的开发工作。

相对上一章中煤层气井产能预测而言，煤层气田开发评价预测是从宏观角度进行的，其基础数据繁多，计算工作量浩大。工作内容包括几方面，首先是建立地质模型，然后进行前面章节中讨论过的历史拟合与参数优化以及井位、井网和排采工艺技术优化等工作，最后形成涵盖整个气田的开发井网，对该井网进行模拟计算，对全气田的排采表现进行预测并为全气田开发工程决策提供依据。

7.1 研究方法

总体而言，煤层气田开发预测与评价工作可以分为三个步骤，即地质建模、参数优化校正以及产能预测与综合评价。

（1）第一步 地质建模

地质建模是进行煤层气田开发评价与预测的基础。根据地质勘探和开发试验成果，将各种基础地质参数和煤层气井开发参数以数据库的形式输入到模拟软件数据库中，形成一个三维数据体以供后续模拟计算工作使用。需要输入主要的参数如下。

1）基础地质参数

主要包括目的煤层厚度及其横向变化数据、埋深数据、煤层结构和分岔尖灭数据、褶皱和断层等地质构造数据。

2）储层物性参数

主要包括孔隙度、渗透率、Langmuir 参数、含气量、吸附时间、灰分、挥发分、镜质组最大反射率、储层压力、压力梯度、储层温度以及地温梯度。

3）盖层参数

主要包括盖层岩性、厚度及其横向变化数据、盖层岩石压缩系数和破裂压力。

4）其他参数

主要包括气体的黏度和压缩系数、水的黏度和压缩系数、地层水盐度。

（2）第二步 参数校正和优化

建模工作完成后，利用模型，采用历史拟合技术对参数进行校正和优化。包括两个方面的工作，一是对建模过程中的错误进行纠正；二是对参数进行优化，修正勘探或试井数据的误差。

地质建模的数据量巨大，需要进行检查以改正在数据收集和录入过程中产生的错误。对于点数据，如表皮系数和井底压力等，只能够通过人工检查来防止数据错误。而对于多点或面上的数据，如煤厚、埋深、R°_{max}、灰分、初始含气量等，可以按照上一章提到的思路，先生成三维模型，再从模型上找异常值来查错纠错。

如前所述，可以采用历史拟合技术对参数进行修正和优化。前面提到了历史拟合中根据参数的不确定性等级来调整参数的原则。但那只是笼统和综合性的原则，地区的差异会使参数的不确定性特征有所变化，即不同地区参数的不确定性各不相同。储层参数敏感性分析是研究储层参数不确定性的有效方法。在本质上它是对模型中参数的变化可能导致井排采表现的变化程度进行研究。

敏感性分析的参数可以包括储层压力、含气量、孔隙度以及 Langmuir 参数等。具体方法是依次选定某个参数作为变量，根据研究区的实际情况，确定这个参数的范围，再按照一定的步长间隔，依次进行计算，观察分析计算结果。在整个计算过程中，其他参数固定不变。

需要校正和优化的参数包括含气量、裂隙渗透率、裂隙孔隙度、等温吸附曲线、解吸时间、气水相对渗透率曲线、裂缝半长、表皮系数、含水层性质等。

根据地质勘探、室内分析测试、试井以及排采试验成果数据，采用历史拟合方法来进行优化和校正。在这项工作中，经验有时候也会起到一定的作用。

总之，这个步骤的目的就是要使得所有的参数能够尽量反映实际情况。

（3）第三步 气田开发效果预测与评价

1）首先要确定是否采用和采用何种增产技术，这一部分内容请参见本书中的相关章节或其他文献资料。一旦增产技术确定下来，即可对模型和参数进行设置。

2）确定和优化井型、井间距以及井网类型等，这部分在本章的前面已经做了较详细的讨论。但这里是针对整个井田布井，而不是单个井网。所以，最终形成井的数目可能为成百上千个甚至数千个。

3）最后，利用模拟软件对不同的井网进行模拟，利用与 6.3 节类似的方法，即可预测整个气田在未来一定时间内的排采表现，从而实现对整个井田的产能预测。

煤层气田开发产能预测工作所涉及的数据和计算量非常大，像 COMET 和国内自行研制的一些功能较为单一的软件可能难以胜任数据量如此浩大的建模工作，此外在软件运行速度和稳定性方面也可能出现问题。而斯伦贝谢的 ECLIPSE 等功能相对完善的大型软件则能够较好地发挥作用。但这类软件常常是针对常规油气田设计研制的，其核心模型不是针对常规油气开发，仅在一定程度上兼顾到煤层气等非常规天然气，因此不一定能够很好地完成像煤层气井历史拟合这类工作。所以，在进行这项工作时，常常把多个软件结合起来，灵活发挥各自的特长，完成模拟研究任务。

7.2 研究实例

下面以华北某煤层气开发区块为例，介绍利用储层模拟技术对煤层气田进行开发评价预测的具体工作过程。资料主要源自程宝洲（1992）、刘焕杰等（1998）和秦勇和宋党育（1998）。

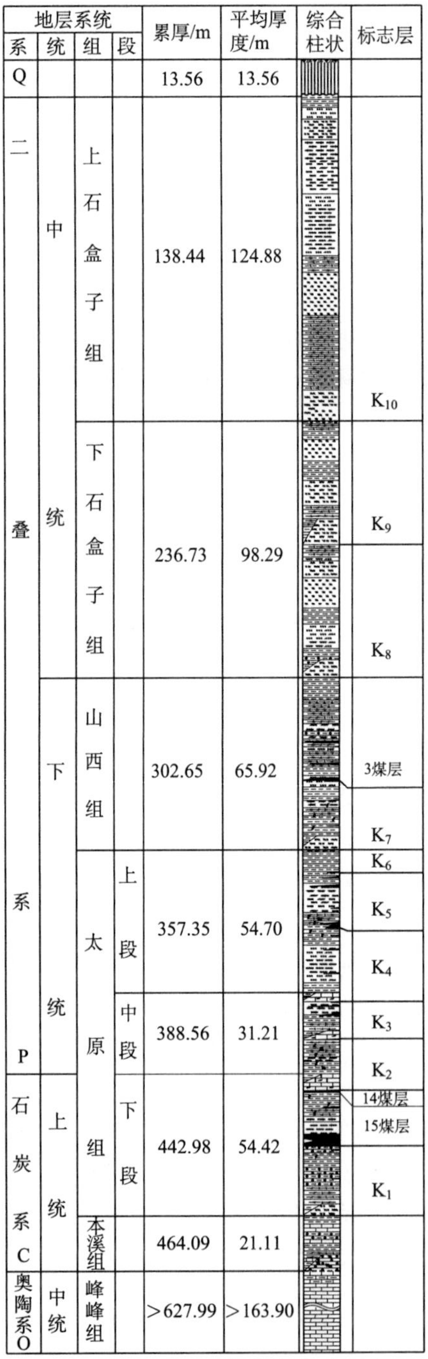

7.2.1 基础地质

7.2.1.1 地层

区块内赋存奥陶系中统峰峰组、石炭系上统本溪组、石炭系上统—二叠系下统太原组、二叠系下统山西组、二叠系中统下石盒子组、二叠系中统上石盒子组和第四系等（图 7.1）。区内大部被第四系黄土覆盖，基岩呈半裸露状。出露地层为上石盒子组和下石盒子组。现结合钻孔揭露情况对区内的地层由老至新描述如下。

奥陶系中统峰峰组（O_2f）

区内的所有钻孔均未钻达本组底界，钻孔揭露最大厚度 163.90m，岩性主要为灰白色、青灰色、深灰色厚层状含燧石结核隐晶灰岩、淡黄色白云岩、灰黄色白云质灰岩和泥灰岩等，顶部往往因铁质浸染呈褐红色，石灰岩坚硬致密、性脆、质纯，方解石脉充填于裂隙中。局部发育缝合线构造。此外，本组岩溶发育。

石炭系上统本溪组（C_2b）

平行不整合于下伏峰峰组石灰岩侵蚀面之上，为一套海陆交互相沉积。岩性主要为深灰、灰黑色砂质泥岩、碳色铝质泥岩，夹 1～3 层薄煤层和海相石灰岩，局部含铝质较高为铝土岩，含有黄铁矿结核。底部为灰色含黄铁矿铝质泥岩，该层铁铝质岩石是上石炭统与奥陶系的分界标志层，即 G 层铝质泥岩。全组厚 13.97～30.00m，平均厚 21.11m。

地层系统				累厚/m	平均厚度/m	综合柱状	标志层
系	统	组	段				
Q				13.56	13.56		
二叠系	中统	上石盒子组		138.44	124.88		K_{10}
	下统	下石盒子组		236.73	98.29		K_9 K_8
	下统	山西组		302.65	65.92		3煤层 K_7
		太原组	上段	357.35	54.70		K_6 K_5 K_4
石炭系 P		太原组	中段	388.56	31.21		K_3 K_2
	上统	太原组	下段	442.98	54.42		14煤层 15煤层 K_1
石炭系 C		本溪组		464.09	21.11		
奥陶系 O	中统	峰峰组		>627.99	>163.90		

图 7.1 区块地层综合柱状示意图

石炭系上统—二叠系下统太原组(C_2-P_1t)

是区内主要含煤地层之一，零星出露于区块东南边缘，与下伏本溪组呈整合接触。为海陆交互相沉积，岩性主要为灰黑色、深灰色泥岩、砂质泥岩、粗、中、细粒砂岩夹石灰岩及煤层。本组含煤 18 层和 K_2、K_3、K_4、K_5、K_6 等石灰岩 5 层。可分为上、中、下三段，全组厚 76.00～164.97m，平均 140.33m。

二叠系下统山西组(P_1s)

是区内主要含煤地层之一，整合于太原组之上。为一套内陆河流湖泊相-三角洲相含煤地层。岩性为深灰、灰黑色细砂岩、粉砂岩、砂质泥岩、泥岩、碳质泥岩和煤层，下部偶含一透镜状薄层石灰岩。底部为灰、灰白色石英砂岩或长石石英砂岩(K_7，北岔沟砂岩)，该砂岩是山西组和太原组的分界标志层。含煤 2～13 层。在区块东部边缘有零星出露。本组厚 13.50～114.16m，平均 65.92m。

二叠系中统下石盒子组(P_2x)

为陆相沉积地层，出露于区块东部。与山西组地层整合接触。下部岩性以灰白、灰黑色中粗粒砂岩为主，夹有灰色细粉砂岩及灰色、深灰色泥岩，局部夹灰、灰绿色铝质泥岩，底部为骆驼脖子砂岩(K_8)，是本组底界的分界标志层。上部以灰白、灰黑、灰绿色砂岩、灰黑色泥岩为主，夹有杂色泥岩。顶部普遍发育一层灰、浅紫、褐黄色等杂色铝质泥岩，俗称"桃花泥岩"，亦为区内的重要标志层。本组地层厚度为 0.00～247.70m，平均 98.29m。

第四系(Q)

区内分布较普遍，与下伏地层呈不整合接触。岩性一般为风成黄土及砂土，砾石等冲积层或洪积层，地层厚度为 0.00～72.70m，平均 13.56m。

7.2.1.2　构造

总体而言，区块内构造较简单(图 7.2)。地层总体呈走向 NE、倾向 NW 的单斜构造，地层倾角平缓，一般在 15°左右。区内发育宽缓的小规模褶皱 7 个，其中背斜 3 个、向斜 4 个。这些褶皱主要为与地层倾向近于平行的 NW-NWW 向宽缓褶曲，其次为与地层倾向近于垂直的 NE-NNE 向宽缓或膝状褶曲。区内发育断层 12 条，主要为正断层，其次为低角度逆掩断层。断层走向以 NE 向为主，部分为 NNE 向、NS 向，极少NW 向，倾向多变，但以 NW 或 SE 向为主。

7.2.2　煤层气地质

7.2.2.1　煤层和煤质

煤层气开发目的层为位于太原组下段中下部的 15 煤层。煤层埋深为 83.78～602.96m，平均 330.92m，下距奥陶纪灰岩 36.19～50.02m。该煤层横向稳定，厚度在3.45～7.60m，平均 4.46m。图 7.3 反映了 15 煤层的厚度变化情况，区块东北部最厚，向西南部逐渐减薄。含夹矸 0～3 层，区块西南部基本不含夹矸，东南部常含夹矸 1 层，

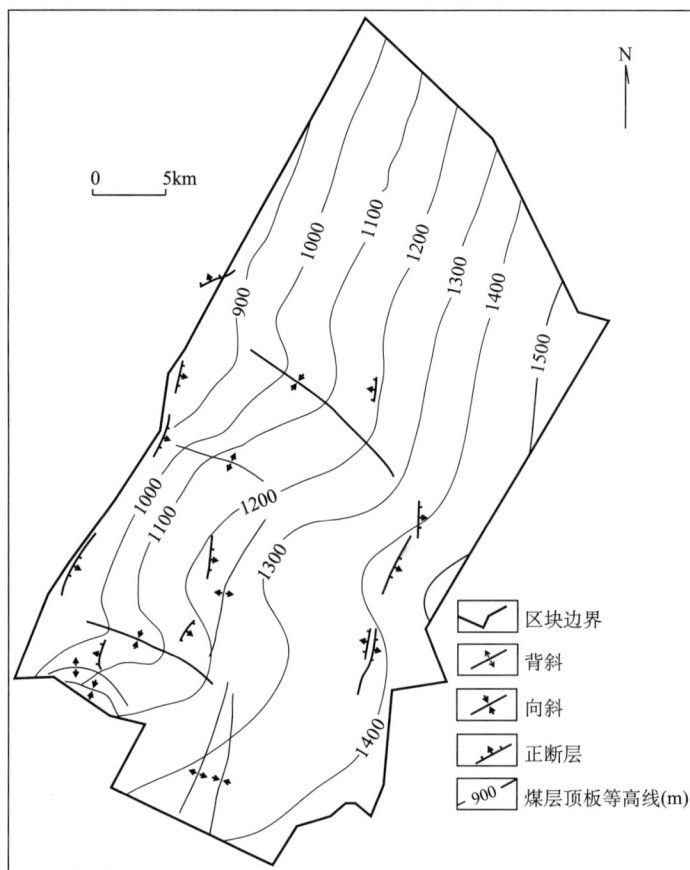

图 7.2 研究区构造简图(含 15 煤层底板等高线)

北部、中北部均含夹矸。中西部和东北部常含夹矸 2 层以上。顶板岩性多为泥岩,节理、裂隙发育,局部为碳质泥岩和灰、灰黑色中粒砂岩。底板岩性多为灰色铝质泥岩,质软,节理较发育。

15 煤层宏观煤岩类型以半亮煤为主,半暗煤和暗淡煤局部发育,未见到光亮煤。煤显微煤岩组分以镜质组为主,70%以上,其次是丝质组,15.9%~27.0%,半镜质组分最少,小于 3%。无机组分主要是黏土类和硫化铁类。矿物以充填状、分散状、团块状、粒状分布于煤中。镜质组最大反射率(R_{max}^o)在 1.91%~2.03%,属瘦煤-无烟煤。

15 煤层灰分在 14.41%~36.30%,总体特征为从南向北、由西向东呈现先增加后减小的趋势(图 7.4)。煤层硫分含量在 0.41%~4.52%,平面上总的趋势是西部低于东部,南部低于北部,中高硫煤和高硫煤集中在矿井的东北角。该煤层原煤形态硫均以硫化铁硫为主,有机硫次之,硫酸盐硫最少。

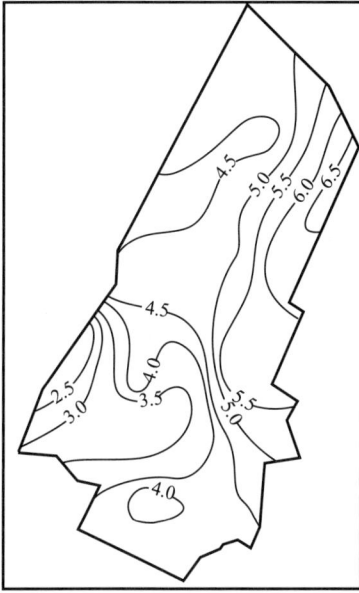

图 7.3　15 煤层厚度等值线图(m)

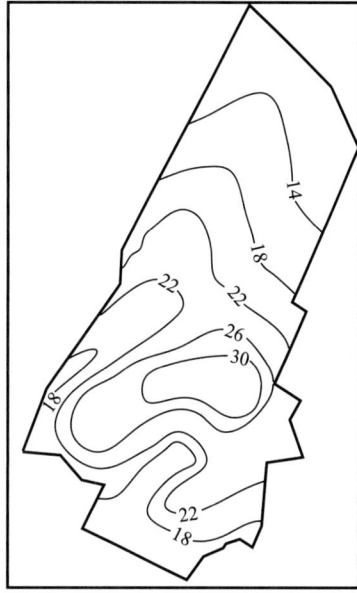

图 7.4　15 煤层灰分等值线图(%)

7.2.2.2　含气性

含气性特征主要通过本区煤田地质勘探和煤层气勘探成果归纳总结而得。钻孔煤层气测试结果如表 7.1 所示。由表可知，所测钻孔 CH_4、CO_2 和 N_2 百分含量分别介于 67.14%～95.41%、0.74%～10.91% 和 1.17%～22.88%，含气量介于 5.23～20.24m^3/t。为了确定本区甲烷风化带深度，根据表 7.1 绘制了各钻孔 15 煤层平均埋深与 CH_4 百分含量之间的散点图(图 7.5)并进行拟合。由此推断本区甲烷风化带深度约为 380m。甲烷风化带之上为 N_2-CH_4 带；甲烷风化带之下储层含气量一般高于 16m^3/t。这是后面进行全区块布井的重要依据之一。

表 7.1　钻孔煤层气测试成果表

孔号	煤层号	埋深/m	平均埋深/m	CH_4/%	CO_2/%	N_2/%	含气量/(m^3/t)
1-1	15	530.17～531.05	530.61	90.87	2.41	6.72	17.07
2-1	15	332.33～332.50	332.42	75.36	1.76	22.88	8.52
2-2	15	331.12～331.30	331.21	78.10	1.87	20.03	9.43
3-1	15	408.98～410.98	409.98	70.35	0.74	28.91	9.01
3-2	15	410.98～413.48	412.23	67.14	2.18	30.68	97.07
4-1	15	419.14～419.34	419.24	78.97	1.81	19.22	16.64
4-2	15	422.00～422.20	422.10	80.86	0.95	18.19	10.19
5-1	15	530.17～531.05	530.61	95.41	1.01	3.58	13.99

续表

孔号	煤层号	埋深/m	平均埋深/m	CH₄/%	CO₂/%	N₂/%	含气量/(m³/t)
5-2	15	530.23~530.43	530.33	94.83	1.84	3.33	15.95
6-2	15	448.76~448.87	448.82	72.88	8.11	19.01	8.06
8-1	15	440.70~441.30	441.00	75.67	1.50	22.83	8.68
8-2	15	440.17~441.30	440.74	71.80	10.91	17.29	9.01
8-3	15	439.90~440.40	440.15	78.45	7.68	13.87	9.23
9-1	15	599.86~601.86	600.86	94.45	4.27	1.28	18.96
9-2	15	601.86~602.86	602.36	93.49	5.34	1.17	20.24

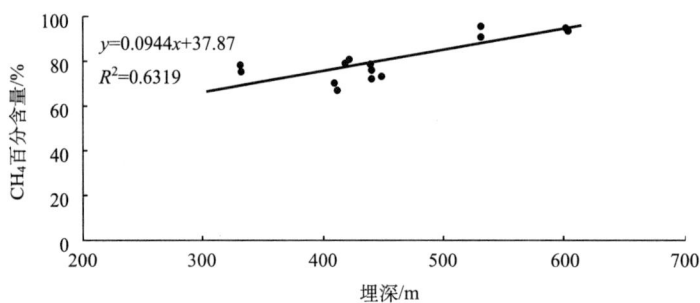

图 7.5   15 煤层平均埋深与 CH₄ 百分含量线性拟合图

图 7.6 表示了本区 15 煤层含气量分布情况。由图可见，15 煤层含气量在 8.52~

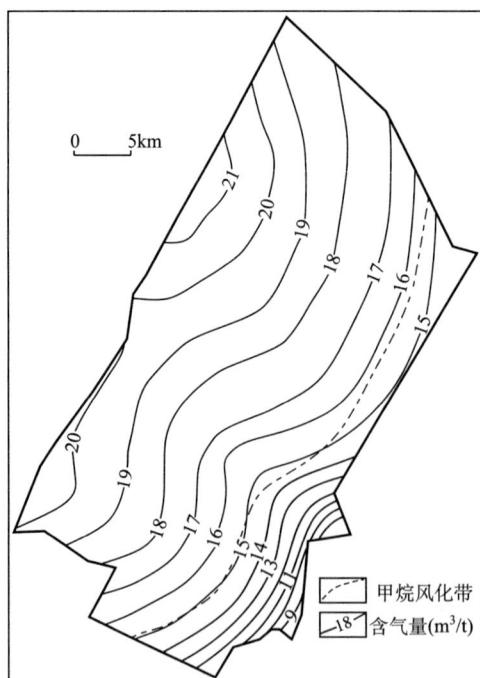

图 7.6   15 煤层含气量等值线图

$20.24m^3/t$，总体随着煤层埋深的增大而增高。同时，在煤层走向方向上存在一系列波动，即出现含气量高低依次变化的现象。

7.2.2.3 储层物性

根据研究区 15 煤层样品真密度和视密度换算得到的孔隙度值介于 $1.3\% \sim 3.6\%$，平均为 2.3%。实验室测试结果表明，储层孔隙分布的总体特征是微孔和过渡孔非常发育，占孔隙 80% 以上，而大孔和中孔不发育。煤样等温吸附测试表明储层的 Langmuir 体积介于 $32 \sim 42m^3/t$，Langmuir 压力在 $2 \sim 3MPa$。储层的吸附时间变化范围较大，为 $5 \sim 25$ 天。

采用注入/压降法对区内 4 口井 15 煤层进行了试井测试(表 7.2)，结果显示 15 煤层渗透率在 $0.226 \sim 1.735mD$，煤储层渗透率相对较低。表 7.2 同时表明 4 口井 15 煤层埋深介于 $936.2 \sim 1142.9m$，其储层压力介于 $3.73 \sim 5.36MPa$，基本为欠压储层，储层压力梯度一般小于 $0.5MPa/100m$。

表 7.2   研究区煤储层注入/压降测试成果表

项目 \ 井号	TD01	TD02	TD03	TD04
测试储层	15 煤层	15 煤层	15 煤层	15 煤层
测试方式	裸眼	套管	套管	裸眼
煤层埋深/m	936	1098	1142	1096
储层压力/MPa	4.3797	3.9541	3.7228	5.3594
压力梯度/(MPa/100m)	0.47	0.36	0.33	0.49
渗透率/$10^{-3}\mu m^2$	1.735	0.226	0.325	1.398

7.2.3 地面开发试验

在勘探期间全区块共施工了四口地面开发试验井，简介如下。

（1）TD01 井

该井为煤层气生产实验直井，其 228 天排采曲线如图 7.7 所示，整个排采过程可分为三个阶段。前 30 天为排采降压阶段，没有气体产出，产水速率逐渐增加，最高达 $10m^3/d$，井底流压逐渐降至 $2MPa$ 左右。第 31 天至第 120 天为产气量上升阶段，阶段内产气速率逐渐增高，最高达 $1346m^3/d$，产水速率逐渐降低至 $3.5m^3/d$，井底流压从 $2MPa$ 逐渐降低至 $0.3MPa$ 左右。剩余时间为产气量降低阶段，阶段内产气速率呈降低的趋势，最低为 $317m^3/d$，产水速率基本稳定在 $3m^3/d$ 左右，井底流压基本稳定在 $0.3MPa$ 左右。该井产气速率总体偏低，排采效果一般。

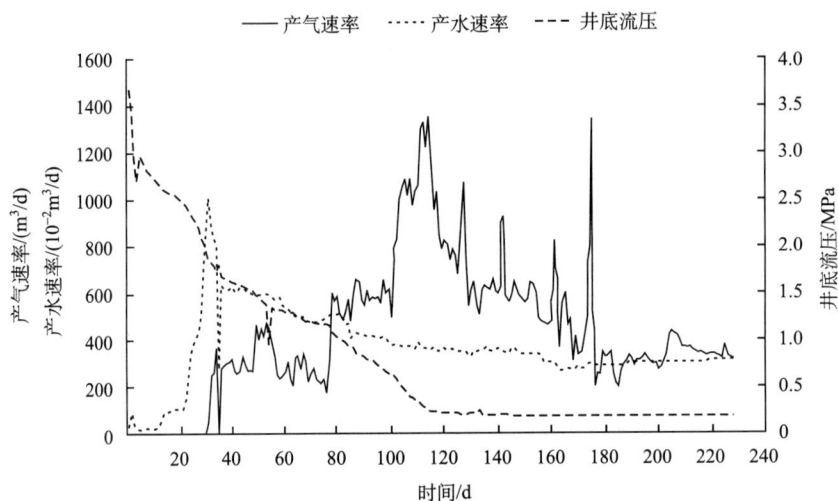

图 7.7　TD01 井排采曲线

（2）TD02 井

该井亦为区内煤层气排采试验直井，其排采曲线见图 7.8。井的排采过程可划分为两个阶段。排水降压阶段历时 20 天，此阶段内产水速率呈小幅度波动并略有下降，基本上没有气体产出，仅在最后 3 天开始少量产气。井底流压从 2.82MPa 缓慢降低至1.85MPa。第二阶段为产气阶段，历时 120 天。此阶段内产气速率总体呈波动式上升，分别在 33 天、85 天和 112 天出现 3 个高值，最高产气速率达到 1421.26m³/d，之后稳定并开始缓慢下降。此阶段内产水速率早期呈波动状态，后期平稳下降，从最高14.23m³/d 逐渐下降至第三阶段末的 1.32m³/d。井底流压持续缓慢下降，从 1.85MPa下降到 0.25MPa。该井后期产气速率均在 1000m³/d 以上，排采效果尚可。

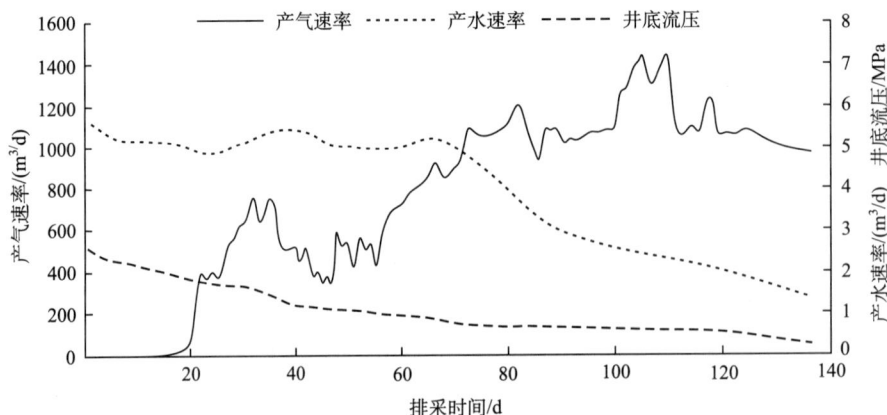

图 7.8　TD02 井排采曲线

（3）TD03 井

该井的排采曲线见图7.9。其最高产气速率为1843m³/d，呈现两个台阶式上升的总体趋势，累计产气量171451m³。产水速率介于0.4～9.5m³/d，累计产水量798.19m³。动液面始终在煤层顶面之上，与产气速率相反，整体呈台阶式下降趋势，最终降至−882m（相对于地表）。该井后期产气速率较高，人为预测其将会具有良好的排采表现。

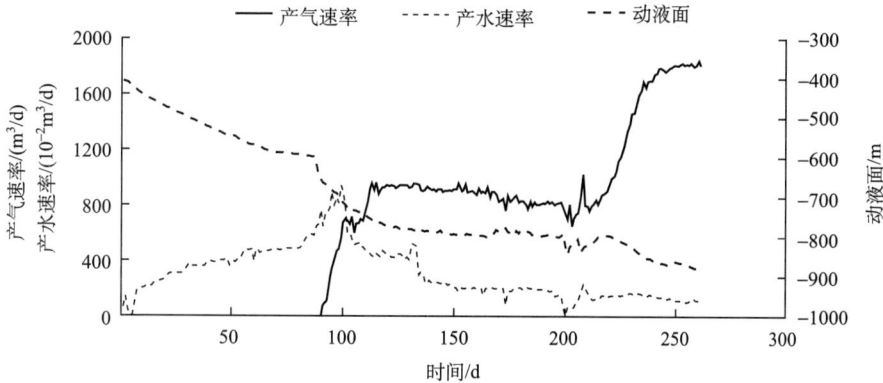

图7.9　TD03井排采曲线

（4）TD04 井

该井的排采曲线如图7.10所示，其排采过程可分为两个阶段。排水降压阶段持续了17天，阶段内没有气体产出，产水速率从0增加至3m³/d左右，动液面从−300m降至−600m（相对于地表）。不稳定排采阶段从17天延续至30天，此阶段内产气速率快速升至1460m³/d，产水速率先降后升，平均1.8m³/d左右，动液面继续下降至−700m。稳定排采阶段从31天延续至166天，阶段内产气速率较为稳定，平均1300m³/d左右，产水速率也较为稳定，约为1m³/d，动液面亦稳定在−700m左右。

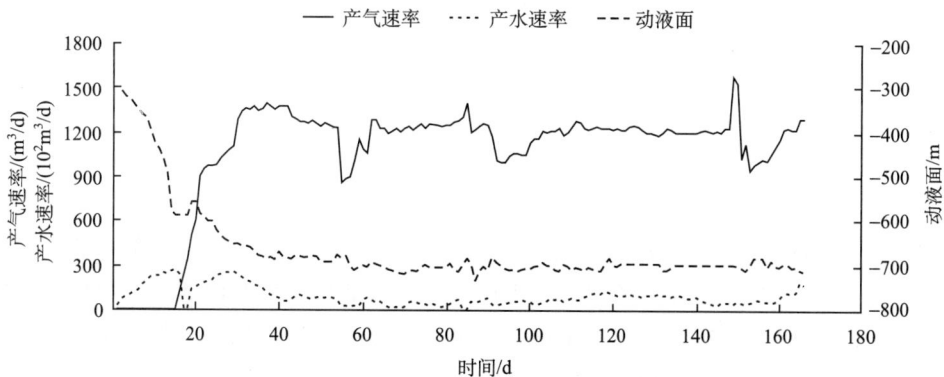

图7.10　TD04井排采曲线

该井的产气速率总体稳定，排采效果尚可。

7.2.4 单井和小井组模拟

单井模拟的目的是对地质勘探和地面开发试验获得的储层参数进行优化校正。其基本思路是首先进行参数的敏感性分析，确定需要调整的参数；再利用历史拟合方法校正这些参数；然后进行单井和水平井的产能预测；最后优化小井组井间距并进行井组产能预测。

7.2.4.1 敏感性分析

储层参数敏感性分析是研究产气速率对储层参数变化的敏感性。在分析过程中，首先根据地质条件大致确定储层参数的数值范围，在此范围内改变参数数值，通过观察因储层参数赋值的改变而导致煤层气井产量改变幅度的大小来确定储层参数的敏感性。显然，如果调整某个参数，井产量大幅度变化，则该参数的敏感性高；反之，如果改变参数数值而井产量变化不大，则该参数的敏感性低。只有敏感性高的参数才需要进行历史拟合校正。

这里运用储层模拟软件 COMET3 对基本参数进行敏感性分析，分析参数包括储层压力、含气量、孔隙度及 Langmuir 参数等。根据本区地质条件设定了这些参数的变化范围，如表 7.3 所示。对其中的各项参数进行敏感性分析的具体方法是将被分析的参数按照一定数值间隔取值并分别将它们输入软件，通过计算即可得到不同的产气速率数据，在计算过程中，其他参数采用的是平均值并且一直保持不变。计算结果如图 7.11 所示。

表 7.3 敏感性分析参数范围

参数	煤层厚度/m	孔隙度/%	V_L/(m³/t)	P_L/MPa	含气量/(m³/t)
范围	3~7	1~4	32~42	2~3	6~20
参数	吸附时间/d	渗透率/10⁻³ μm²	储层压力/MPa	压裂裂缝半长/m	最大产水速率/m³
范围	5~25	0.05~2	3~6	50~140	2~12

敏感性分析结果表明，按照对产气能力的影响程度，上述 10 种不同的参数可以分为三类。第一类参数包括储层压力、煤厚、含气量、渗透率、Langmuir 体积和 Langmuir 压力。它们对产气量的影响极为敏感，在 15 年的排采期内对产气量均有较高程度的影响。第二类参数包括最大产水速率、孔隙度和裂缝半长。它们对产气速率具有一定的影响，但影响程度不如第一类参数，仅在排采过程的某一个阶段影响较大，其他时间影响甚小。第三类参数是吸附时间，它对产气量的影响相对很小。

第一类参数中，煤厚和 Langmuir 参数的测试都是相对较准确的。含气量的测试未考虑残余气，可能会存在较大的误差。由试井测试的储层压力和渗透率的取值也可能存在较大的误差。因此在拟合过程中主调含气量、渗透率和储层压力。第二类参数中，最大产水速率和裂缝半长数据相对准确，而孔隙度可能存在一定的误差，是拟合过程中可以辅助调整的参数。第三类参数影响较小，加之测试较准，不作调整。

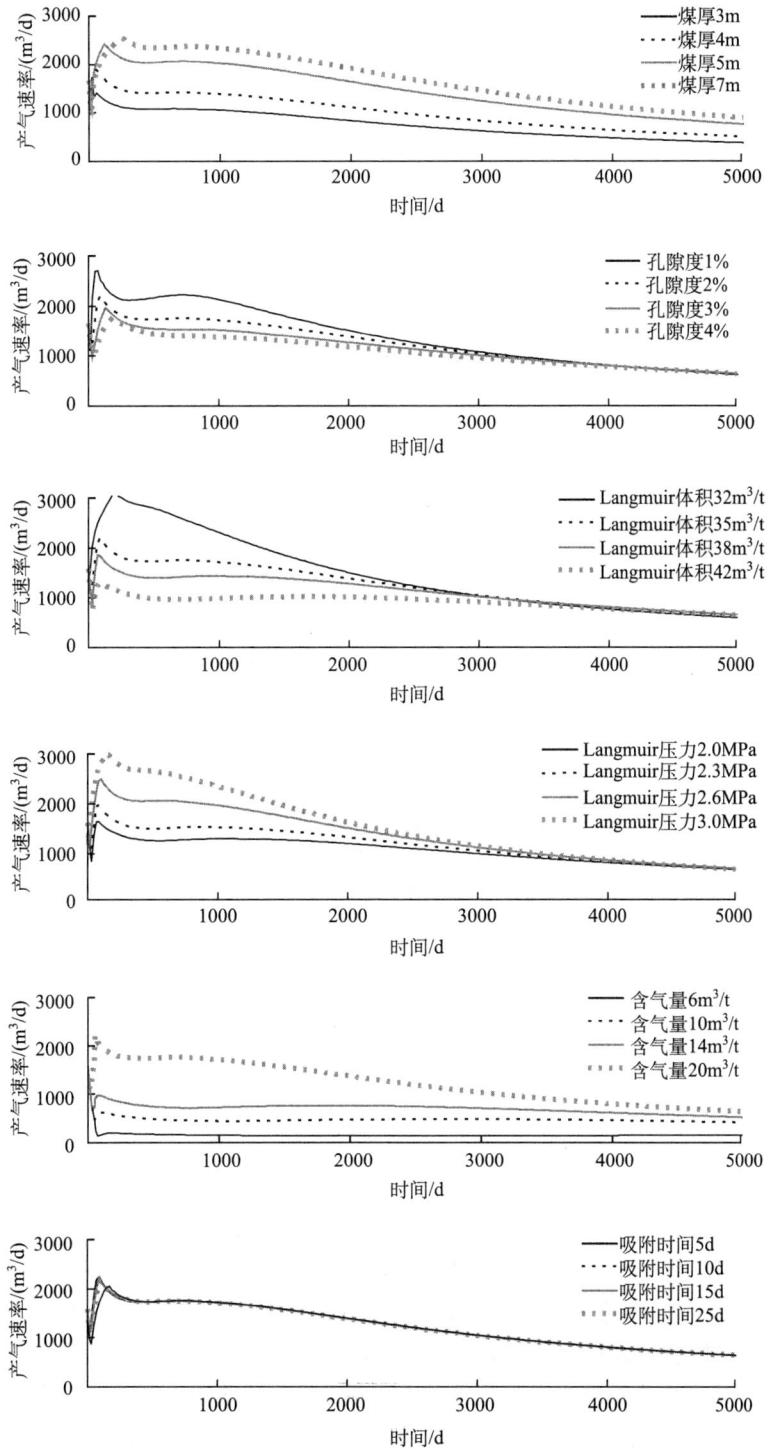

图 7.11 储层参数敏感性分析成果

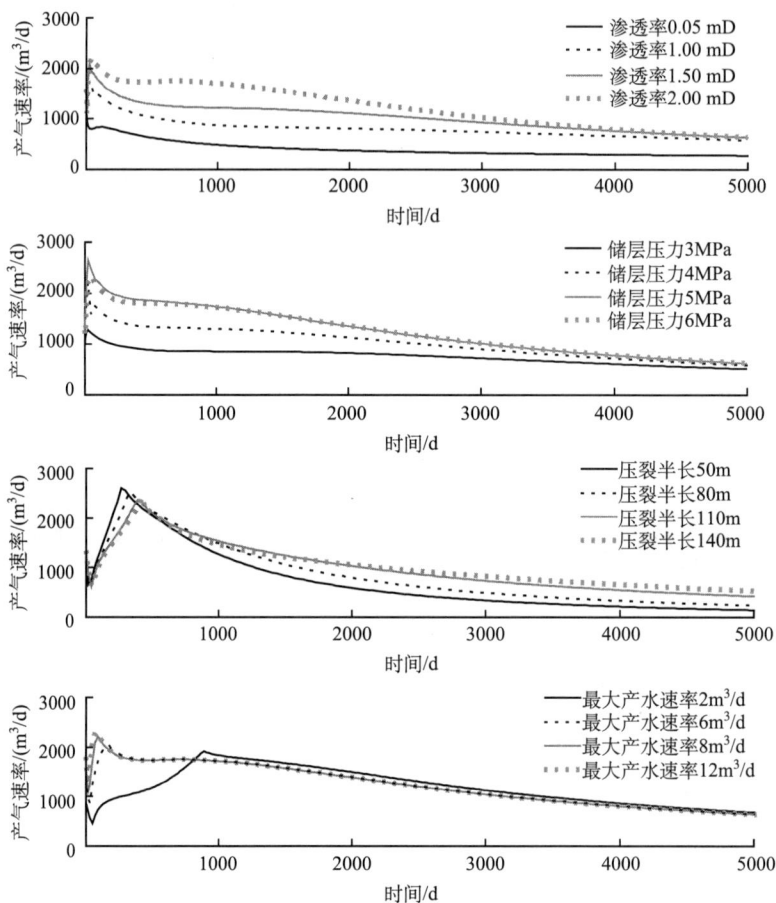

图 7.11　储层参数敏感性分析成果(续)

7.2.4.2　历史拟合和单井产能预测

根据煤层气井资料，结合研究区煤层气地质特征，在进行历史拟合计算时，选取了煤层埋深、厚度、含气量、储层压力、Langmuir 参数、裂隙孔隙度和渗透率等作为调整参数(表 7.4)，利用 COMET3 数值模拟软件对 TD01、TD02、TD03 和 TD04 井进行历史拟合分析和产能预测。

根据上述 4 口井的实际排采曲线，结合各井的储层参数，对每口井的产气数据进行了多次拟合计算，最终得到 4 口井的产气速率历史拟合曲线和相关调整后的参数，拟合结果如图 7.12 所示，拟合过程中调整的参数如表 7.4 所示。由图 7.12 可知，4 口井的拟合效果较好，拟合过程调整参数的结果可信。

进一步采用调整的储层参数对 4 口煤层气井进行 10 年的产能预测(图 7.13)。4 口井 10 年的预测总产气量介于 $267.9 \times 10^4 \sim 527.5 \times 10^4 m^3$，TD03 井最高，TD04 井最低。平均产气速率介于 $733 \sim 1445 m^3/d$，平均产能基本达到 $1000 m^3/d$，因此该区块可以进行规模性煤层气开发。

表 7.4　数值模拟及历史拟合参数汇总表

煤层气井 模拟参数	TD01		TD02		TD03		TD04	
	实测	拟合	实测	拟合	实测	拟合	实测	拟合
埋深/m	936.00	—	1098.00	—	1142.00	—	1096.00	—
煤厚/m	4.20	—	4.41	—	5.10	—	5.20	—
含气量/(m³/t)	12.86	13.01	13.73	13.30	15.92	14.50	11.04	12.40
储层压力/MPa	4.38	—	3.95	—	3.72	—	5.36	—
V_L/(m³/t)	32.18	—	32.36	—	31.86	—	32.18	—
P_L/MPa	2.22	—	2.30	—	2.77	—	2.22	—
裂隙孔隙度/%	1.70	1.50	1.50	1.30	1.80	1.60	1.30	1.10
渗透率/$10^{-3}\mu m^2$	1.74	2.00	0.23	0.80	0.33	1.00	1.40	1.50

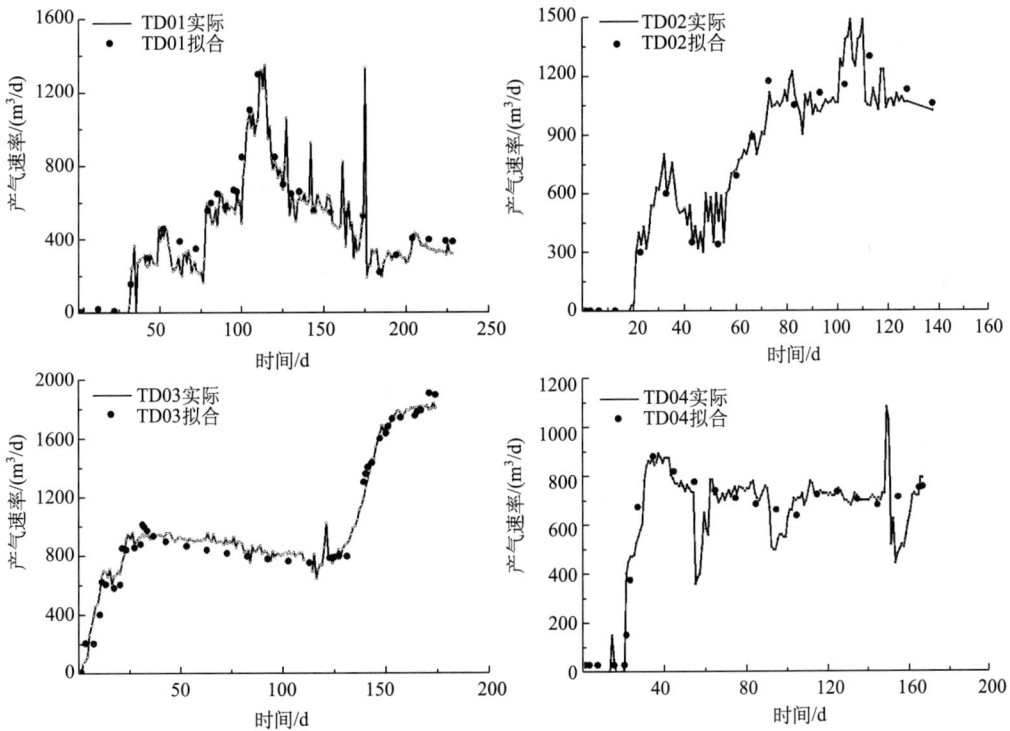

图 7.12　4 口煤层气井历史拟合曲线

模拟过程中通过拟合得到的气水相对渗透率曲线如图 7.14 所示。

7.2.4.3　水平井产能模拟

这里尝试利用 COMET3 软件对水平井的排采表现做一个简单的模拟。由于 COM-

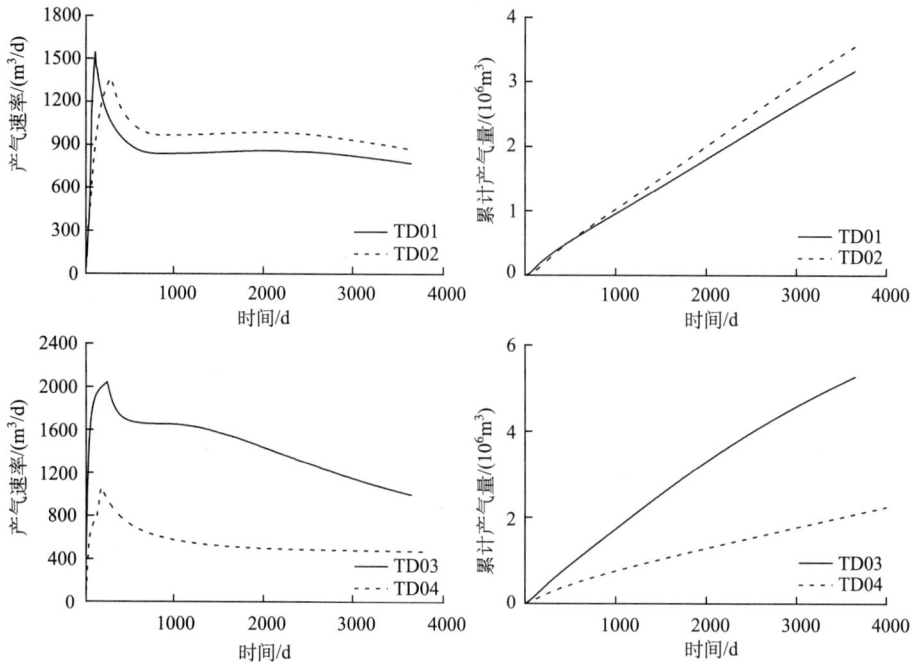

图 7.13 4 口煤层气井 10 年产量预测

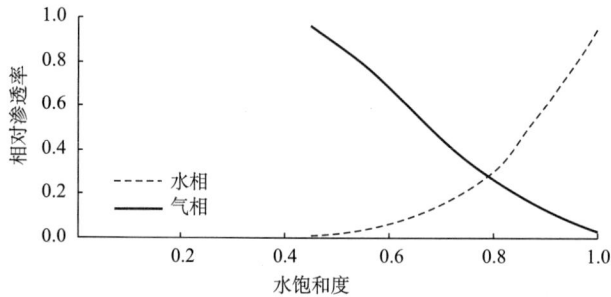

图 7.14 模拟过程中拟合得到的气水相对渗透率曲线

ET3 建模功能的限制，只对单个水平井段进行模拟。网格剖分如图 7.15 所示，水平井的井筒由在 x、y 方向上长度分别为 1m 和 20m 的网格模拟，在 z 方向上并未进一步剖分（更加精细的模拟应该用多层网格来进行）。根据上节拟合结果选取的参数如表 7.5 所示。不同的水平段长度对产能的影响如图 7.16 和表 7.6 所示。

表 7.5 水平井参数选值

埋深/m	煤厚/m	储层压力/MPa	含气量/(m³/t)	渗透率/$10^{-3}\mu m^2$	水平段长度/m
960.00～965.00	5.00	4.73	15.00	1.50	400.00～1200.00

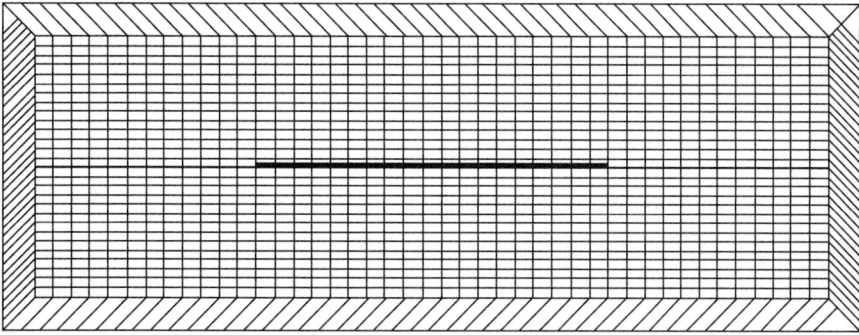

图 7.15　水平井网格剖分

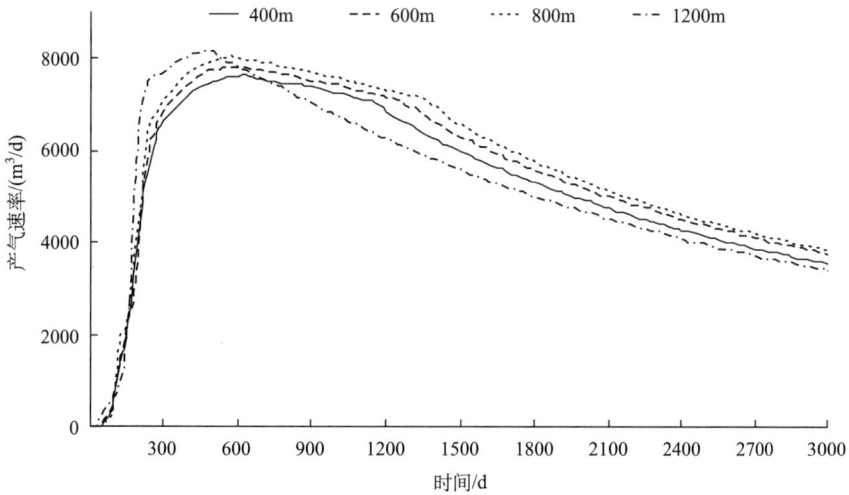

图 7.16　不同水平段长度的水平井产能预测

表 7.6　水平井 10 年产气量预测表

水平段长度/m	平均产气速率/(m³/d)	10 年累计产气量/10⁸m³
400	5469	0.180
600	5704	0.188
800	5874	0.194
1200	5351	0.176

由表 7.6 可知，当水平段长度为 800m 时井的产量最高，平均产气速率能达 5874m³/d，10 年预测累计产气量为 $0.194 \times 10^8 \mathrm{m}^3$。此外，对比表 7.6 和图 7.13 可以发现一口水平井的产气能力为直井的 4～5 倍。结合其他因素如地质条件、工程和经济等，可以为井型选择和决策提供依据。

以上对单段水平井进行了模拟，这只是 U 型井的情形。由于软件的限制，没有进行水平羽状井的模拟。对水平羽状井的储层模拟研究存在着边界条件复杂和运算量大等诸多难题，随着水平羽状井开发工作的开展，已经出现了一些专门用于水平羽状井的储层模拟软件，此类工作国内外有一些报道（张亚蒲，2005；吴晓东等，2007），相信会有更多的成果涌现出来。

7.2.4.4　小井组井间距优选

为了得到在整个区块布井时的合理井间距，需要对小井组做井间距优化，初步得出合理的井间距。

对小区域布置一个 4 口井的矩形井网，区域大小分别选取 250m×200m、300m×250m、350m×300m、400m×350m，每个角点的煤层气井提供 1/4 的产能，全区的产能相当于一口位于中心的煤层气井的产能，如图 7.17 所示。

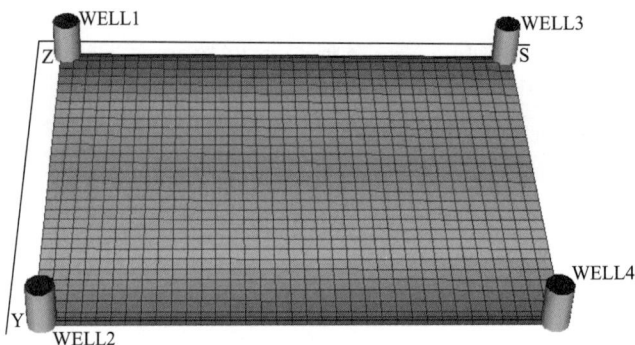

图 7.17　小井组井网模型示意图

进一步利用拟合计算得到的参数值来预测不同井间距的产能，结果如图 7.18 所示。由预测结果可知，350m×300m 的井间距能提供最大的产能，累计产气量最高，稳产年限最长。因此可断定在对整个区块布井时应选用 350m×300m 的井间距。

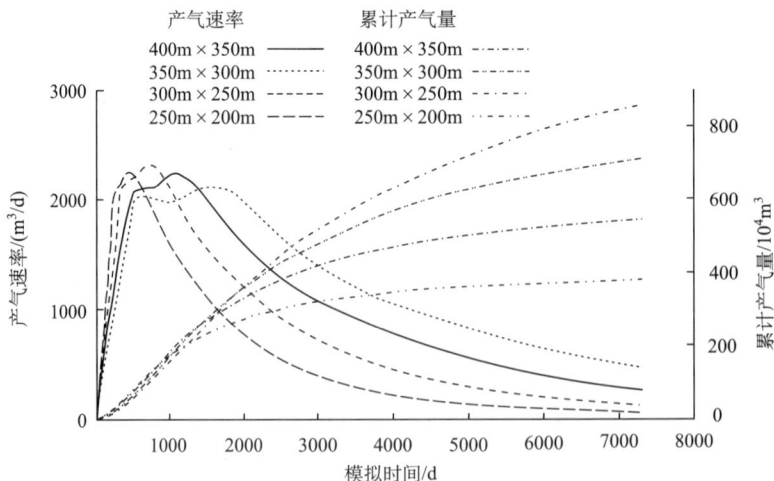

图 7.18　矩形井网煤层气井井间距优化

7.2.5 全区块煤层气井产能模拟

单井和小井网模拟计算成果为全区块开发效果预测评价研究打下了基础。全区块研究包括地质建模、产能分析和开发效果分析等内容。

7.2.5.1 地质建模

这里采用 ECLIPSE 软件中的 FloGrid 模块建立地质模型。主要是考虑 ECLIPSE 软件能够容纳全区块的数据，同时具有较快的运行速度和较好的预测效果，相对 COMET3 等软件而言，更适用于后期全气田或大井组的产能预测。地质模型的内容包括 15 煤层空间特征、含气性特征、储层物性特征等。图 7.19 和图 7.20 是通过软件系统显示的煤层埋深和煤层厚度模型。

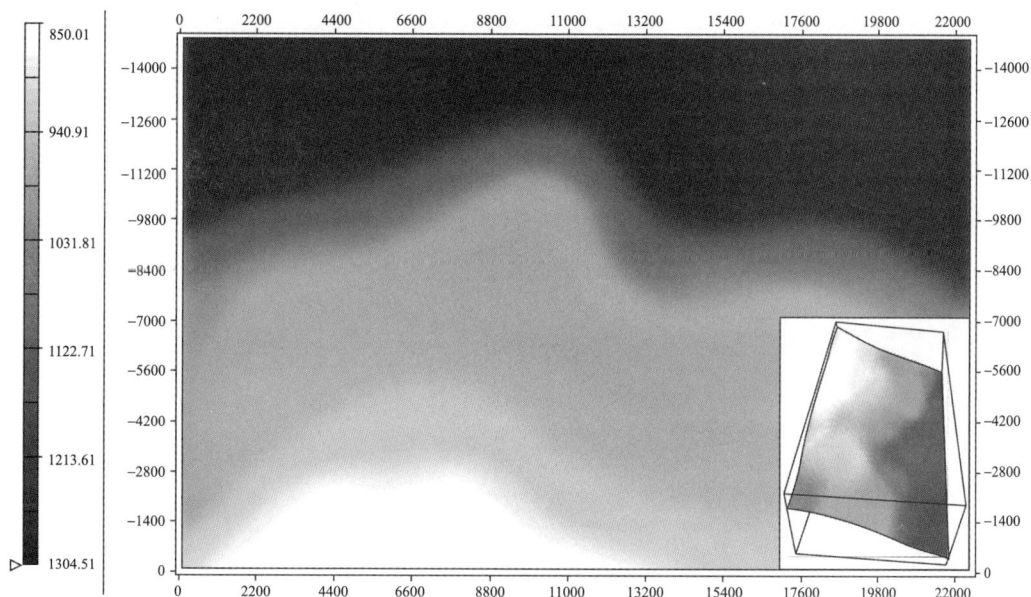

图 7.19 由 ECLIPSE 软件生成的埋深模型(m)(平面图顺时针旋转 $90°$)

7.2.5.2 区块产能预测

在前面工作的基础上对全区布井并预测全区块煤层气地面开发的表现。布井时采用前面获得的最佳井间距 300m×350m，除甲烷风化带范围之外在全区总共布井 1924 口，如图 7.21 所示。

进一步运用 ECLIPSE 软件系统的模拟器进行产能预测，结果如图 7.22 和表 7.7 所示。按照 300m×350m 的井间距布井，开始排采约 3 年后全区块达到最高产气速率 $409.47×10^4 \text{ m}^3$，15 年的排采时间内，单井平均产气速率为 1091.1m³/d，全区块年平均年产气量为 $7.01×10^8 \text{ m}^3$，累计产气量为 $105.0×10^8 \text{ m}^3$。

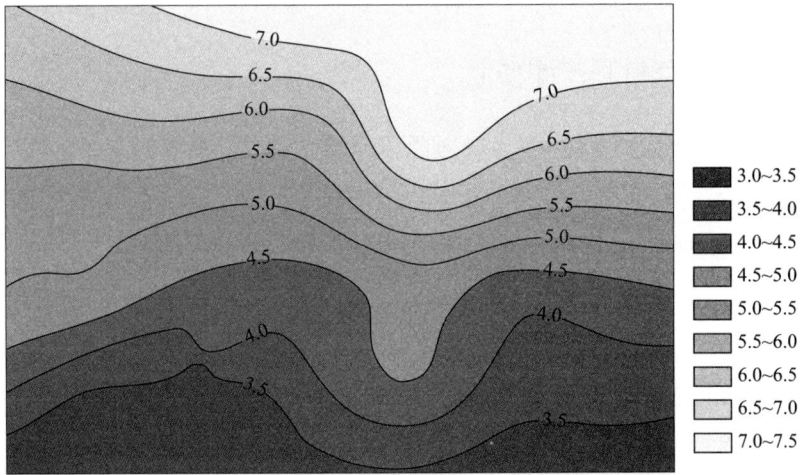

图 7.20 由 ECLIPSE 生成的 15 煤层煤厚模型（m）（平面图顺时针旋转 90°）

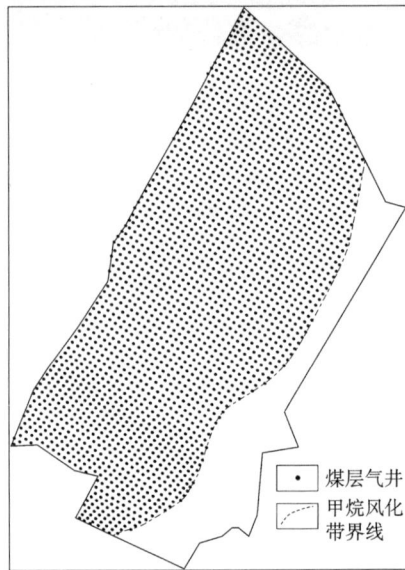

图 7.21 全区块井位布置图

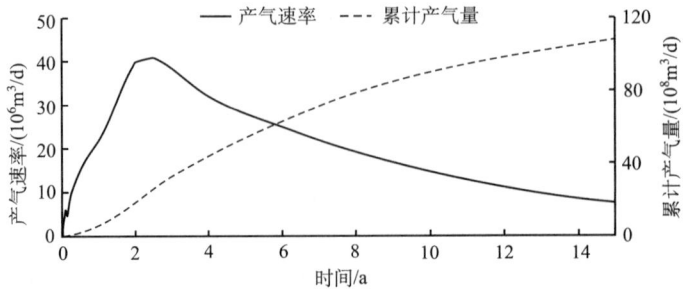

图 7.22 全区块 15 年产能预测曲线图

表 7.7 全气田煤层气井组产能情况表(300m×350m)

生产年限/a	单井产气速率/(m³/d)	全区块年产量/10⁸m³	累计产量/10⁸m³
1	888.5	5.7	5.7
2	1184.6	7.6	13.3
3	1917.3	12.3	25.6
4	1418.5	9.1	34.7
5	1496.4	9.6	44.3
6	1589.9	10.2	54.5
7	1418.5	9.1	63.6
8	1247.1	8.0	71.6
9	1091.1	7.0	78.6
10	950.8	6.1	84.7
11	810.5	5.2	89.9
12	717.1	4.6	94.5
13	607.9	3.9	98.4
14	561.1	3.6	102.0
15	467.6	3.0	105.0
平均	1091.1	7.0	

模拟计算结果表明该气田具有良好的开发潜势。进一步粗略估算气田开发的经济参数如表 7.8 所示。总收益可达 26.37×10^8 元,效益非常可观。

表 7.8 300m×350m 的井间距布井经济评价表

间距	井数	平均年产气量/10⁸m³	采收率/%	总投入/10⁸元	总产出/10⁸元	总收益/10⁸元	收益率
300m×350m	1944	7.01	53.41	50.73	77.11	26.37	0.52

下面对气田开发工程预测与评价研究做一个小结。

气田规模的储层模拟有一些特殊性,其最大的特点是海量的基础数据和计算成果数据。本例中近 2000 口直井带来了数以万计的数据量,这给模拟软件系统带来了很大的压力。目前仅非常个别的软件能够胜任这项工作。因此,根据软件特点,发挥其特长,灵活运用现有软件工具是非常重要的。另外从中也可以看到,开发具有海量数据处理和计算功能的专用煤层气储层模拟软件应成为该领域的一个发展方向。

多方案计算并从中择优是储层模拟技术应用的基本思路,这一思路贯穿了整个气田模拟过程。敏感性分析是选择历史拟合调整参数,井间距优化是选择最佳布井方案等。

本实例计算的目的仅是展现气田规模储层模拟的基本过程，实际上，最后气田规模产能预测中还可以考虑对不同的布井方式进行模拟，对比其产能、采收率和投入产出效率并选择最优方案，这同样是上述思路的反映。

本章的内容表明，基础地质学、煤层气地质学和天然气开发等方面的知识在这项研究中是必不可少的。气田规模储层模拟的另外一个特点就是循序渐进，从单井到小井网再到为整个气田布置的大井组。这实际上是遵循了地质工作从点到线、从线到面、从易到难、从简单到复杂的基本工作思路。

8 煤层气井产能增强模拟与预测

表述和预测煤层气井产能增强的过程和效果是储层模拟研究的重要内容之一。ECBM 技术种类较多，但目前较为常用的还是压裂激化和 CO_2 注入产能增强。本章主要介绍储层模拟在 CO_2 注入产能增强和与减弱全球温室效应密切相关的 CO_2 埋藏过程中的应用，内容包括相关机理和过程表述的讨论及两个研究实例。

8.1 CO_2 注入煤层气井产能增强机理与表述

8.1.1 煤对不同气体的吸附

研究表明，不同气体组分的吸附能力与其物理化学参数相关（表 8.1），煤对 CO_2、CH_4 和 N_2 的吸附能力依次降低。这主要是由于气体分子和煤大分子之间作用力的不同引起的。这种作用力与一个大气压下各种吸附质的沸点有关，沸点高则吸附能力强。从更深层的角度来分析，煤分子和气体分子之间的作用力由德拜诱导力和 London 色散力组成，由此形成了吸引势，即吸附势阱深度。由于吸附势阱深度与煤层中气体分子的极化率和电离势有关，而且极化率和电离势越大，诱导力和色散力越大时势阱越深。对于 CO_2、CH_4 和 N_2 而言，它们的电离势依次降低，吸附势阱也依次降低，煤对它们的吸附能力亦依次降低（中联煤层气有限责任公司、Alerta Research Council，2008）。

表 8.1 CO_2、CH_4、N_2 的吸附能力与其物理化学参数的关系

物理化学参数	N_2	CH_4	CO_2
沸点，t_b/℃	−195.81	−161.49	−78.48
临界温度，t_c/℃	−147.0	−82.01	31.04
临界压力，P_b/MPa	3.398	4.6407	7.386
临界密度，ρ_c/(kg/m³)	314	426	466
电离势，I/eV	13.00	13.79	15.60
有效直径，d/nm	0.374	0.414	0.456
固有偶极矩，μ/Debye①	0	0	0
吸附能力示意	小	⟶	大

---

① 1Debye $= 3.33564 \times 10^{-30}$ C·m。

根据热力学理论，不同气体分子在相同的压力和温度条件下热运动的剧烈程度不同，气体分子的平均自由程 λ 为

$$\lambda = \frac{2\delta}{p}\sqrt{\pi\frac{Rt}{8m}} \qquad (8.1)$$

式中，λ 为气体分子的平均自由程，m；δ 为气体的动力黏度，Pa·s；t 为温度，K；R 为气体的摩尔常数，J/(K·mol)；p 为气体压力，Pa；m 为气体的分子质量，Da[①]。

由此可见，温度越高、黏度越大、压力越低以及气体分子量 m 越小则分子的无规则运动越剧烈。

气体分子之间的吸引力是微不足道的，构成气体黏度的主要因素是其做无规则运动时在不同流速层间进行能量交换。在相同的条件下，对于 CO_2、CH_4 和 N_2 而言，其热运动剧烈程度依次增强，发生吸附的可能性依次减小，发生解吸的可能性依次增大，其扩散和渗流时的阻力依次增大。从式(8.1)可以看出，随着温度和黏度的下降，压力的升高，气体分子量的增加，气体分子的吸附能力增加。

综上，煤层对气体的吸附除了与其各自的沸点有关外，还与吸附势阱和气体分子的热运动剧烈程度有关。沸点越高，吸附势阱越深，气体分子的热运动越弱，煤对该气体的吸附性越强；反之亦然。因此，煤层对 CO_2、CH_4 和 N_2 吸附性依次减弱，大量实验研究成果证明了这一点。

由于煤对 CO_2 和 N_2 的吸附能力和吸附速率不同，它们各自置换驱替 CH_4 的机理也不相同。CO_2 注入后会与煤基质微孔隙中的 CH_4 发生竞争吸附，将吸附在煤中的 CH_4 置换出来。而 N_2 只能在等压状态下通过降低游离甲烷的分压，影响其吸附等温线而导致吸附甲烷被置换出来。相比之下，注入 CO_2 提高采收率要优于 N_2。

与注入 N_2 相比，注入 CO_2 具有许多潜在的优点。自然界中的高压 CO_2 气藏与必须依靠低温从空气中分离并加压的 N_2 相比是一种成本低廉的注入剂。而且 CO_2 的穿透力比 N_2 更平缓，并能保证在地层中有更高的 CH_4 采收率。

8.1.2 多组分气体吸附解吸过程

根据吸附平衡理论，单组分 Langmuir 方程在一定范围内可推广应用于多组分吸附平衡的表述(中联煤层气有限责任公司、Alerta Research Council，2008)，即

$$V_i = \frac{a_i b_i P_i}{1 + b_1 P_1 + b_2 P_2 + \cdots + b_n P_n} \qquad (8.2)$$

式中，V_i 为某组分在相应平衡分压下在煤层中的吸附量，$m^3/(m^3 \cdot t)$；a_i 为某组分在煤层中单独吸附时在参考压力 P_i 下的极限吸附量，m^3/m^3；P_i 为某组分在混合气体吸附平衡时的分压力，Pa；b_i 为某组分在煤层中单独吸附时的吸附平衡常数，Pa^{-1}；n 为混合气体组分数。

---

① 1Da＝1.66054×10⁻²⁷kg。

由式(8.2)可知，某一组分气体在其单独达到吸附平衡时的压力与其在混合气体中的平衡分压相等时，单独吸附的吸附量大于混合气体吸附。因此，当煤层中吸附的煤层气与游离煤层气处于平衡状态，或吸附煤层气解吸扩散处于相对稳定时，如果向煤层中注入新的气体，注入的气体就会向孔隙扩散并发生竞争吸附，这就打破了原来的平衡和稳定。由此带来的结果是原来吸附的煤层气数量降低，在相同的储层压力条件下，与未注入其他气体相比，煤层气的解吸量增大，这部分多解吸出来的气体将会在浓度梯度和压力梯度的驱动下发生扩散和渗流运移，最终产出，使得井的产气量和采收率有所提高。部分注入的气体则按照式(8.2)表达的规律吸附在煤中并被埋藏封存。

CO$_2$和N$_2$注入煤储层之后会发生一系列的变化。例如，当煤吸附CO$_2$后，储层基质块体会发生膨胀，改变裂隙的宽度，进而改变储层的裂隙渗透率。这种现象在没有注入的情况下也会发生，通常是甲烷解吸之后基质块体收缩产生渗透率增加正效应，同时储层压力下降，有效应力增加，产生渗透率降低负效应，称之为排采诱导渗透率变化效应。这将在后面的章节中详细讨论。另外，注入后可能发生水岩作用，如CO$_2$与储层中的水反应生成碳酸导致其中的方解石等矿物溶解，也会改变储层结构和物性。

8.2 CO$_2$注入产能增强数值模拟实例

大量研究表明，20世纪中叶以来全球平均温度升高的主要原因是由于超量化石燃料燃烧及土地利用变化等人类活动排放的温室气体(如CO$_2$、CH$_4$及NO$_x$等)导致大气温室气体浓度增加而产生温室效应。应对全球变暖，控制温室气体排放已成为世界各国的共识。

为稳定和降低空气中CO$_2$的浓度就必须综合利用各种减排方法。在可能的措施中，CO$_2$捕获和封存(carbon capture and storage，CCS)是一种相对可靠的大规模减排方案。它是指将CO$_2$从工业或其他排放源中分离出来输送到某个地点进行封存并且长期与大气隔绝的一项工作。根据国际能源信息署(IEA)《能源技术展望》的预测，到2050年，CCS技术的贡献将占全球CO$_2$总减排量的20%~28%，从而成为仅次于能源效率改善的第二大减排技术。

众多封存场所中，地质构造层的封存较为可靠并且能够有效地减少CO$_2$向大气的排放。能够用于CO$_2$地质封存的常规地质圈闭构造包括油田、气田和不含烃的储气层(主要是深部含盐水层)三种。除此之外，CO$_2$也可封存在地下深部不可采的煤层中。如上一节所述，煤层对CO$_2$的吸附性能明显高于CH$_4$，因此CO$_2$能够置换煤层中的CH$_4$，达到封存CO$_2$增产CH$_4$的双重目的(Horn and Steinberg，1982；Hendriks and Blok，1989；Metz *et al.*，2005；Chikatamarla and Bustin，2003)。

近年来，在世界范围内广泛开展了CO$_2$-ECBM理论和技术方面的研究。到目前为止，只有美国、加拿大、欧盟、日本和我国进行过先导性试验(Reeves *et al.*，2003；Gunter *et al.*，2004；Shi and Durucan，2004b；Faiz *et al.*，2007；Korre *et al.*，2007；Wei *et al.*，2007；Wong *et al.*，2007；中联煤层气有限责任公司、Alerta Research Council，2008；Shi *et al.*，2008；Mazzotti *et al.*，2009；Varma *et al.*，2009；Saghafi et al.，2010）。下面分别介绍两个 CO_2 注入与埋藏封存的研究实例。

8.2.1 Fenn Big Valley 地区 CO_2-ECBM 项目

该项研究基于加拿大艾伯塔省 Fenn Big Valley 地区的小型 CO_2-ECBM 项目。在实施过程中研究了煤层厚度、孔渗特征、基质块体膨胀诱导渗透率变化以及一些重要储层物性对 CO_2-ECBM 的控制和影响。以下的内容均源自 Gunter 等（2004）、Mavor（2004）和 Korre 等（2007）等文献资料。

8.2.1.1 地质建模

研究区位于加拿大艾伯塔省的 Fenn Big Valley 地区，面积约为 $2500km^2$（图 8.1）。目的煤层赋存于下白垩统 Mannville Group。前人对此进行了大量的基础地质研究工作，如 Wadsworth 等（2002）对该地区所获得的地层和沉积方面的认识。在该地区进行过大量的煤层气地质勘探和开发试验工作。全区共有煤层气井 425 口，大部分井都进行了常规的煤层气地质研究，包括地质录井、取样和样品储层物性实验室分析测试工作，一部分井还进行过地球物理测井勘探。测井项目包括电阻率测井、声波测井、放射性测井、中子测井和密度测井等。地质建模工作是在地质研究的基础上，综合运用地质和地球物理勘探成果，获得对含煤地层、煤层空间特征、储层物性特征的空间分布规律的认识。

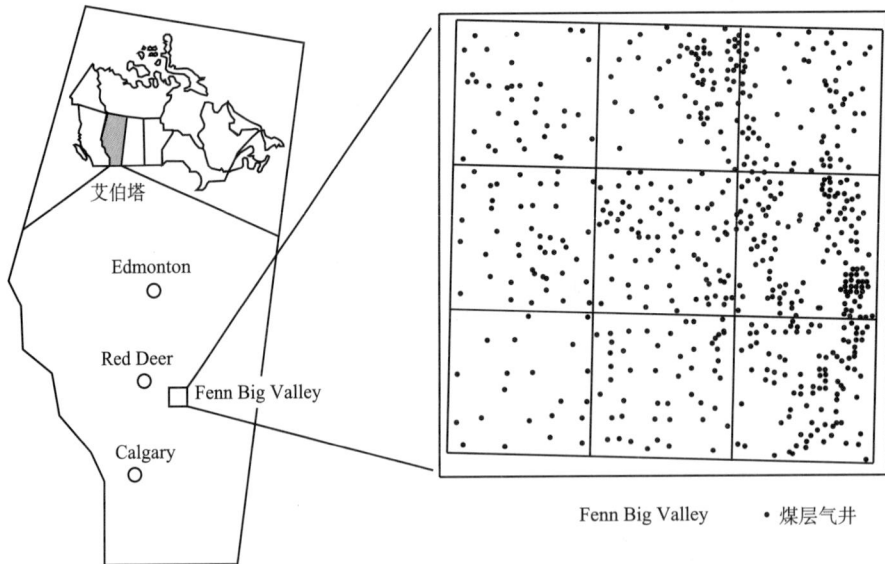

图 8.1 Fenn Big Valley 区块地理位置示意和井分布图

下面简要介绍各个参数的获取方法。

地质研究和测井曲线标定。煤层的识别采用了三种测井响应，即密度测井值 $>1800kg/m^3$，伽马值 <80，中子视孔隙度 $>45\%$。同时利用地质参数作进一步校正。

图 8.2 是由此而得的 Mannville Group 主煤层埋深模型，煤层埋藏深度为 1100～1500m。图 8.3 显示了煤层厚度的横向分布特征，其值为 2.0～13.0m。

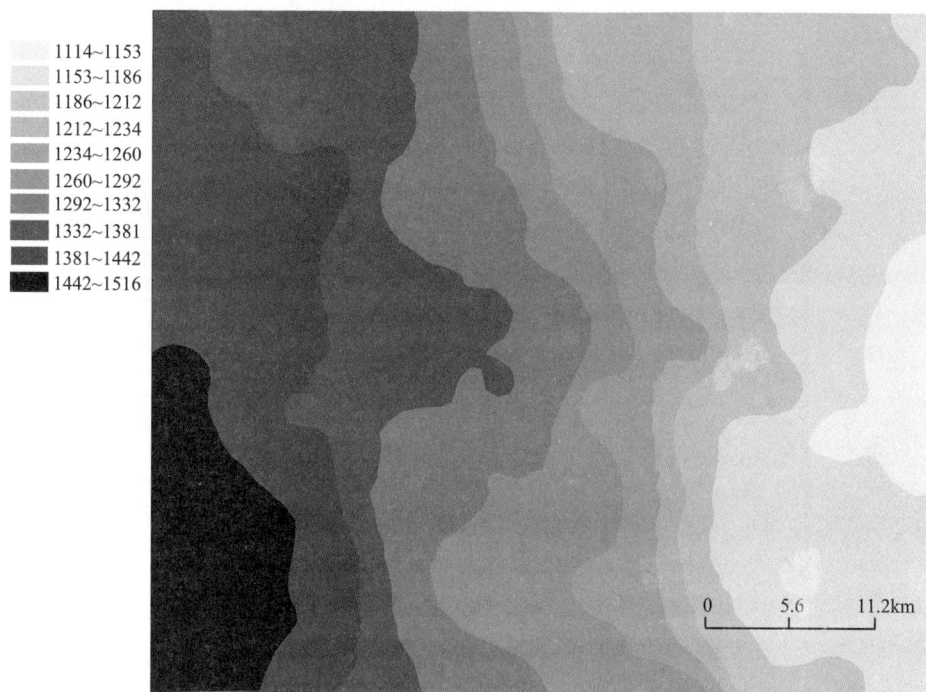

图 8.2　Mannville Group 煤层顶板构造图

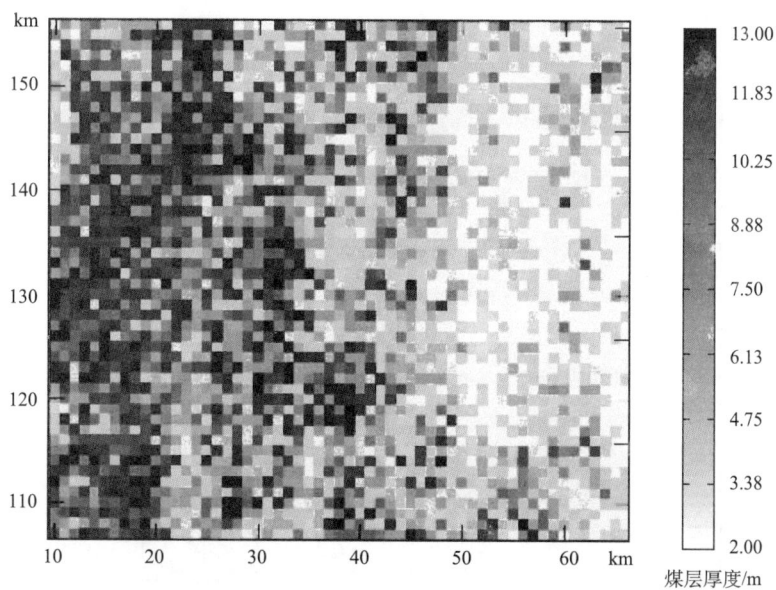

图 8.3　煤厚模型

　　煤层的密度直接由密度测井响应曲线获得。煤层的总孔隙度则由声波测井响应中的流体渡越时间值(fluid transit time)计算而得。在此过程中还利用实验室分析测试值和灰分进行了校正。从图8.4可以看出，目的煤层的孔隙度为8.0%～13.0%。

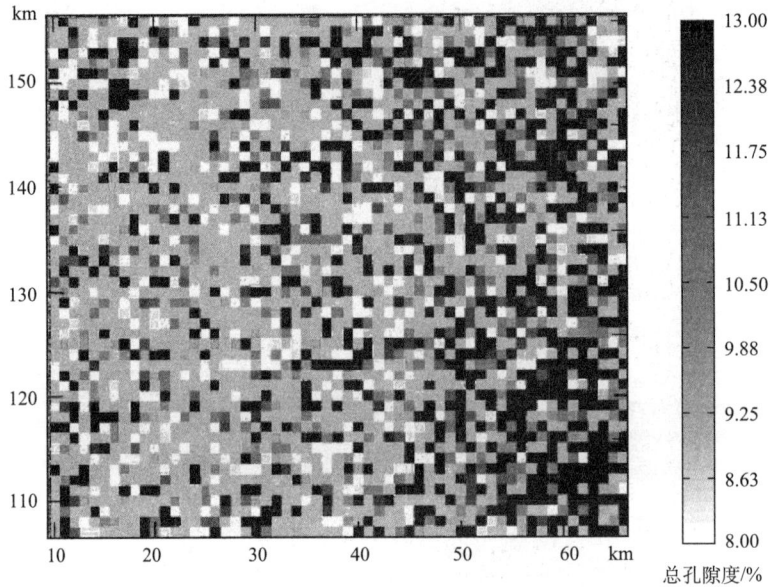

图 8.4　孔隙度模型

　　煤层的原位渗透率通过建立孔隙率和有效应力与渗透率的关系求得，相关计算方法可以参考 Mckee 等(1987)文献。最终计算结果如图8.5所示。由图可见，全区块渗透率为0.0～8.0mD。

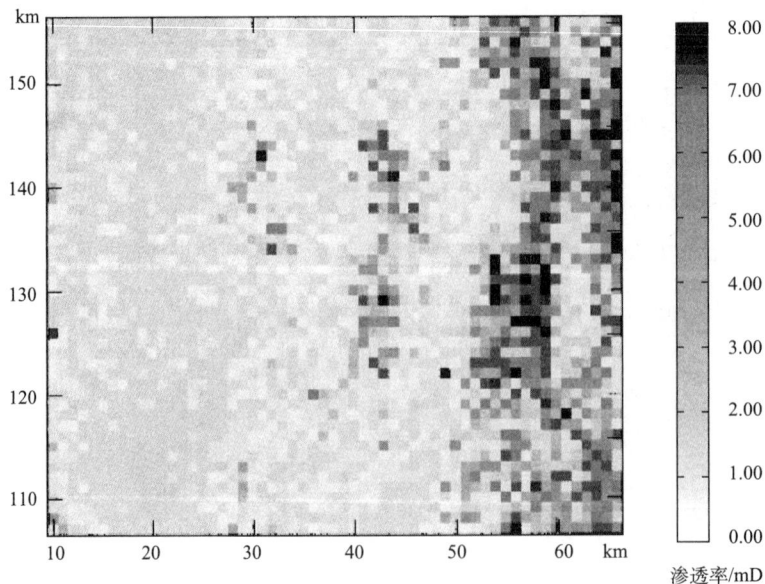

图 8.5　渗透率模型

图 8.2～图 8.5 是在 250m×250m 精度的数字地质模型基础上生成的。该数字地质模型源自加拿大自然资源部（Natural Resources Canada）。该模型被导入到 Earth Decision Suite 2.1 软件系统中。所有的数据均采用 Isatis（Version 7）地质统计软件中的有条件序贯高斯模拟（conditional sequential gaussian simulation）方法插值而得。

其他模拟所需的参数，如水分、灰分、岩石力学参数以及 CH_4 和 CO_2 的 Langmuir 参数等均取自以前的研究或项目实施成果并已经过历史拟合校正，这些参数均罗列在表 8.2 中。表中的最后五个参数主要用来进行排采诱导渗透率变化的计算（关于排采诱导渗透率变化的详细讨论参见 9.1 节）。

表 8.2　模拟参数表

参　数	数　值	参　数	数　值
煤层厚度/m	按照空间分布	初始储层压力/MPa	7.66
储层温度/℃	45.00	初始气体组分 CH_4/%	98.00
初始气体组分 CO_2/%	2.00	初始裂隙水饱和度	0.592
初始渗透率/mD	按照空间分布	吸附时间（CH_4）/d	6.50
吸附时间（CO_2）/d	6.50	裂隙孔隙度/%	按照空间分布
Langmuir 体积（CH_4）/(m³/t)	16.60	Langmuir 体积（CO_2）/(m³/t)	16.60
Langmuir 压力（CH_4）/MPa	7.13	Langmuir 压力（CO_2）/MPa	3.03
岩石密度/(g/cm³)	1.46	杨氏模量/MPa	2900.00
泊松比（裂隙）	0.35	初始应力下裂隙渗透率/mD	3.51
初始膨胀系数（CH_4）/(m³/std，m³)	$3.80×10^{-4}$	初始膨胀系数（CO_2）/(m³/std，m³)	$3.80×10^{-4}$

注：std，m³ 表示标准状态下的体积。

8.2.1.2　模拟计算及结果讨论

采用 METSIM2 软件系统进行模拟研究工作。该软件功能完善，为一个三维多组分多井储层模拟器。软件采用了基于吸附浓度双孔隙扩散-渗流模型。软件的另外一个独特功能是嵌入了排采诱导渗透率变化模型。

模拟的小井网为 500m×500m 正方形生产井组，一口注入井位于正方形中心。

模拟计算所设定的生产过程为首先对 4 口井进行 5 年常规煤层气排采，在第 6 年开始 CO_2 注入。工作制度设定为在第一年内将井底压力从初始储层压力 7.66MPa 降至 0.69MPa，然后保持稳定。根据小型开发试验工程所获得的经验，CO_2 注入压力设定为 13.8MPa，该值高于初始储层压力约 6MPa，这是为了防止压力过大而使煤层破裂。在整个模拟过程中都对生产井进行监控以防止 CO_2 突破到生产井中。

设定了四个模拟方案。方案一为 CO_2-ECBM 排采，排采诱导渗透率变化值为基础数据（表 8.2）的 50%；方案二亦为 CO_2-ECBM，排采诱导渗透率变化值为基础数据的 100%；方案三为常规排采，排采诱导渗透率变化值为基础数据的 100%；方案四亦为常规排采，排采诱导渗透率变化值为基础数据的 50%。图 8.6～图 8.8 为模拟计算结果。

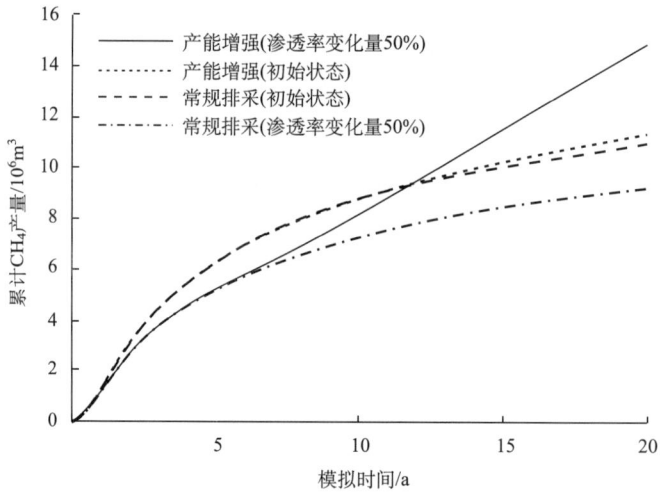

图 8.6　四种排采方案模拟计算结果

从图 8.6 可以看出以下几点。

首先，方案一（CO_2-ECBM，50% 排采诱导渗透率变化值）与方案四（常规排采，50% 排采诱导渗透率变化值）相比，20 年排采累计产气量高出了 33%，表明 CO_2-ECBM 的效果非常明显。

其次，当采用 CO_2-ECBM 排采时，较小的排采诱导渗透率变化值有利于煤层气的产出。与 100% 排采诱导渗透率变化值的方案二相比，只有 50% 排采诱导渗透率变化值的方案一 CO_2-ECBM 效果更好。这是因为方案二中 100% 的排采诱导渗透率变化值导致煤基质块体剧烈膨胀并使储层渗透率降低，一方面限制了 CO_2 的注入量，另一方面也阻碍了 CH_4 的产出。

再次，对方案三和方案四的模拟计算表明，相对于 100% 的排采诱导渗透率变化值（方案三），50% 的排采诱导渗透率变化值（方案四）导致了 20 年的排采期内与初始状态的常规排采相比，产气量下降了 18%。可见，对于常规排采而言较大的排采诱导渗透率变化值有利于煤层气的产出。其原因是在这种情况下 CH_4 解吸导致煤基质块体收缩增大了储层渗透率，从而提高了产气量。

图 8.7 显示 100% 的排采诱导渗透率变化值（方案一）20 年 CO_2 注入量为 $4.3 \times 10^6 \, m^3$，而 50% 的排采诱导渗透率变化值（方案二）20 年 CO_2 注入量为 $49 \times 10^6 \, m^3$。这足以表明排采诱导渗透率变化对 CO_2-ECBM 的影响。

图 8.8 为按照方案一进行模拟计算时 CH_4 累计产量、CO_2 累计注入量和 4 口生产井之一的 CO_2 摩尔分数的变化情况。从该图可以观察到 CO_2 突破（breakthrough）的情况。当生产井产出气体中 CO_2 浓度达到 10% 时即发生了 CO_2 突破。由图可见，从模拟时间 17.5 年开始，生产井中的 CO_2 摩尔分数快速增长，至 19.5 年时发生了 CO_2 突破。模拟计算亦随之停止。

另外，Korre 等（2007）在进行模拟研究时设计了一个很有意思的模拟计算工作。即对于前面的煤层厚度和渗透率模型，根据煤层厚度和渗透率的不确定性（uncertainty），

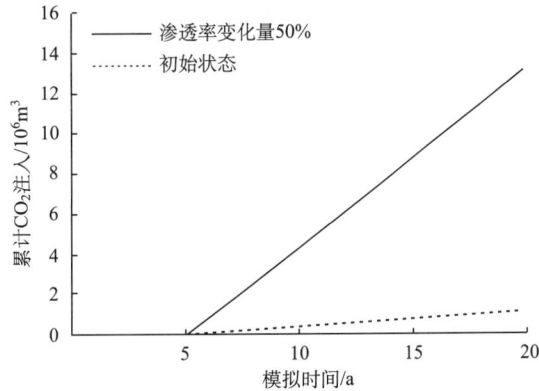

图 8.7　两种 CO_2-ECBM 排采方案累计 CO_2 注入量模拟计算结果

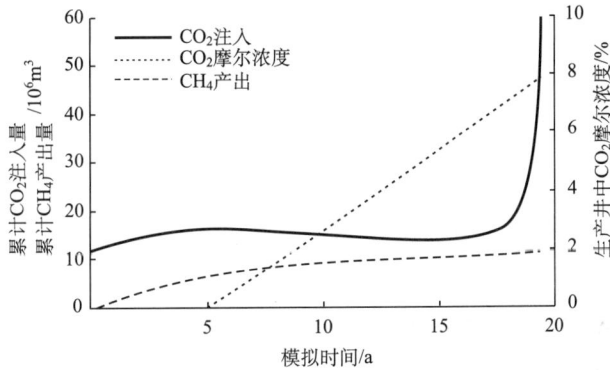

图 8.8　方案一 CH_4 累计产量、CO_2 累计注入量和生产井 CO_2 含量模拟计算结果

生成了 100 个空间分布模型（spatially distributed realisations）并分别对它们按照方案一进行模拟计算。由此获得具有统计意义的数据。图 8.9a、b、c 和 d 分别表示 CO_2 突破、累计 CH_4 产量、累计 CO_2 注入量和 CH_4 产出与 CO_2 封存比率的统计结果。显然，这样进行模拟计算要比单次计算结果的可信度要高。

　　以上是一个国外进行 CO_2-ECBM 和 CO_2 埋藏封存模拟研究的例子，从这个例子中可以了解国外储层模拟的现状。有几个方面值得一提。

　　首先，储层模拟技术仍然是解决煤层气资源开发效果定量预测的重要方法。鉴于煤层气地面开发过程的复杂性，尤其是增加了 CO_2 注入这一人为因素，单凭经验或者简单的预测方法是很难实现的。因此，国内外研究者对此做了很多的工作，大量的相关文献就是一个很好证明。

　　其次，从上面的工作过程可以看到，国外研究者非常重视基础数据的获取和处理。在 $2500km^2$ 的范围内有为数众多的钻井提供了数据支撑，这是获得准确的预测结果的重要保证。另外在基础数据获取方面，还非常注重将地质和地球物理勘探成果相结合，即按照现代油藏描述的工作思路，快捷、高效和准确地获得各种基本参数。根据数据的不

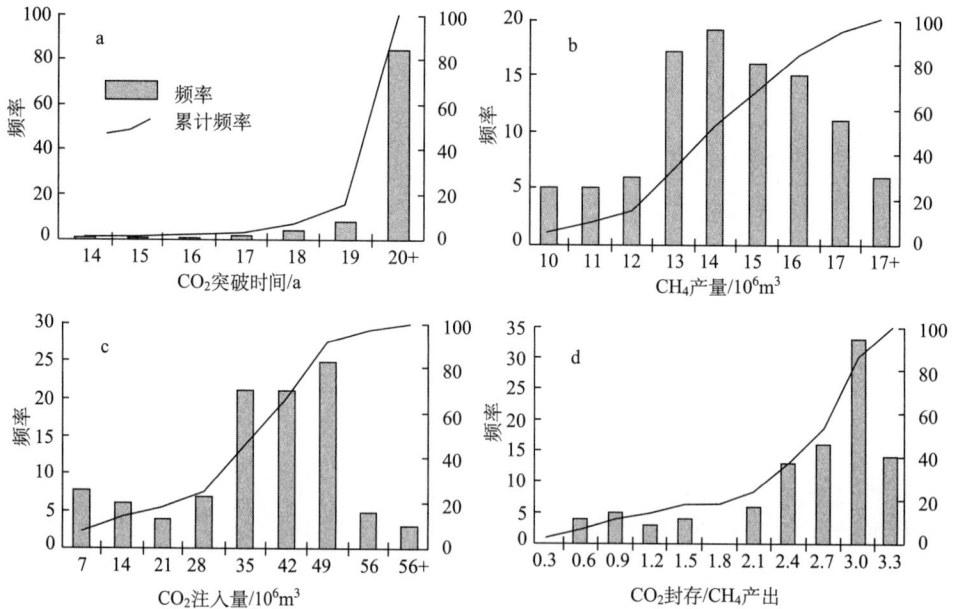

图 8.9   基于 100 个不确定性模型的模拟计算结果直方图

确定性进行多次模拟计算的思路同样也反映了这种重视。

最后，国外有较多的模拟系统和处理软件可用。在目前情况下国内的系统和软件是较难与之比拟的。因此，开发和引进相应的软件系统也是国内研究者努力的方向之一。

8.2.2   深部地区 CO_2 埋藏前瞻性研究

煤炭是我国具有不可替代的地位的能源资源。国内对煤炭资源开发的力度很大，目前有很多煤矿开采深度已经达到甚至超过了 1000m。因此，埋深 1000m 以浅的资源不太可能作为 CO_2 埋藏封存的目的层，有必要对深部区 CO_2 埋藏开展研究。这里将运用储层模拟方法对沁水盆地北部深部区进行 CO_2 埋藏前瞻性研究。

8.2.2.1   地质建模

研究区为沁水盆地中北部煤层埋藏深部区，总面积 1894.06km²，这里仅将 3 煤层为目的煤层，15 煤层未作研究。首先将研究区划分为 10 个区块，如图 8.10 所示。

区内 3 煤层厚度 1～3m，埋深 1200～2000m。根据周边勘探数据，建立了 3 煤层的地质模型(图 8.11)。建模采用 ECLIPSE 软件。进一步对各种基础数据进行分析和整理，表 8.3 示例了区块 1 的基础数据。

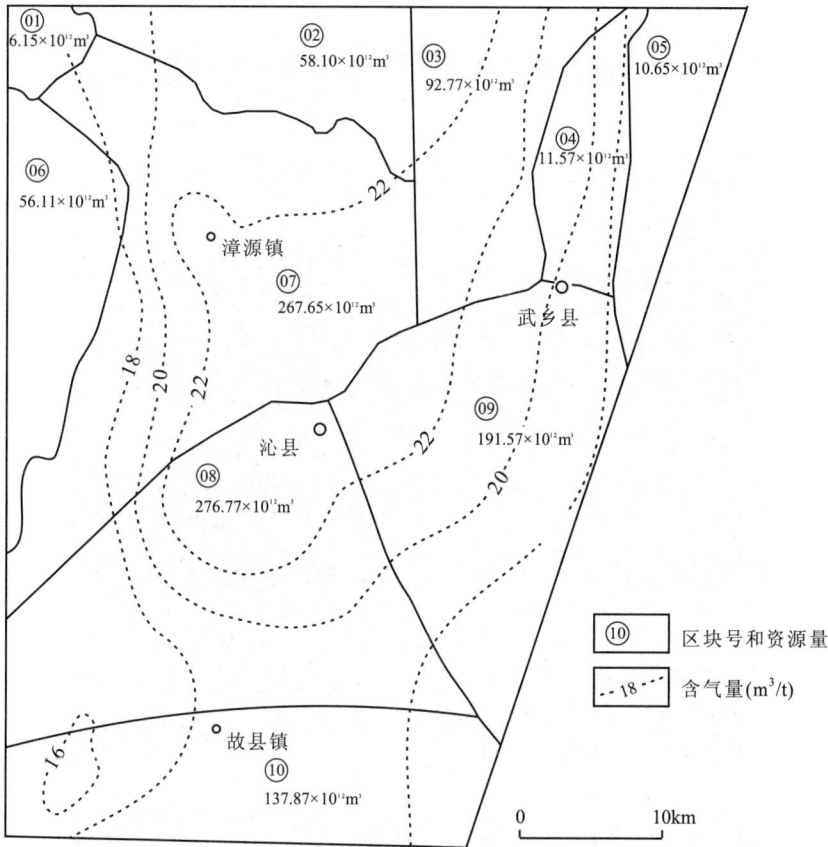

图 8.10　研究区位置及区块划分图

8.2.2.2　数值模拟研究

基于上述地质模型，在各个区块中设计一个 $400m \times 400m$ 的正方形井组，并在井组中间加一口 CO_2 注入井，其中 P_1、P_2、P_3 和 P_4 为煤层气生产井，I 为 CO_2 注入井。对每个井组进行模拟研究。

将数值模拟过程分为两个阶段。第一阶段为 CO_2 注入驱替产气阶段，持续 15 年，考虑到深部煤层渗透率较低（约为 $n \times 0.01mD$），不适合短期大量的 CO_2 注入，因此选择长期少注的方式进行驱替，设定起初 5 年为 CO_2 注入驱替，后期 10 年只排采而不注入，之后停止排采并封闭产气井。第二阶段停止产气，进行 CO_2 封存。在此阶段内以一定速率将 CO_2 注入目的煤层直至达到破裂压力停止，至此完成整个煤层气开发和 CO_2 注入埋藏过程。

在模拟计算过程中，考虑到煤层气开发初期会进行储层改造，增强渗透率，对每个区块设计一个渗透率系列，分别模拟在不同的渗透率下 CO_2 的驱替及注入封存效果。目的煤层的初始渗透率分别为 $0.01mD$（初始渗透率）、$0.1mD$ 和 $1mD$。

设计的 CO_2 最大注入速率随渗透率逐渐增大而增大。为了研究不同区块的注入封

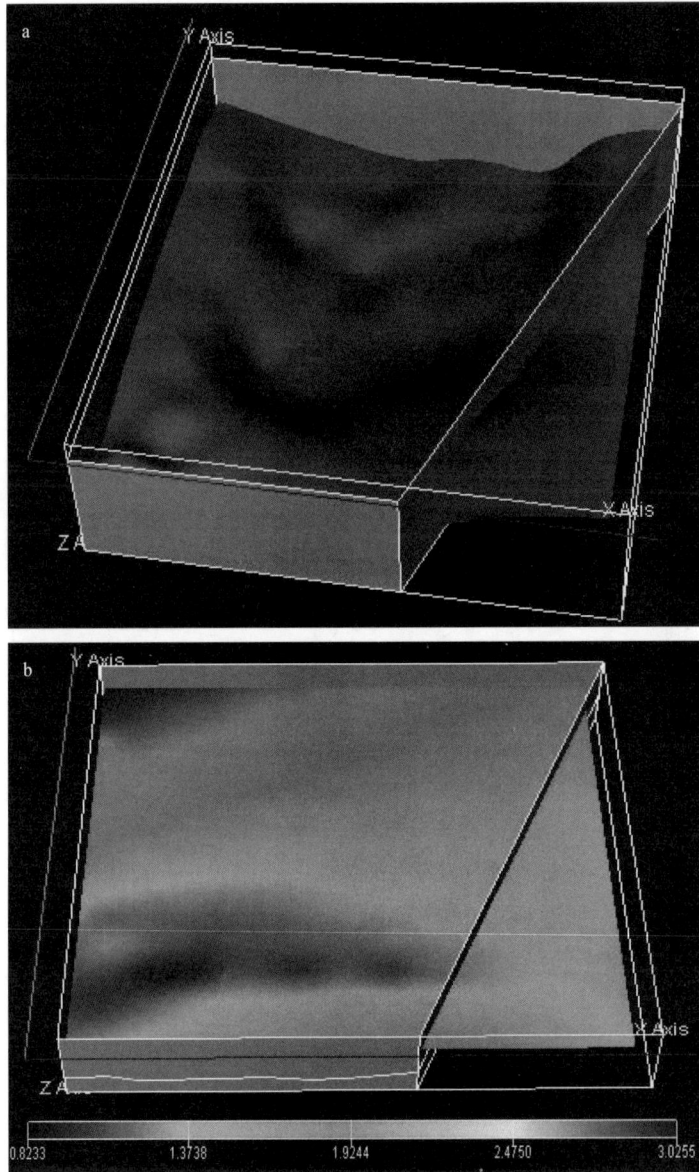

图 8.11　3 煤层埋深(a)和煤厚模型(b)

存量大小，尽量设定各个区块使用相同的注入速率。但为了兼顾各区块煤层厚度及其他物性参数的不同带来的可注入性差异，设计的 CO_2 注入速率会略有差别。在初始渗透率情况下 CO_2 很难注入，最大注入速度一般小于 $500m^3/d$。当渗透率为 $0.1mD$ 时，CO_2 的注入能力有所改善，不同区块前期驱替的注入速度设为 $2000\sim3000m^3/d$。渗透率达到 $1.0mD$ 时选择最佳的模拟注入速率，此时前期驱替阶段的 CO_2 注入速率均设为 $4000m^3/d$，后期封存阶段选择模拟的最佳注入速率。

表 8.3 区块一数值模拟参数取值

储层参数	数值	储层参数	数值
含气量/(m³/t)	17.62	CH₄ Langmuir 体积/(m³/t)	34.64
煤厚/m	建模所得	CH₄ Langmuir 压力/MPa	2.00
埋深/m	建模所得	储层压力/MPa	10.80
孔隙度/%	4.51	地层破裂压力/MPa	58.70
渗透率/mD	敏感性系列(0.01mD、0.1mD、1mD)	温度/℃	39.44
		岩石压缩系数/kPa⁻¹	1.00×10^{-9}
CO₂ Langmuir 体积/(m³/t)	31.31	地层水压缩系数	4.35×10^{-7}
CO₂ Langmuir 压力/MPa	0.35	初始 CH₄ 摩尔比	1.00

下面以区块一为例说明模拟计算结果。

(1) 初始渗透率(0.01mD)时的模拟计算结果

采用表 8.3 的基本参数,渗透率取初始值 0.01mD。区块一 CO_2 注入与产能增强数值模拟结果如图 8.12 所示。

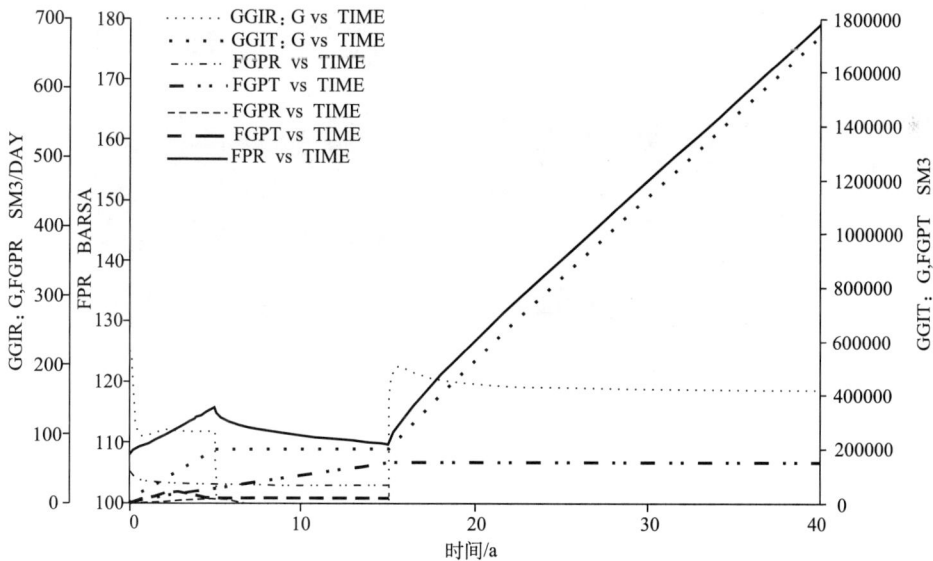

图 8.12 区块一数值模拟结果(初始渗透率)

图 8.12 是 ECLIPSE 软件输出的模拟计算结果,该图基本上保留了软件输出界面的风格。图中各曲线的含义如下,GGIR:G vs TIME 和 GGIT:G vs TIME 分别表示 CO_2 注入速率(m³/d)和 CO_2 的累计注入量(m³),FGPR vs TIME(细断折线+双点)和 FGPT vs TIME(粗断折线+双点)分别表示 CO_2 驱替条件下井组的产气速率(m³/d)和

累计产量(m^3)，FGPR vs TIME（细断折线）和 FGPT vs TIME（粗断折线）分别表示未进行 CO_2 驱替的煤层气日产量(m^3/d)和累计产量(m^3)，FPR vs TIME 代表模拟过程中储层压力(bar，$1bar=0.1MPa$)的变化情况。

由图 8.12 可知，在初始渗透率下 CO_2 难以注入和驱替 CH_4。注入速率仅为 $100m^3/d$ 左右，且常规排采和 CO_2 驱替时的煤层气产量均很低，累计产量分别为 $1.81 \times 10^4 m^3$ 和 $14.95 \times 10^4 m^3$。注入封存阶段最大 CO_2 注入速率仅为 $200m^3/d$ 左右，在 25 年的注入过程中储层压力仅仅增加了 7MPa，很难达到地层破裂压力，故在 40 年时停止了模拟计算。总体而言，无论是 CO_2-ECBM 还是 CCS 效果都非常有限。

模拟结果表明，在从驱替结束至停产的整个时间之内 CO_2 均未达到四口生产井，即生产井所产 CH_4 气体中不含有 CO_2 成分。图 8.13a 和图 8.13b（该图仍为 ECLIPSE 软件的直接输出）分别为注入 CO_2 驱替结束时及 15 年排采结束时的 CO_2 摩尔分数图。由图可看到两个时间点的 CO_2 摩尔分数图没有明显差别。这是因为在注入 CO_2 驱替结束至整个排采过程结束的时间内，过低的渗透率使得储层压力的降幅仅为 0.6MPa（图 8.12），储层仍然处于高压和强吸附状态，致使 CO_2 难以从煤基质表面解吸出来，更无法往生产井井口位置运移。

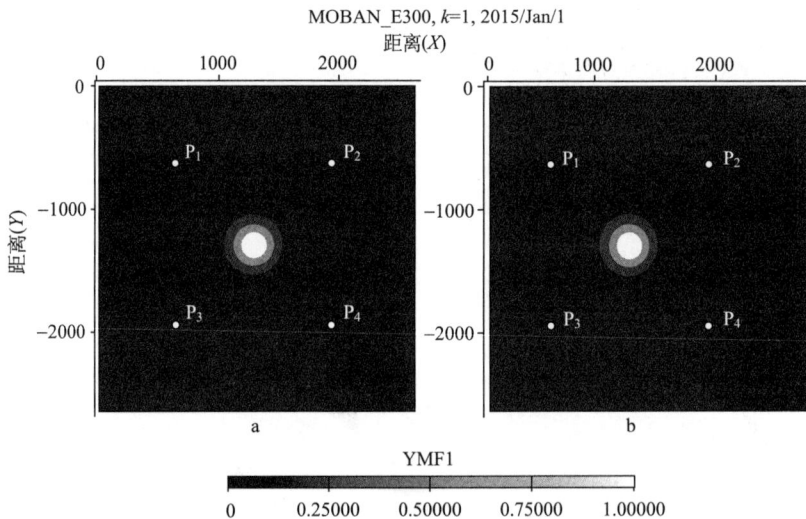

图 8.13 注入后的 CO_2 摩尔分数图

a. 5 年后；b. 15 年后

（2）渗透率为 0.1mD 时的模拟计算结果

仍以区块一为例，模拟结果如图 8.14 所示，参数选取同前，图中各曲线的含义与图 8.12 相同。

由图 8.14 可见，当渗透率达到 0.1mD 时，在驱替阶段最高 CO_2 注入速率为 $1200m^3/d$ 左右。煤层气产量明显高于未注入 CO_2 的情况，注入和未注入平均产气速率分别为 $208.31m^3/d$ 和 $25.36m^3/d$，累计产量分别为 $1.13 \times 10^6 m^3$ 和 $1.39 \times 10^5 m^3$，15

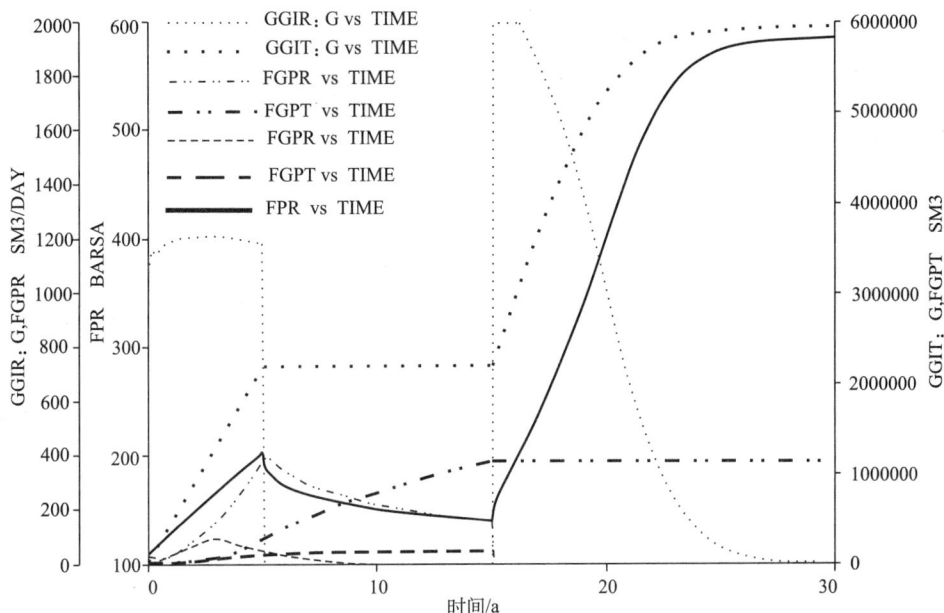

图 8.14 区块一数值模拟结果(渗透率 0.1mD)

年排采结束后,以最大 2000m³/d 的速率注入 CO_2,后期由于储层趋于饱和,CO_2 注入量逐渐降低,注入 13 年达到地层破裂压力(58.7MPa),此时累计 CO_2 注入量为 $5.95 \times 10^6 m^3$。与初始状态相比,CO_2-ECBM 和 CCS 都取得了一定的效果但仍未能达到理想的状态,毕竟 200m³/d 左右产能的经济意义非常有限。

图 8.15a 和图 8.15b 分别为注入 CO_2 驱替结束及 15 年排采过程全部结束时的 CO_2

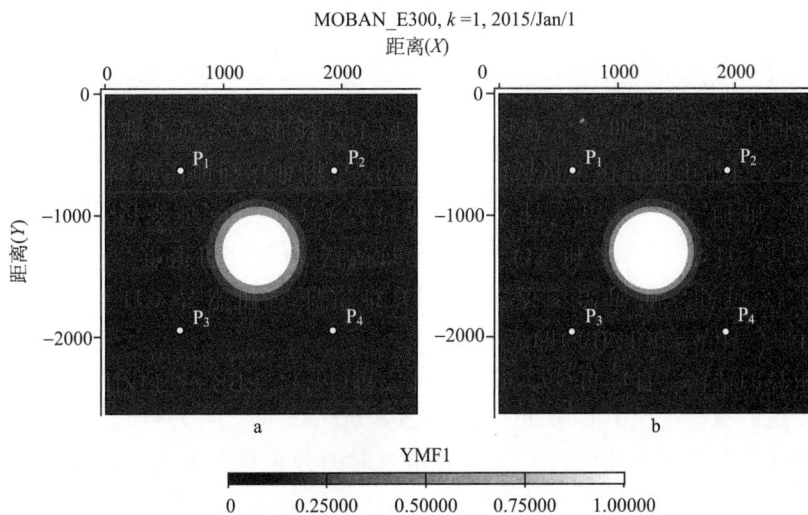

图 8.15 注入后的 CO_2 摩尔分数图

a. 5 年后;b. 15 年后

摩尔分数图。该图显示两个时间点的 CO_2 摩尔分数图基本上没有发生变化，并且从 CO_2 驱替结束至停产，CO_2 均未达到四口生产井。当渗透率为 0.1mD 时，从注入 CO_2 驱替结束至排采结束的时间内，储层压力从 18MPa 降低到 14MPa，降幅 4MPa，如图 8.15 所示，高能的状态仍然没有改变，因此与初始状态相似，CO_2 仍以吸附态储存在煤基质表面而无法自由移动。

（3）渗透率 1.0mD 时的模拟计算结果

图 8.16 所示的是在 1.0mD 的渗透率下，区块一 CO_2 注入数值模拟结果。参数选取仍如表 8.3 所示，图中各线条的含义与图 8.12 相同。当渗透率为 1.0mD 时，选取 4000m³/d 的 CO_2 注入速率进行驱替。由图可知在 15 年排采过程中注入 CO_2 和未注入 CO_2 的累计煤层气产量分别为 $7.83×10^6 m^3$ 和 $9.56×10^5 m^3$，平均产气速率分别为 1430m³ 和 175m³。在后期封存阶段，设定初始 CO_2 注入速度为 8000m³/d，注入 3 年后达到地层破裂压力（58.7MPa），累计 CO_2 注入量为 $1.17×10^7 m^3$。可见其 CO_2-ECBM 和 CCS 效果均相当明显。

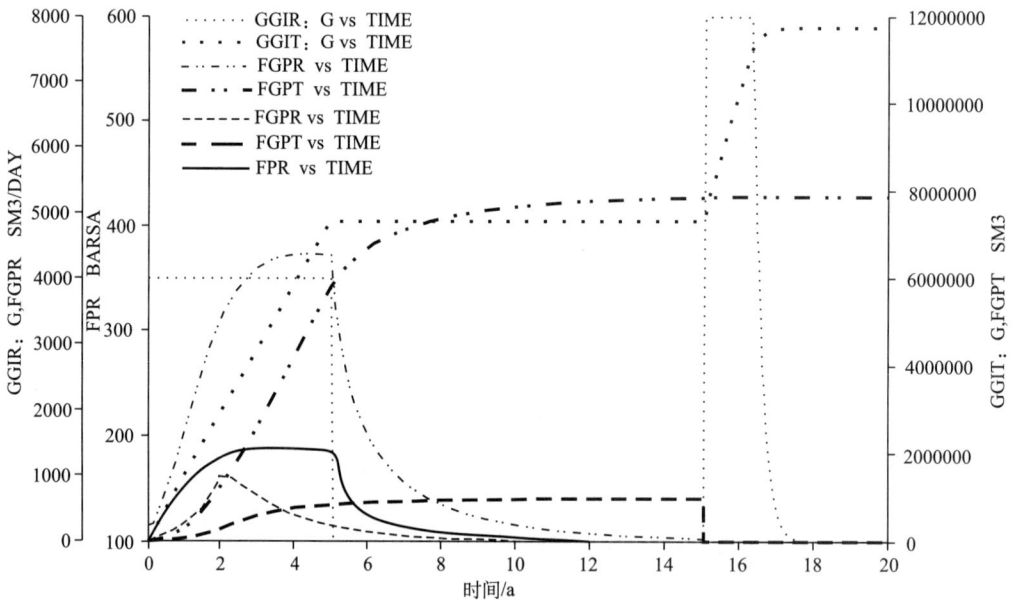

图 8.16 区块一 3 煤层数值模拟结果（渗透率 1.0mD）

图 8.17a、b 分别为注入 CO_2 驱替结束时及 15 年排采结束时的 CO_2 摩尔分数图。由于渗透率较高，驱替过程中 CO_2 注入速率达到 4000m³/d，但即便如此，15 年排采结束时的 CO_2 摩尔分数分布仅比注入 CO_2 驱替结束时的分布略有扩大，并且 CO_2 均未扩散到四口生产井。原因与前面的解释相似，因为两个时间点的压降幅度仅为 8MPa，储层压力仍在 10MPa 以上（图 8.16），CO_2 仍难以自由移动。

MOBAN_E300, $k=1$, 2015/Jan/1

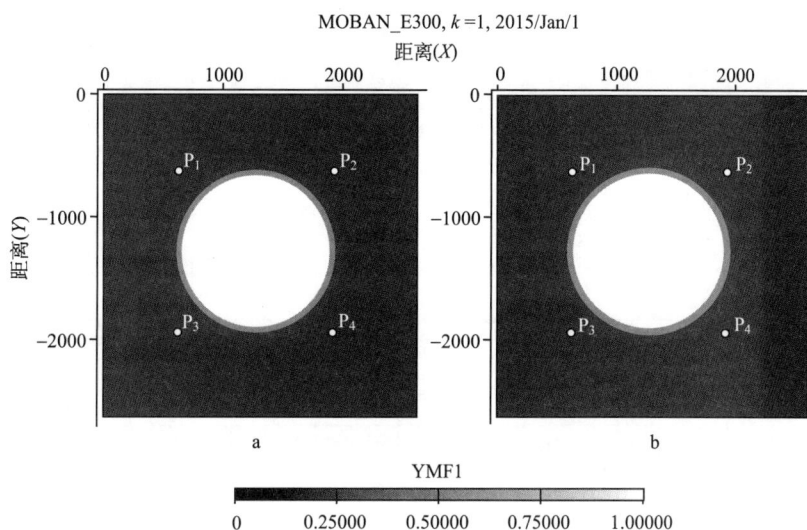

图 8.17 注入后的 CO_2 摩尔分数图

a. 5 年后；b. 15 年后

8.2.2.3 计算结果及讨论

按照上面的方法分别对其他九个区块进行模拟计算，得到储层渗透率分别为 0.01mD、0.1mD 和 1.0mD 时按照上述注入排采方案获得的排采表现，如表 8.4 所示。下面对模拟结果进行一些分析。

从表 8.3 可以看出，如果按照 400m×400m 正方形井网加中心注入的方案进行施工，按照前面提到的方案进行 CO_2 注入封存。在初始渗透率条件下，对整个区块而言基本上都没有什么效果。如果渗透率改善，0.1mD 时井网平均 CO_2 注入封存量为 $138.49×10^5 m^3$，驱替和未驱替的平均 CH_4 累计产量分别为 $27.06×10^3 m^3$ 和 $5.99×10^3 m^3$。当渗透率进一步得到改善，达到 1mD 时井网平均 CO_2 注入封存量为 $219.43×10^5 m^3$，驱替和未驱替的平均 CH_4 累计产量分别为 $103.37×10^3 m^3$ 和 $21.45×10^3 m^3$。

在整个研究区内不同区块的表现存在一些差异。区块八产气能力最强，在驱替条件下渗透率为 1mD 时平均产气速率能达到 $2900m^3/d$ 左右。区块一和区块六较低，渗透率为 0.1mD 和 0.01mD 时平均产气速率仅分别为 $208m^3/d$ 和 $155m^3/d$，1mD 渗透率下不到 $1500m^3/d$。其余区块产气能力相似。

后期 CO_2 注入封存的模拟研究表明，3 煤层各区块的封存潜力可以分为两个等级。区块八和区块九的井网在渗透率为 0.1mD 时封存量约为 $250×10^5 m^3$，而区块六、区块八和区块九渗透率为 1mD 时封存量均在 $300×10^5 m^3$ 以上，封存能力明显高于其余区块，最有利于 CO_2 封存。其余区块封存能力多在 $200×10^5 m^3$ 以下，具有一定的封存能力。

上述结果表明 CO_2 驱替具有非常明显的增产效果，驱替与未驱替之间的累计产气量相差在数倍至十倍之间。同时无论是否采用 CO_2 驱替，储层渗透率对排采表现和 CO_2 封存效果具有重要的影响。因此，如何实现深埋条件下储层渗透率的改善是将来进行深部 CO_2 封存和 ECBM 取得理想效果的关键问题。

表 8.4　CO_2 注入埋藏与产能增强数值模拟结果表

模拟数据	渗透率/mD	区块一	区块二	区块三	区块四	区块五	区块六	区块七	区块八	区块九	区块十	平均
平均产气速率/(m^3/d)(驱替)	0.01	27.31	23.09	28.79	45.51	67.67	44.78	38.47	59.7	52.84	64.63	45.28
累计产气量/$10^4 m^3$(驱替)		14.95	12.64	15.76	24.92	37.05	24.52	21.06	32.69	28.93	35.38	24.79
平均产气速率/(m^3/d)(未驱替)		3.31	5.32	4.90	7.41	12.45	14.68	9.95	10.61	10.98	8.12	8.77
累计产气量/$10^4 m^3$(未驱替)		1.81	2.91	2.69	4.06	6.82	8.04	5.45	5.81	6.01	4.45	4.81
累计 CO_2 注入量/$10^5 m^3$		—	—	—	—	—	—	—	—	—	—	
平均产气速率/(m^3/d)(驱替)	0.1	208.11	451.17	598.41	446.11	652.81	155.42	577.21	667.92	670.12	560.47	498.78
累计产气量/$10^5 m^3$(驱替)		8.92	24.70	32.76	24.42	35.74	8.51	31.60	36.57	36.68	30.69	27.06
平均产气速率/(m^3/d)(未驱替)		25.36	125.32	105.76	90.34	131.23	54.44	184.90	80.89	201.16	95.23	109.46
累计产气量/$10^5 m^3$(未驱替)		1.39	6.86	5.79	4.95	7.19	2.98	10.12	4.43	11.01	5.21	5.99
累计 CO_2 注入量/$10^5 m^3$		59.47	77.37	104.12	113.03	150.30	128.18	109.51	235.05	264.71	143.17	138.49
平均产气速率/(m^3/d)(驱替)	1.0	1429.70	1700.23	1884.10	1678.08	1982.11	1985.67	1733.96	2920.55	2066.63	1499.44	1888.05
累计产气量/$10^5 m^3$(驱替)		78.28	93.09	103.15	91.87	108.52	108.72	94.93	159.9	113.15	82.09	103.37
平均产气速率/(m^3/d)(未驱替)		174.63	260.34	484.96	290.71	341.52	244.99	611.82	659.55	516.79	332.43	391.77
累计产气量/$10^5 m^3$(未驱替)		9.56	14.25	26.55	15.92	18.69	13.41	33.50	36.11	28.29	18.20	21.45
累计 CO_2 注入量/$10^5 m^3$		117.34	138.04	170.69	174.77	217.45	333.30	168.00	340.34	341.11	193.28	219.43

注：“—”表示数值极低未标出。

另外，深部煤层气开采和 CO_2 封存理论尚不成熟，在较高的地层温度和压力条件下 CH_4 和 CO_2 的吸附-解吸行为特征、煤储层应力-应变以及由此导致的孔渗特征的变化等方面均有待于进一步探讨，需要进行更多的研究才能够获得完善模型和模拟软件。

本章分别介绍了国内和国外两个采用储层模拟方法进行 CO_2-ECBM 和 CCS 模拟研究的实例，在目前的情况下，CO_2 注入仍然是煤层气井产能增强的主要手段，储层模拟方法对此具有重要的意义。随着相关科学技术的发展，新的产能增强手段将会不断涌现，储层模拟的理论和方法也必将随之向前发展。

第四篇

煤储层数值模拟理论研究

9 煤层气储层模拟建模研究

随着煤层气产业的发展，对煤层气储层模拟技术的需求不断增加，同时由于地质条件的复杂性和多样性等原因，对准确描述储层开发过程和预测开发效果的要求也越来越高。为了满足这些要求，研究者们通过观察研究煤层气井的生产过程并利用实验室模拟等研究手段不断改进和提高储层模拟的水平。其中的重要内容就是对表述排采过程的模型进行完善和改进，本章将讨论这个仍在不断发展的研究领域，主要内容包括排采诱导渗透率变化研究和煤储层三孔两渗模型建模研究等。

9.1 煤层气井排采诱导渗透率变化

9.1.1 基本理论及模型推导

很早以前研究者就已经注意到在排采过程中各种因素导致渗透率变化的问题，排采过程中存在煤基质自调节效应，即煤层气的解吸导致煤基质收缩对渗透率产生正调节作用以及有效应力增加导致渗透率负调节作用，并对此进行了大量的工作（Somerton *et al.*，1975；Gray，1987；Harpalani and Zhao，1989；Seidle *et al.*，1992；Seidle and Huitt，1995；Gilman and Beckie，2000；傅雪海等，2003；Fu *et al.*，2003；Shi and Durucan，2004a；陈金刚等，2006；Wei *et al.*，2009）。

Seidle 等（1992）利用火柴杆模型（图 9.1d）说明煤储层在排采过程中的动态变化过程。煤储层是煤体、孔隙系统、水、吸附气、游离气和水溶气组成的一个含有固态、液态和气态物质的复杂系统（图 9.1a）。当煤体中的气水含量发生变化时会导致其体积发生变化。以吸附甲烷气体为例，当煤基质块体的内表面吸附甲烷时其体积将发生膨胀，而甲烷解吸逸散后其体积将会收缩。这一变化的结果是煤储层内裂隙宽度的变化，即在排采过程中随着甲烷的解吸和扩散进入裂隙系统，煤基质块体的体积收缩，裂隙宽度变大，渗透率增加（图 9.1b）。这就是甲烷解吸产生的煤基质收缩渗透率增加正效应。

理解一些相关概念是认识有效应力负效应的前提。处于地下的煤储层受到包括储层压力、上覆静岩压力和构造应力等多种力的作用。

上覆静岩压力是位于煤层上方岩层的重力。构造应力则是构造运动产生的水平或近水平挤压或拉张应力。煤层储层压力是指储层中流体所受到的压力，其来源可能是重力，即通常所指的静水压力；也可能源自烃类气体的膨胀能。有效应力则是指储层受到的总应力与储层压力的差值。

有效应力原理是土力学中的一个重要理论，由奥地利学者 K. Terzaghi 于 1925 年

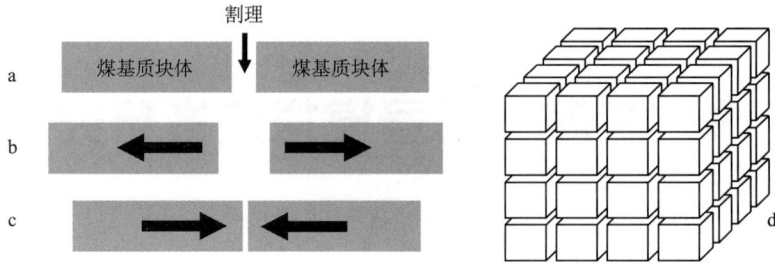

图 9.1   排采诱导煤机制自调节效应和渗透率变化示意图

a. 正常状态；b. 煤层气解吸，基块收缩，裂隙张开，渗透率增大；c. 有效应力
下降，裂隙被压缩，渗透率降低；d. 煤储层的火柴杆模型(据 Seidle *et al.*，1992)

提出。他认为控制饱和土体体积变形和强度变化的因素不是土体承担的总应力 σ，而是总应力与孔隙水压力 σ_p 之差，即土骨架承受的有效应力 σ_e 可表达为

$$\sigma_e = \sigma - \sigma_p \tag{9.1}$$

类似地可以将排采过程中煤储层的变化按照式(9.1)来理解。也就是说，垂向的上覆静岩压力和水平方向上的构造应力等对煤岩体的作用有一部分将被储层流体压力所抵消。而在排采初期的抽水降压过程中储层压力下降，这会使作用在煤体上的有效应力相对增高，导致煤体及其孔裂隙空间发生压缩变形，从而导致裂隙宽度变小，最终使裂隙渗透率降低。这就是有效应力增加引起的渗透率负调节作用(图 9.1c)。

煤层气井排采实质上是储层降压和煤层气解吸并向井口运移产出，因此在排采过程中煤基质正负调节作用是同时发生的，它们的综合效果就是排采过程中的煤基质自调节效应，这一作用导致排采过程中渗透率改变，煤层气井产能发生动态变化。

研究者对煤层气井排采诱导渗透率变化现象进行了大量研究，表 9.1 列出了国外一些研究者建立的模型，其中或多或少地存在一些问题。

表 9.1   国外研究者建立的排采诱导渗透率变化模型

作 者	模 型	备 注
Gray (1987)	$\sigma - \sigma_0 = -\dfrac{\nu}{1-\nu}(P-P_0) + \dfrac{E}{1-\nu}\dfrac{\Delta\varepsilon_s}{\Delta p_s}\Delta p_s$ $k = 0.00103\mathrm{e}^{-0.714\sigma}$，$\mu\mathrm{m}^2$ $\dfrac{\Delta\varepsilon_s}{\Delta P_s}$：单位等效吸附压力导致的应变量	ΔP_s：等效吸附压力改变量 煤基质块体收缩是等效吸附压力下降的一部分
Harpalani 和 Zhao (1989)	$k = \dfrac{A}{P} + B + CP$	A、B、C 为常数 经验公式
Seidle 和 Huitt (1995)	$\dfrac{\phi}{\phi_0} = 1 + \left(1+\dfrac{2}{\phi_0}\right)\varepsilon_1\left(\dfrac{bP_0}{1+bP_0} - \dfrac{bP}{1+bP}\right)$ $\dfrac{k}{k_0} = \dfrac{\phi^3}{\phi_0^3}$	只受到基质块体收缩的影响

作　者	模　型	备　注
Palmer 和 Mansoori（1998）	$\phi - \phi_0 = \dfrac{1}{M}(P - P_0) - \left(1 - \dfrac{k}{M}\right)$ $\times \varepsilon_1 \left(\dfrac{bP_0}{1+P_\varepsilon} - \dfrac{P_0}{P_0+P_\varepsilon}\right) \dfrac{k}{k_0} = \dfrac{\phi^3}{\phi_0^3}$ ϕ：裂隙孔隙率 $M = \dfrac{E(1-\nu)}{(1+\nu)(1-2\nu)}, \quad K = \dfrac{E}{3(1-2\nu)}$	在低的排气压力下，如果基质块体收缩强烈，渗透率可能回弹
Gilman 和 Beckie （2000）	$k = \left(\dfrac{3\nu}{1-\nu} \dfrac{P-P_0}{E_F}\right) \exp\left(-\dfrac{3\alpha E}{1-\nu} \dfrac{\Delta S}{E_F}\right)$	α：体积膨胀系数 ΔS：吸附质量改变量 E_F：裂隙杨氏模量的推导量 参数 E_F 未定义

Seidle 和 Huitt（1995）以及 Palmer 和 Mansoori（1996）均给出了裂隙渗透率和裂隙孔隙率的关系

$$\frac{K}{K_0} = \frac{\phi^3}{\phi_0^3} \tag{9.2}$$

式中，变量下标 0 表示初始值，无下标表示任一时刻值。该式建立了储层孔隙与渗透率之间的关系，是研究排采诱导渗透率变化的基础。

首先，对水饱和煤样进行三轴应力-应变测试，对样品线弹性变形阶段的弹性模量和泊松比进行逐点计算

$$E = \frac{\sigma_1(\sigma_1 + \sigma_2) - \sigma_2}{(\sigma_1 + \sigma_2)\varepsilon_1 - 2\sigma_2\varepsilon_2} \tag{9.3}$$

$$\nu = \frac{\sigma_2\varepsilon_1 - \sigma_1\varepsilon_2}{(\sigma_1 + \sigma_2)\varepsilon_1 - 2\sigma_2\varepsilon_2} \tag{9.4}$$

式中，E 为弹性模量，MPa；ν 为泊松比，无量纲；σ_1、σ_2、σ_3 分别为三轴压力，MPa，σ_1 表示垂向压力，实验中指轴压，σ_2、σ_3 表示水平压力，实验中指围压，在假三轴力学实验中，$\sigma_2 = \sigma_3$；ε_1 为垂向应变，在实验中代表与 σ_1 对应的轴向应变；ε_2 为横向应变，在实验中代表平均径向应变，取分别与 σ_2、σ_3 对应的应变的平均值。

由此得在储层压力 P 下，煤基质块体的体积应变

$$\varepsilon_v = \frac{\varepsilon_{\max}P}{P + P_{50}} \tag{9.5}$$

式中，ε_v 为煤基质块体的体积应变，无量纲；$\varepsilon_{\max}$ 为压力 P 下吸附的最大体积应变，与 Langmuir 方程中 Langmuir 体积表达的含义相当，代表理论最大应变量，即无限压力下的渐近值，无量纲；P_{50} 与 Langmuir 压力数据表达的含义相当，代表煤样达到最大应变量的一半时的压力，MPa。

如果只考虑流体压力变化对有效应力的影响，当流体压力由 p_0 降到 p_1 时，有效应力的增大为

$$\Delta\sigma_c = p_1 - p_0 \tag{9.6}$$

式中，$\Delta\sigma_c$ 为有效应力增加量，MPa；p_1、p_0 分别为增加后的压力和初始压力，MPa。

则单位体积煤岩体孔裂和裂隙压缩量为

$$\Delta\phi_c = C_v(p_1 - p_0) \tag{9.7}$$

式中，$\Delta\phi_c$ 为煤岩体孔裂和裂隙压缩量，无量纲；C_v 为体积压缩系数，MPa^{-1}。

体积压缩系数是指围压升高 1MPa 时所引起的体积相对变化的量度，理论上可由下式计算

$$C_v = \frac{1}{V}\frac{dP}{dV} \tag{9.8}$$

式中，V 为煤体的初始体积，m^3；P 为煤体表面所受的压力，MPa。

在三向等压状态下，体积应变随围压的增大而增加，体积压缩系数随围压的增大而呈对数式减小，即

$$C_v = -a\ln P_c + b \tag{9.9}$$

式中，a、b 为拟合系数；P_c 为围压，MPa。

体积压缩系数可通过应力应变实验结果求出。

综合式(9.2)、式(9.7)和式(9.9)，有效应力增加引起的渗透率增量为

$$\frac{K_1}{K_0} = \left(\frac{\phi_1}{\phi_0}\right)^3 = \left[\frac{\phi_0 - C_v(P_1 - P_0)}{\phi_0}\right]^3 \tag{9.10}$$

同时，单位体积基质块体的压缩率为

$$\varepsilon_v = \frac{\varepsilon_{max}P_1}{P_1 + P_{50}} - \frac{\varepsilon_{max}P_0}{P_0 + P_{50}} \tag{9.11}$$

因为煤储层在垂向上未受到约束，只有水平方向上的体积收缩能够使孔隙和裂隙增大，水平方向上的体积收缩可由线弹性体积应变来计算

$$\left.\begin{aligned}\varepsilon_x = \varepsilon_y = \mu\varepsilon_z = \frac{v\varepsilon_v}{1 + 2v} \\ \varepsilon_v \approx \varepsilon_x + \varepsilon_y = \frac{2v\varepsilon_{max}}{1 + 2v}\left(\frac{P_1}{P_1 + P_{50}} - \frac{P_0}{P_0 + P_{50}}\right)\end{aligned}\right\} \tag{9.12}$$

式中，ε_x、ε_y 和 ε_z 分别为煤体在 x、y 和 z 方向上的应变量。

故由基质块体收缩引起的渗透率变化为

$$\frac{K_1}{K_0} = \left(\frac{\phi_1}{\phi_0}\right)^3 = \left\{\left[\phi_0 - \frac{2v\varepsilon_{max}}{1 + 2v}\left(\frac{P_1}{P_1 + P_{50}} - \frac{P_0}{P_0 + P_{50}}\right)\middle/\phi_0\right]\right\}^3 \tag{9.13}$$

式(9.10)和式(9.13)分别为排采条件下煤基质正、负调节作用的定量表达。从这两个计算式可以看出，煤基质变形主要与其岩石力学性质和受力状态相关。由此完成了排采诱导渗透率变化模型的建立。

9.1.2　实验与建模

煤样岩石力学性质实验装置为高精度拟三轴岩石力学测试系统（Rock Mechanics Testing System），该系统主要用于模拟油藏原位条件（地应力、孔隙压力和温度）下岩

石的力学行为。数据采集由计算机控制，岩样制备有专用设备支持，装置上所有传感器每年由国家标准计量单位进行标定校核。该岩石力学实验系统可模拟的地层条件为垂向应力 0～800MPa，水平应力 0～140MPa，孔隙流体压力 0～100MPa，地层温度 0～200℃。通过模拟实验，可获得不同应力条件下岩样的杨氏模量、泊松比、压缩系数、断裂韧性、热传导系数、孔隙弹性系数等力学参数，用于研究岩石孔隙度和渗透率与有效原地应力之间的耦合关系。

实验装置的核心部分如图 9.2 所示。在平行样品中轴的方向上施加轴向应力(σ_1)，相应的传感器记录的是轴向应变。在垂直样品中轴方向上施加两个相互垂直的力(σ_2 和 σ_3)，它们产生的即为径向应力(围压)，并将这两个力设置为相等。相应的应变传感器记录的是径向应变。在试验过程中采用的围压为 8MPa。

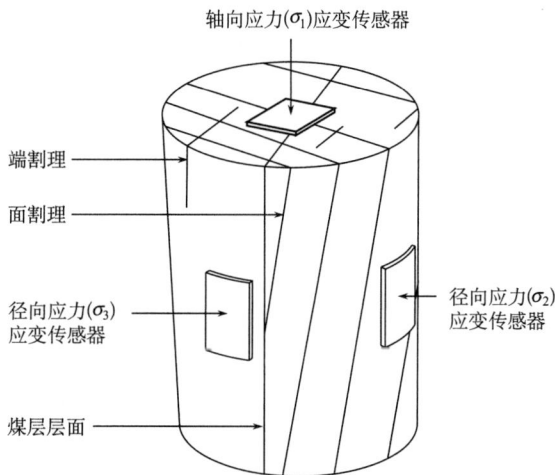

图 9.2 岩石力学测试装置核心部分示意图

煤样品采自沁水盆地寿阳-阳泉矿区、潞安矿区、沁源矿区、晋城矿区和霍州汾西矿区。在井下新揭露的工作面上采集煤岩大样 10 件。采样地点分别为寿阳百僧庄矿、阳泉一矿、晋城凤凰山矿、高平望云矿、左权石港矿、阳城卧庄矿、潞安常村矿和五阳矿、沁源沁新矿、霍州李家村矿。如此采样主要是考虑让煤样具有较宽的煤级范围并尽量分布均匀。样品的层位和镜质组最大反射率值(R_{max}^o,%)如表 9.2 所示。可见，所采煤样 R_{max}^o 介于 0.89%～4.29%，煤级涵盖了中-高级煤的范围。

在平行煤层的层理面方向上利用取样钻在每件大样中钻取直径 25mm、高 50mm 的圆柱形小样，并按国际岩石力学学会(ISRM)推荐标准，将每个小样进行端面整理。在钻样过程中，寿阳百僧庄矿和沁源沁新矿样品因裂隙发育和性脆制样或试验失败，最终获只得 8 个样品的测试结果。

在实验前，将样品置于 5% 的 KCl 溶液中，抽真空，排除其中的气相介质，饱和水平衡 24～48h。随后将样品送入实验装置中进行测试。

实验时采用的有干燥自然煤样、水饱和煤样和气水饱和煤样，图 9.3 是水饱和煤样的实验结果。

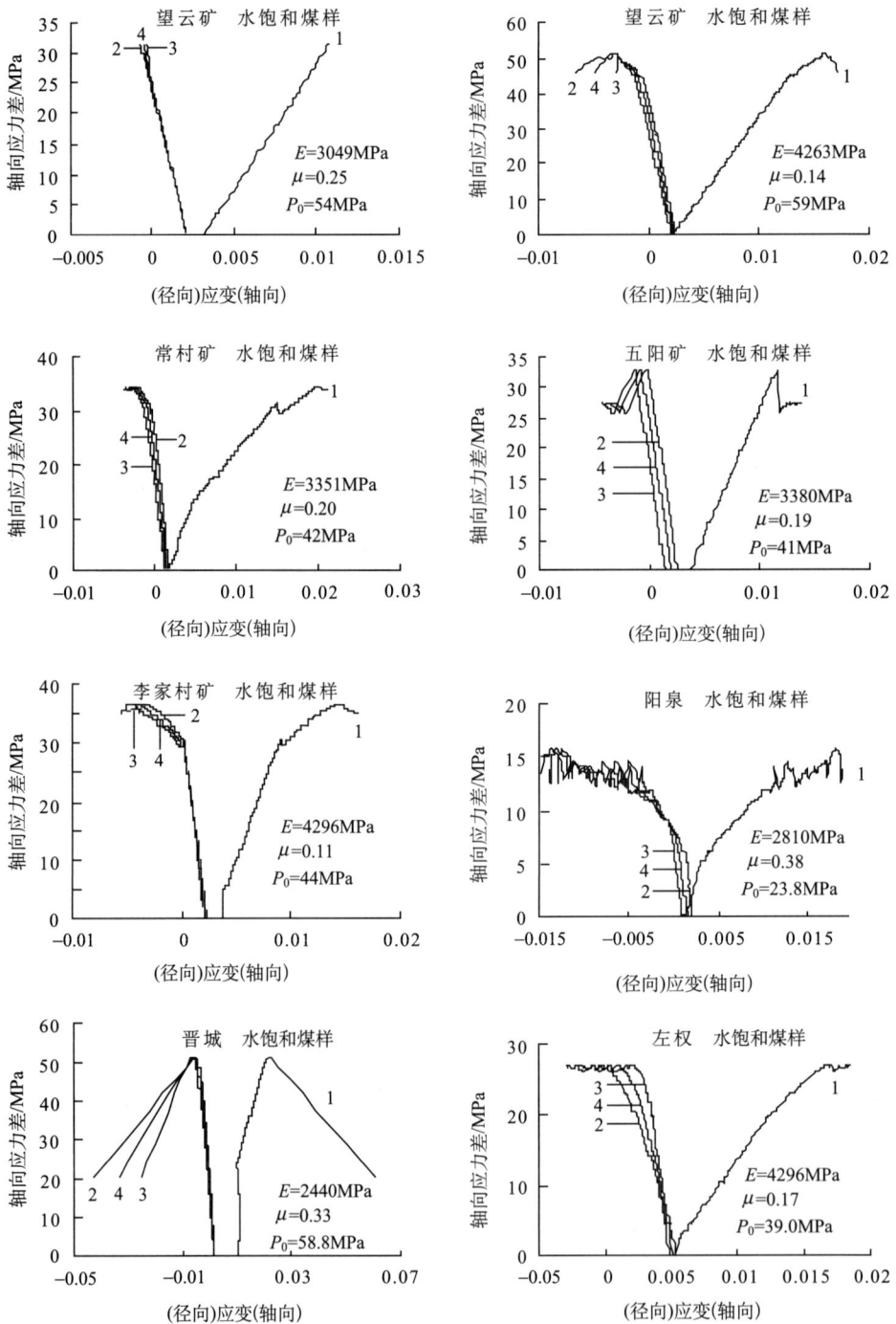

图 9.3 煤样应力-应变曲线图

1. 轴向应变；2. 径向应变1；3. 径向应变2；4. 平均径向应变

根据式(9.2)～式(9.4)计算得出煤样的岩石力学参数如表9.2所示。

具体做法是首先根据式(9.11)计算吸附最大应变量 ε_{max} 和煤岩体达到最大应变量一半时的压力 P_{50}，根据实验数据和式(9.8)计算体积压缩系数 C_v，结果如表9.3所示。

表 9.2　不同煤样的力学参数实验结果（围压 $P_c=8MPa$）

采样位置	采样层位	煤层	R°_{max}/%	自然煤样			饱和水煤样			气水饱和煤样		
				P_o	E	ν	P_o	E	ν	P_o	E	ν
晋城成庄矿	P_1s	3	2.87	40	3.168	0.17						
							40.0	3104	0.3124	24	1892	0.26
							29.0	4278	0.22			
高平望云矿	P_1s	3	2.17	78	4200	0.17		3049	0.25	54	3648	0.29
							59.0	4263	0.14			
潞安常村矿	P_1s	3	2.10	52	3650	0.16	42.0	3351	0.20	59	4536	0.28
潞安五阳矿	P_1s	3	1.89	39	3529	0.17	41.0	3360	0.19	22	2380	0.43
霍州李家村矿	P_1s	3	0.89				44.0	4296	0.11	54	4471	0.12
晋城凤凰山矿	P_1s	3	3.83	78	4280	0.33	58.8	2440	0.33			
阳泉一矿	P_1s	3	2.24	52	4840	0.23	23.8	2810	0.38	18.5	1960	0.12
左权石港矿	C_2-P_1t	15	2.30	56	3730	0.45	34.8	2630	0.29			
阳城卧庄矿	P_1s	3	4.29	70	4230	0.28	62.0	4550	0.36	52	4250	0.42
霍州李家村矿	P_1s	3					44.0	4396	0.11			
										54	4471	0.12

注：P_o 为抗压强度，MPa。

表 9.3　不同储层压力下体积压缩系数（埋深 800m）

煤样	ε_{max}	P_{50}/MPa	ν	$C_v/10^{-4}MPa^{-1}$				
				5.9~4.7	4.7~3.7	3.7~2.7	2.7~1.7	1.7~0.7
成庄	0.0013	6.64	0.26	1.5423	1.3523	1.1721	0.8836	0.7702
望云	0.0025	1.14	0.29	1.0885	0.8293	0.5836	0.1900	0.0352
常村	0.0036	4.62	0.28	1.4384	1.2978	1.1645	0.9510	0.9671
五阳	0.0047	3.97	0.43	0.5400	0.2527	0.2527	0.2527	0.2527
左权	0.0039	1.66	0.29	1.5116	1.3028	1.2053	1.038	0.9785
阳泉	0.0045	2.03	0.12	0.5325	0.3186	0.2476	0.2385	0.2307

再根据以上计算成果，运用式(9.10)和式(9.13)计算煤基质正负调节效应及其耦合作用的结果，如表 9.4 所示。

表 9.4 即为这项研究的核心成果，量化的沁水盆地中高煤级煤排采诱导渗透率变化特征。由此得到在排采过程中，由于煤层气的解吸导致煤基质收缩对渗透率产生正调节作用和有效应力增加导致渗透率负调节作用而产生的渗透率变化。由表 9.4 可见，在这种自调节作用下，渗透率可以在 -0.45%~0.39% 之间变化。

图 9.4 和图 9.5 表示了排采诱导渗透率变化的二维模式。由图可见，总体而言随着储层压力的增大和煤级的增高，排采诱导渗透率变化的正效应变小，负效应增大。

表 9.4 煤基质正负自调节效应耦合作用结果

煤样产地	渗透率变化量	流体压力/MPa				
R^o_{max}/%	/%	4.7~5.9	3.7~4.7	2.7~3.7	1.7~2.7	0.7~1.7
成庄 2.87	ΔK_ε	−0.52	−0.38	−0.33	−0.25	−0.22
	ΔK_σ	0.07	0.07	0.09	0.11	0.11
	ΔK_c	−0.45	−0.31	−0.24	−0.14	−0.11
望云 2.17	ΔK_ε	−0.36	−0.23	−0.16	−0.05	−0.01
	ΔK_σ	0.08	0.10	0.15	0.25	0.25
	ΔK_c	−0.28	−0.31	−0.01	0.2	0.24
常村 2.1	ΔK_ε	−0.48	−0.36	−0.33	−0.27	−0.27
	ΔK_σ	0.34	0.36	0.46	0.60	0.60
	ΔK_c	−0.14	0.00	0.13	0.33	0.33
五阳 1.89	ΔK_ε	−0.18	−0.07	−0.07	−0.07	−0.07
	ΔK_σ	0.58	0.62	0.81	1.10	1.10
	ΔK_c	0.4	0.55	0.74	1.03	1.03
左权 2.30	ΔK_ε	−0.51	−0.36	−0.34	−0.29	−0.27
	ΔK_σ	0.21	0.25	0.36	0.58	0.58
	ΔK_c	−0.3	−0.11	0.02	0.29	0.31
阳泉 2.24	ΔK_ε	−0.18	−0.09	−0.07	−0.07	−0.06
	ΔK_σ	0.18	0.21	0.29	0.45	0.45
	ΔK_c	0.00	0.12	0.21	0.38	0.39

注：ΔK_σ 为煤基质收缩效应引起的渗透率增加率；ΔK_ε 为有效应力负效应引起的渗透率应力降低率；ΔK_c 为综合效应。

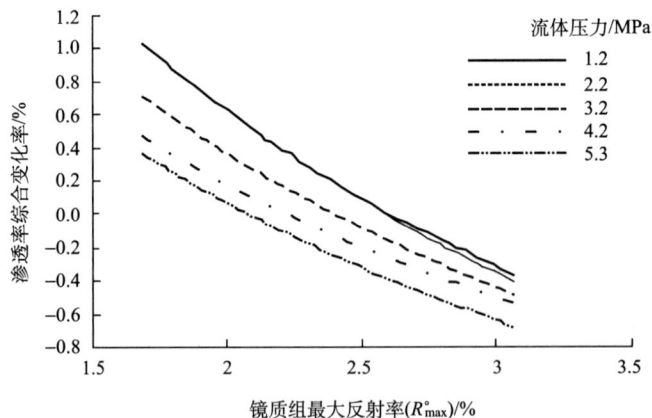

图 9.4 流体压力-综合效应耦合关系模式

进一步利用 Surfer 软件生成了如图 9.6 所示的三维模型，由此可得镜质组最大反射率 R^o_{max} 和流体压力 P 为自变量的关系式

$$K_c = f(R^o_{max}, P) \tag{9.14}$$

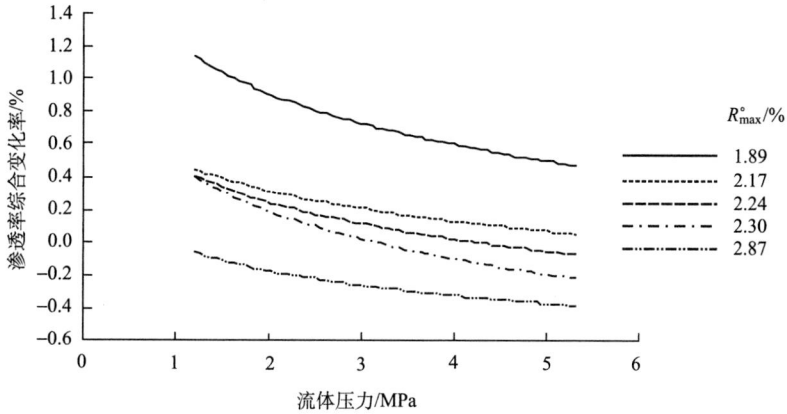

图 9.5 煤级-综合效应耦合关系模式

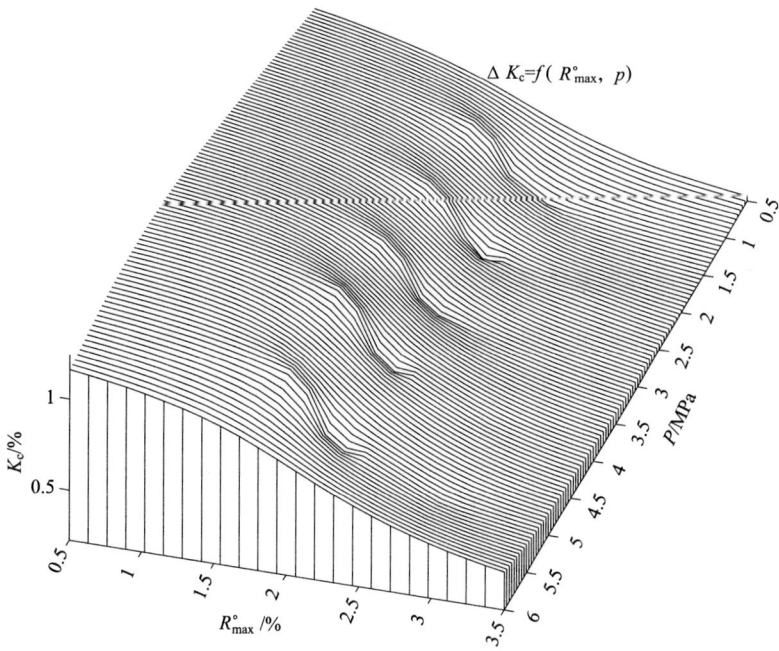

图 9.6 排采诱导渗透率变化综合效应耦合关系模型

9.1.3 模拟实例计算

将上面的模型嵌入了自行开发的储层模拟软件 CUMTCBMRS 1.0，使该软件具备了考虑排采诱导渗透率变化的功能。下面是计算的过程。

采用表 9.5 的参数进行排采诱导渗透率变化对井产能影响的模拟研究。为了考察渗透率变化对不同煤级的影响，分别设定模拟煤层的 R°_{max} 为 2.89% 和 1.89%，进行两次模拟计算。

表 9.5   模拟计算基本条件

参 数	数 值	参 数	数 值
镜质组最大反射率/%	2.99	井底流动压力/MPa	0.20
煤层厚度/m	7.23	表皮系数	5.40
埋深/m	472.37	水密度/(t/m³)	1.00
镜质组最大反射率/%	2.89/0.89	甲烷密度/(kg/m³)	0.67
裂隙渗透率/mD	5.00	水的黏度/cp	0.000075
裂隙孔隙率/%	1.50	甲烷黏度/cp	0.01
初始含气量/(m³/t)	250	径向网格数	10.00
Langmuir 体积/m³	350	角度增量/(°)	3.60
Langmuir 压力常数/MPa^{-1}	0.32	模拟时间/d	600.00
初始气饱和度/%	2.001	储层温度/℃	23.00
解吸时间/d	5.00	灰分/%	0.12
初始水饱和度/%	79.00	压裂长度/m	185.00
影响半径/m	475.14	裂缝宽度/m	0.001
井口半径/m	0.10	压裂裂缝渗透率/mD	50.00

9.1.3.1   排采诱导渗透率变化对高煤级煤产能的影响

首先取 R°_{max} 为 2.89%，从图 9.6 的模型上获取排采诱导渗透率变化参数，进行渗透率变化和不变的模拟计算。渗透率变化的模拟计算结果如图 9.7 和表 9.6 所示。600 天的产气过程可分三个阶段。第一阶段为少量产气阶段，表现为前 100 天内的产气速率缓慢上升，阶段末达到 500m³/d。第二阶段为高峰阶段，出现在 100～400 天，最高产气速率略大于 2500m³/d。第三阶段为稳定阶段，排采 400 天以后，产气速率缓慢下降并趋于平稳，维持在 1500m³/d。

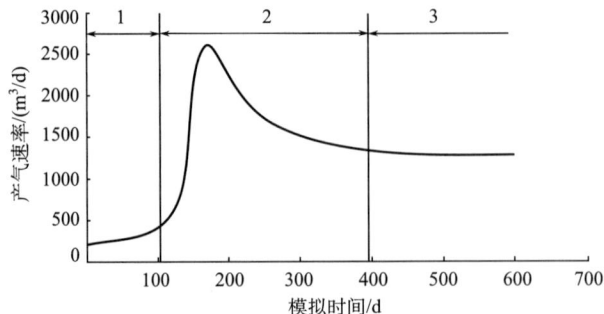

图 9.7   模拟井产气速率曲线图

表 9.6　模拟结果数据表 1（R_{max}^{o}＝2.89%）

模拟时间/d	渗透率变化		渗透率不变	
	产气速率/(m³/d)	累计产气量/m³	产气速率/(m³/d)	累计产气量/m³
1	219.1411	219.1411	219.1411	219.1411
2	218.8158	437.9569	218.7765	437.9175
3	218.5050	656.4619	218.4240	656.3416
4	218.2603	874.7221	218.1390	874.4805
5	218.0781	1092.8002	217.9180	1092.3985
6	217.9553	1310.7556	217.7582	1310.1567
7	217.8891	1528.6447	217.6567	1527.8135
8	217.8768	1746.5215	217.6112	1745.4246
9	217.9158	1964.4373	217.6192	1963.0438
10	218.0039	2182.4412	217.6786	2180.7224
20	221.2265	4376.8433	220.7727	4370.9443
30	228.0761	6623.8731	227.5949	6613.2789
40	238.2599	8958.1201	237.7535	8942.5747
50	251.7579	11412.2634	251.2283	11391.5238
60	268.9178	14021.2315	268.3686	13995.0848
70	290.4129	16824.8975	289.8479	16793.1690
80	317.2899	19872.1288	316.7123	19834.6786
90	351.0807	23224.8907	350.4933	23181.6084
100	393.9903	26963.6568	393.3951	26914.4556
110	449.1870	31195.9051	448.5857	31140.7175
120	544.1326	36146.8709	543.5267	36085.6443
130	775.2183	42738.3345	774.6088	42671.0285
140	1190.4234	52589.3029	1189.8112	52515.8868
150	1813.2995	67811.8975	1812.6854	67732.3482
160	2370.5835	89240.4046	2369.9679	89154.7053
170	2588.6293	114431.7753	2588.0127	114339.9141
180	2549.1151	140239.0361	2548.4979	140141.0050
190	2410.9233	165003.2363	2410.3057	164899.0304
200	2257.4282	188265.0678	2256.8105	188154.6848
220	1999.2672	230581.7217	1998.6497	230458.9844
240	1813.7717	268519.4523	1813.1547	268384.3695
260	1681.4082	303334.6524	1680.7920	303187.2385

续表

模拟时间/d	渗透率变化		渗透率不变	
	产气速率/(m³/d)	累计产气量/m³	产气速率/(m³/d)	累计产气量/m³
280	1584.5417	335896.0927	1583.9265	335736.3653
300	1512.4428	366794.8763	1511.8285	366622.8535
320	1457.9339	396445.9897	1457.3204	396261.6889
340	1416.2520	425148.3293	1415.6392	424951.7662
360	1384.1314	453121.9415	1383.5192	452913.1296
400	1339.9737	507506.8686	1339.3624	507273.5880
440	1313.4658	560516.6364	1312.8546	560258.9058
500	1292.7906	638607.6512	1292.1786	638313.2283
540	1286.4606	690175.0206	1285.8473	689856.0918
600	1283.1259	767232.7614	1282.5099	766876.9575

分别进行渗透率变化和不变的产能模拟,得出产气速率和累计产气量结果,由于两个模拟的结果差值很小,曲线基本叠合无法观察,故这里给出的是产气速率和累计产气量偏差量及变化率的情况,分别如图9.8和图9.9所示。

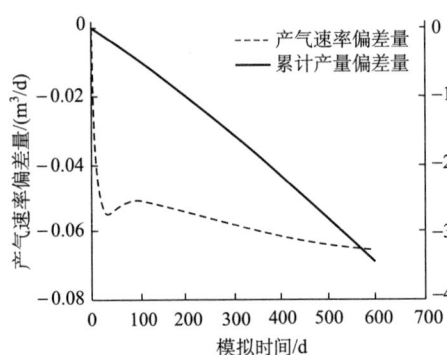

图 9.8 产气量偏差图

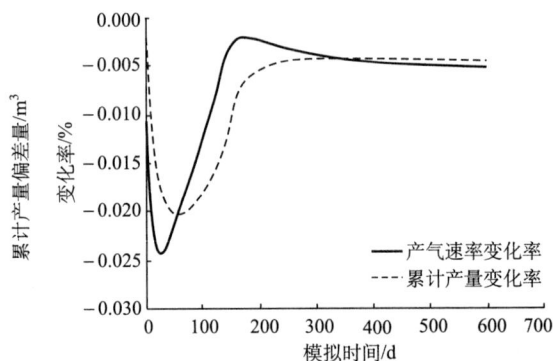

图 9.9 产气量变化率

由图9.8显示排采诱导渗透率变化以有效应力负效应为主,产气速率最大降低0.04m³/d,排采600天后累计产气量降低了34.40m³。图9.8和图9.9同时显示,随着排采的进行产气速率和累计产气量在前200天内呈现一个快速下降和回升的过程,之后均稳定在-0.005%左右。

9.1.3.2 排采诱导渗透率变化对中煤级煤产能的影响

取 $R_{\max}^{o}$ 值为1.89%,其他参数不变,同样分别进行渗透率变化和不变的产能模拟,得出产气速率和累计产气量的结果,如表9.7、图9.10—图9.12所示。

表 9.7　模拟结果数据表 2（$R^o_{\max} = 1.89\%$）

模拟时间/d	渗透率不变		渗透率变化	
	产气速率/(m³/d)	累计产气量/m³	产气速率/(m³/d)	累计产气量/m³
1	219.1411	219.1411	219.1411	219.1411
2	218.7703	437.9114	218.7765	437.9175
3	218.4119	656.3232	218.4240	656.3416
4	218.1215	874.4447	218.1390	874.4805
5	217.8958	1092.3405	217.9180	1092.3985
6	217.7318	1310.0724	217.7582	1310.1567
7	217.6267	1527.6991	217.6567	1527.8135
8	217.5779	1745.2770	217.6112	1745.4246
9	217.5830	1962.8600	217.6192	1963.0438
10	217.6400	2180.5000	217.6786	2180.7224
20	220.7208	4370.2483	220.7727	4370.9443
30	227.5402	6612.0442	227.5949	6613.2789
40	237.6991	8940.7934	237.7535	8942.5747
50	251.1748	11389.2035	251.2283	11391.5238
60	268.3162	13992.2357	268.3686	13995.0848
70	289.7962	16789.7997	289.8479	16793.1690
80	316.6612	19830.7953	316.7123	19834.6786
90	350.4424	23177.2148	350.4933	23181.6084
100	393.3443	26909.5534	393.3951	26914.4556
110	448.5348	31135.3066	448.5857	31140.7175
120	543.4756	36079.7235	543.5267	36085.6443
130	774.5575	42664.5957	774.6088	42671.0285
140	1189.7596	52508.9391	1189.8112	52515.8868
150	1812.6334	67724.8823	1812.6854	67732.3482
160	2369.9155	89146.7175	2369.9679	89154.7053
170	2587.9600	114331.4005	2588.0127	114339.9141
180	2548.4447	140131.9615	2548.4979	140141.0050
190	2410.2521	164889.4530	2410.3057	164899.0304
200	2256.7565	188144.5692	2256.8105	188154.6848
220	1998.5948	230447.7801	1998.6497	230458.9844
240	1813.0991	268372.0600	1813.1547	268384.3695
260	1680.7356	303173.8080	1680.7920	303187.2385
280	1583.8693	335721.7986	1583.9265	335736.3653
300	1511.7706	366607.1359	1511.8285	366622.8535

续表

模拟时间/d	渗透率不变		渗透率变化	
	产气速率/(m³/d)	累计产气量/m³	产气速率/(m³/d)	累计产气量/m³
320	1457.2618	396244.8065	1457.3204	396261.6889
340	1415.5800	424933.7057	1415.6392	424951.7662
360	1383.4594	452893.8783	1383.5192	452913.1296
400	1339.3014	507251.9194	1339.3624	507273.5880
440	1312.7925	560234.7755	1312.8546	560258.9058
460	1303.9189	586393.3443	1303.9815	586418.7211
500	1292.1151	638285.3293	1292.1786	638313.2283
540	1285.7829	689825.6338	1285.8473	689856.0918
560	1284.0184	715521.4944	1284.0832	715553.2451
600	1282.4443	766842.5965	1282.5099	766876.9575

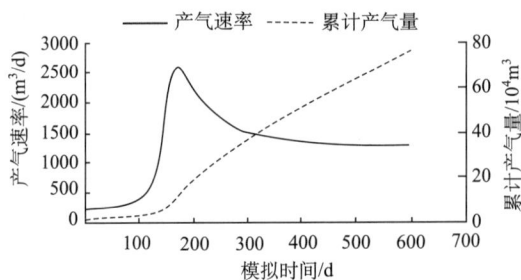

图 9.10 产气量曲线图

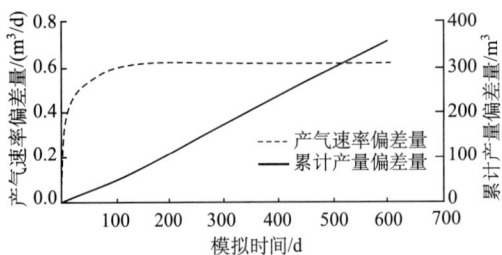

图 9.11 产气量偏差图

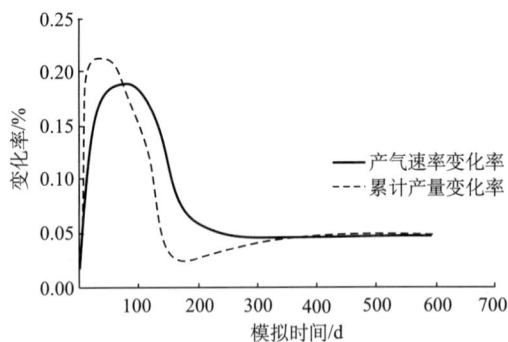

图 9.12 产气量变化率曲线图

由图 9.11 和图 9.12 可见，考虑渗透率变化后，产气速率和累计产气量有所增高，与高煤级煤相比，中煤级煤基质收缩正效应起了主导作用，即煤基质收缩正效应大于有效应力负效应。渗透率变化对产能的影响情况如下，产气速率增加 0.62m³/d，排采 600 天后累计产气量增加了 350.80m³；产气速率和累计产量变化速率均为 0.05%。这比高煤级煤高出了一个数量级。两个产能参数在前 200 天内有一个上升-回落的突变过程。

9.1.3.3 讨论

研究成果反映了排采诱导渗透率变化的过程和对排采表现产生的影响和效果。

排采前期渗透率变化程度相对较大,应该是煤层气开始解吸的初期,储层处于某种调整状态,其中的机理有待进一步研究。

对于 $R^{\circ}_{\max}$ 为 2.89% 的高煤级煤,考虑渗透率变化时,600 天的平均产气速率为 797.15m³/d,累计产气量为 766842.00m³;不考虑渗透率变化 600 天的平均产气速率为 797.19m³/d,累计产气量为 766877.00m³。两者相差,产气速率仅为 0.04m³/d,累计产气量仅为 34.40m³。

对于 $R^{\circ}_{\max}$ 为 1.89% 的中煤级煤,考虑渗透率变化时,600 天的平均产气速率为 992.26m³/d,累计产气量为 766876.96m³;不考虑渗透率变化 600 天的平均产气速率为 991.76m³/d,累计产气量为 766842.60m³。两者相差,产气速率仅为 0.50m³/d,累计产气量为 350.80m³。

$R^{\circ}_{\max}$ 从 2.89% 降至 1.89%,产气速率偏差从 −0.005% 增至 0.05%。600 天的累计产气量也从约 40m³ 增至约 400m³。

可见对单井而言,无论是高煤级煤或是中煤级煤,由于排采诱导渗透率变化引起的产能变化都几乎可以忽略不计。

但是如果对象是一个具有众多井网的气田,其情况就完全不一样了。假定一个 1000 口井的气田在 600 天的排采过程中,对高煤级煤,会有约 40000m³ 的煤层气"凭空消失",对中煤级煤,会有约"无故增加"400000m³ 的产量。而且随着排采时间的延长,这一现象会更加突出。

可见,在一定的情况下排采过程中渗透率的变化对中煤级煤的影响不容忽视。鉴于这种现象的存在,计算资源潜势或可采储量时应予以考虑,同时应进一步研究如何在生产过程中减弱排采诱导渗透率变化的负效应,增强其正效应。

9.2 煤储层三孔两渗模型

9.2.1 概述

本书的 4.1 和 4.2 节详细介绍了煤层气产出的地质和数学模型,实际上,那里涉及的模型只是众多模型中比较常用的一种,即双重孔隙系统、单一渗透率模型,该模型又简称为双孔单渗模型。顾名思义,在模型中煤储层孔隙系统包含了基质块体中的微孔隙和煤层内的裂隙两种孔隙,煤层气产出时在前者内发生解吸和扩散作用,在裂隙系统中发生气水两相渗流作用,在计算时只用到裂隙的渗透率。

除了双孔单渗模型外,根据孔隙和流体运移特性,煤层气产出模型还有单孔单渗模型、另外一种双孔单渗模型、双孔双渗模型以及三孔两渗模型(图 9.13)。

这些模型在 5.1 节中略有涉及，下面结合图 9.13 做一个详细的说明。

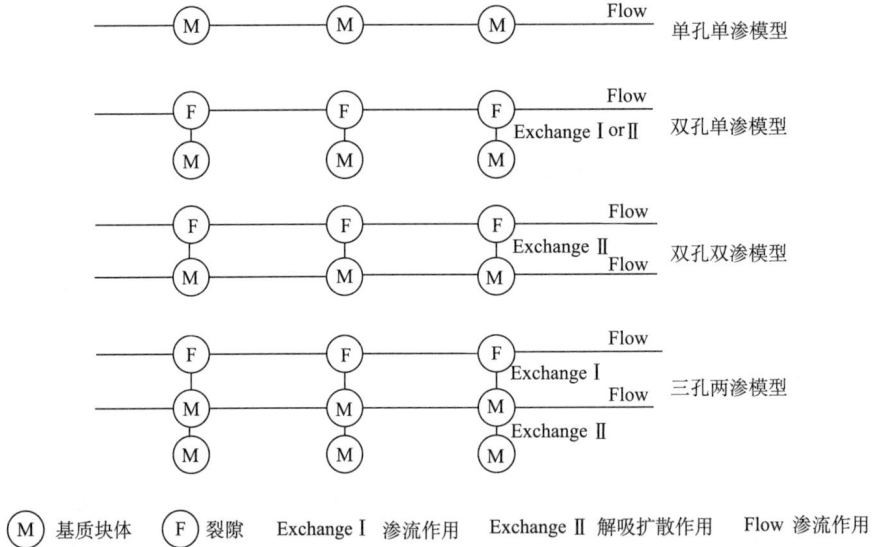

图 9.13　根据孔隙和流体运移特性划分的煤层气产出模型（据 ARI，2005a）

1）单孔单渗模型不考虑煤层气的吸附和解吸过程，气体直接进入裂隙系统渗流进入井孔。这显然是最初和最简单也最不准确的模型。

2）双孔单渗模型假定储层介质具有双重孔隙系统，煤层气从基块孔隙系统到裂隙系统的运移包含了解吸和扩散作用，在裂隙系统中是渗流作用。这是目前最常用的模型。

3）双孔双渗模型仍采用双重孔隙系统储层模型，与双孔单渗模型不同的是，煤层气从基块孔隙系统到裂隙系统的运移除解吸和扩散作用之外还存在渗流作用，在裂隙系统中是渗流作用。这个模型存在的问题是没有很好地解决如何区分基块孔隙系统中扩散和渗流的问题，因而很少被采用。

4）三孔两渗模型是在双孔单渗模型和双孔双渗模型的基础上发展而来的。之所以形成这样的模型，是基于实验室分析研究发现，煤储层基质块体中的微孔隙在孔径和连通性方面存在较大的差异。对于连通性较好的孔隙，当孔径很小时，甲烷分子只能够在其中进行扩散运移，但是如果孔径大到一定程度，就会发生渗流作用。此时，可以认为煤储层中存在三个级别的传质过程。第一个级别为煤层气解吸之后在基质块体超微孔隙中的扩散运移，进而是在基质块体中孔径较大的通道内发生的渗流运移，之后是在宏观裂隙中的渗流运移，最终达到井口产出。

下面将围绕三孔两渗模型开展研究。

9.2.2　模型定量描述

下面根据 COMET3 软件系统的说明文档（ARI，2005a），介绍三孔两渗模型的定量

表述。对于裂隙而言，有下列方程

$$\begin{cases} \nabla \cdot [b_g M_g (\nabla p_g + \gamma_g \, \nabla Z) + R_{sw} b_w M_w (\nabla p_w + \gamma_w \, \nabla Z)]_f + E_g + q_g = (\mathrm{d}/\mathrm{d}t)(\phi b_g S_g + R_{sw} b_w S_w) \\ \nabla \cdot [b_w M_w (\nabla p_w + \gamma_w \, \nabla Z)]_f + E_w + q_w = (\mathrm{d}/\mathrm{d}t)(\phi b_w S_w)_f \end{cases}$$

$$(9.15)$$

式中，$M_n = k_m / \mu_m$，M_n 为渗流和流体黏度的中间变量，下标 n（g、w）表示气或水，其他变量的下标均与此相同；p_n 为气和水的压力；γ_n 为气和水的势梯度；b_n 为气体和水压缩系数；∇p_n 为储层压力梯度；∇Z 为煤储层埋深梯度；E_n 为气和水的源；q_n 为气和水的汇；下标 f 表示裂隙部分的状态（即 fracture）。

对于基质块体而言，有下列方程

$$\begin{cases} \nabla \cdot [b_g M_g (\nabla p_g + \gamma_g \, \nabla Z) + R_{sw} b_w M_w (\nabla p_w + \gamma_w \, \nabla Z)]_m + E_g + q_m = (\mathrm{d}/\mathrm{d}t)(\phi b_g S_g + R_{sw} b_w S_w) \\ \nabla \cdot [b_w M_w (\nabla p_w + \gamma_w \, \nabla Z)]_m + E_w = (\mathrm{d}/\mathrm{d}t)(\phi b_w S_w)_m \end{cases}$$

$$(9.16)$$

式中变量的含义大多与式（9.15）相同，E_n 表示裂隙与基质块体之间的气和水的交换量；下标 m 表示基质块体部分的状态（即 matrix）。

对上面两个方程的物理意义，作者不准备做更多的解释，读者可以参见式（4.19）或式（4.25），四个方程本质基本上是一样的。

裂隙与基质块体之间的气和水的交换量 E_g 和 E_w 的计算方法如下

$$\left. \begin{aligned} F_g &= T_g [\omega_g k_{\text{rgm}} + (1 - \omega_g k_{gf})] \cdot [p_{wm} - p_{wf} + (p_{cgwm} - p_{cgwf}) \mid d\gamma_{gw}(Z_{gm} - Z_{gf})]] \\ E_w &= T_w [\omega_w k_{rwm} + (1 - \omega_w k_{wf})] \cdot [p_{wm} - p_{wf} + d\gamma_{gw}(Z_{gm} - Z_{gf})] \\ T_n &= 0.001127(1 \Delta \mathrm{X} \Delta \mathrm{Y} \Delta Z) \sigma (b_n - k/\mu_n) \end{aligned} \right\}$$

$$(9.17)$$

式中，下标 n（g 和 w）仍分别表示气和水；σ 为基质块体的形状因子，$d\gamma_{gw}$ 为 1/2 气和水力梯度差（gas and water gradient difference）；ω_n 为气和水相对渗透率的上游重量因子（upstream weighting coefficients for the gas and water relative permeabilities）；Z_{gm} 和 Z_{gf} 分别为模拟网格单元内气体在基质块体和裂隙中的水平（level）。

式（9.17）中，$d\gamma_{gw}(Z_{gm} - Z_{gf})$ 项表示基质块体和裂隙中重力对 E_n 的影响。气体水平 Z_{gm} 和 Z_{gf} 可用下式表示

$$Z_{gm} = \frac{(S_{gm} - S_{gmi})L_z}{1 - S_{orgm} - S_{gmi}} \tag{9.18}$$

和

$$Z_{gf} = \frac{(S_{gf} - S_{gfi})L_z}{1 - S_{orgf} - S_{gfi}} \tag{9.19}$$

式中，L_z 为基质块体的高度；S_{gmi} 和 S_{gfi} 分别为基质块体和裂隙中的初始气体饱和度；S_{orgm} 和 S_{orgf} 分别为为基质块体和裂隙中的原始残余气饱和度。

该模型的吸附解吸模型与 5.1 节中的讨论完全一致，这里不再重复。

从上面的推演可知，三孔两渗模型的数学计算是所有模型中最复杂的一个。它不但

要同时求解两个偏微分方程，同时还需要获取更多的储层参数来支持模拟计算。

9.2.3 模型参数确定

从三孔两渗数学模型可以看出，虽然过程表述比较复杂，但其基本原理与前面章节中详细讨论的双孔单渗模型及其解算方法有很多相似之处。与双孔单渗模型相比，三孔两渗模型需要多解一个气水在渗流孔中运移的三维二相偏微分方程，以及用解析法计算一些相关的参数。这在技术上难度并不大，但解决方程中的参数问题需要费一些功夫。首先，要区分出基块孔隙中哪些是扩散孔，哪些是渗流孔。根据扩散和渗流传质的机理，这显然与孔隙结构特征，特别是孔径密切相关。其次，一些参数如渗流孔的孔隙度、渗透率以及相对渗透率等也是必不可少的。下面讨论这些参数的获取问题。

9.2.3.1 扩散孔、渗流孔和裂隙的划分

三孔两渗模型假设的前提是储层中存在三类孔隙，即微小孔、大中孔和裂隙。不言而喻，基质块体中的微小孔是煤层气存储和扩散运移的空间，同样处于基质块体中的大中孔和分割基质块体的裂隙是渗流运移的通道。这在理论上非常清楚，但要在目前的科学技术条件下直接观察这个过程几乎是不可能的。因此，必须另辟蹊径来解决扩散孔、渗流孔和裂隙的划分问题(Zou et al.，2013)。

煤储层孔隙分类方案众多。最常用的四级孔隙分类即微孔(＜10nm)、小孔(10～100nm)、中孔(100～1000nm)以及大孔(＞1000nm)(傅雪海等，2003)。Hodot(1961)认为，微孔和小孔属扩散孔，中孔属轻微渗流孔，大孔则为强烈渗流孔。国际理论与应用化学联合会(the International Union of Pure and Applied Chemistry)提出了微孔(＜2nm)、过渡孔(2～5nm)和大孔(＞50nm)的分类。Gan等(1972)认为扩散孔的孔径在1.2～30nm，渗流孔的孔径在30～2960nm。这些认识年代较早，没有现代分析测试手段的支撑，而且人为因素较重，已经无法满足建模的需要。

煤孔裂隙的实验测试方法基本可以分为三类(Sing，2004)。第一类是比较常用的压汞测试和液氮吸附测试，主要用于孔隙度和孔隙结构分析(Gan et al.，1972；Yao et al.，2009)。但压汞法须考虑高压对煤的弹性压缩效应问题，液氮吸附仅能探测微小孔信息。第二类是将煤样制成煤砖、光片或薄片等，通过各种显微设备对其进行观测和统计，如扫描电子显微镜(Unsworth et al.，1989；Crosdale et al.，1998)等。但该方法一般只能观察到孔裂隙在煤样中某个剖面的信息，不能全面描述煤的表面特征。第三类是给煤样施加一个物理信号，通过反演信号分析样品的结构，包括小角度X射线散射(small angle x-ray scattering)(Radlinski and Hinde，2001)，小角度中子散射(small angle neutron scattering)(Radlinski and Hinde，2002；Radlinski et al.，2004)，原子力显微镜(AFM，Bruening and Cohen，2005；Golubev et al.，2008)，核磁共振(NMR)(Yao et al.，2010；Li et al.，2012)等。这类方法较好地克服了上述两类方法的局限性，核磁共振方法以快速性和无损检测性被广泛地应用于煤储层孔裂隙探测中(Yao et al.，2010；姚艳斌等，2010；Li et al.，2012)。

　　显然，上述三类方法能够解决认识储层空隙特性的问题。但是扩散孔、渗流孔和裂隙的问题仍然没有解决。因为上述方法只能够观察煤储层孔隙的特性，并不能分辨甲烷分子在煤储层孔隙系统中的吸附、扩散和渗流行为。

　　NMR 岩石孔隙分析技术的理论基础是岩石空隙内所含流体中的自旋氢核[1]H 在均匀分布的静磁场及射频场的作用下的核磁共振弛豫行为。当饱和水的岩石样品放于均匀的核磁共振静磁场中时，流体中所含的氢核[1]H 就会被磁场极化，此时对样品施加一定频率的射频场就会产生核磁共振，在撤掉射频场后就会发生弛豫现象（relaxation），其本质是[1]H 高能态转变为低能态。弛豫的方式有两种，处于高能态的核通过交替磁场将能量转移给周围的分子并返回低能态，该过程称为自旋晶格弛豫。自旋晶格弛豫降低了磁性核的总体能量，又称为纵向弛豫。其速率用 $1/T_1$ 表示，T_1 称为纵向弛豫时间。两个处在一定距离内，进动频率相同、进动取向不同的核互相作用，交换能量，改变进动方向的过程称为自旋-自旋弛豫。该过程未降低磁性核的总体能量，又称为横向弛豫。其速率用 $1/T_2$ 表示，T_2 称为横向弛豫时间（Kleinberg and Farooqui，1993；邢其毅等，2005）。

　　研究对象组成成分和结构特征的差异会导致不同的弛豫过程，研究者正是利用这一点来进行包括孔径分布、孔隙度、扩散系数、渗透率、油水饱和度、润湿性以及各向异性程度在内的储层参数的反演（唐巨鹏，2005；龚国波等，2006）。这些反演通常采用横向弛豫时间 T_2 来进行，对于多孔介质中的水，T_2 可表示为（Timur，1972；Kenyon，1992）

$$\frac{1}{T_2} = \frac{1}{T_{2B}} + \frac{1}{T_{2S}} + \frac{1}{T_{2D}} \tag{9.20}$$

式中，T_2 为孔隙流体的弛豫时间，ms；T_{2B} 为体弛豫时间，ms；T_{2S} 为表面磁豫时间，m；T_{2D} 为扩散弛豫时间，ms。

　　体弛豫时间表示水内部[1]H 的弛豫特性，在受到孔隙限制的情况下，T_{2B} 数值通常大于 3000ms，因此可以把式（9.20）右边第一项忽略掉。扩散弛豫时间表示因静磁场不均匀导致水分子做布朗扩散运动所产生的横向弛豫。由于孔隙空间的限制，水分子不能够做完全自由的布朗运动，另外在测试时通常采用均匀磁场的磁场强度和回波时间均很小，分子自扩散非常有限（T_{2D} 与该磁场强度梯度成正比），故可忽略式（9.20）右边的第三项（Korringa et al.，1962；龚国波等，2006）。于是，式（9.20）可简化并表示为（Kenyon，1992；Kleinberg，1996；Yao et al.，2010）

$$\frac{1}{T_2} = \frac{1}{T_{2S}} = \rho_2 \left(\frac{S}{V} \right) \tag{9.21}$$

式中，S 为孔隙的表面积；V 为孔隙的体积；ρ_2 为岩石的横向表面弛豫强度。

　　式（9.21）表明横向弛豫时间是由横向表面弛豫强度和孔隙特性（S/V，孔比表面积）决定的。需要提到的是，该式是针对某个具体的孔隙而言的，由于储层孔隙结构非常复杂，流体在介质中被许多界面分割包围，孔道形状和大小不一，原子核与固体表面上顺磁杂质接触的机会不一致，使得各个原子核弛豫得到加强的几率不等，所以岩石流体系统中原子核弛豫不能以单个弛豫时间来描述，而应当是一个分布（张亚蒲等，2010）。正

是利用这个 T_2 分布就可以用来反演孔隙的结构特征。

很多研究者（Kenyon，1992；Kleinberg and Farooqui，1993；Kleinberg et al.，1993；Kleinberg，1996；运华云等，2002）均认为 T_2 与孔径呈线性的关系，这就是核磁共振 T_2 谱储层孔隙性分析的理论基础。

现在又回到本小节的问题，三孔两渗模型不但需要知道孔隙分布特征，而且需要认识扩散孔和渗流孔的特性。其实这个问题很好解决，只要进行两次测试，一次是水饱和样品，另一次是利用离心机离出自由水的样品，只测量由不能被离心出来的束缚水占据的那部分孔隙，将两次分析测试的结果进行对比即可。这一做法是基于这样的认识，水分子如果赋存于扩散孔中，离心的作用力将不会对其产生影响而继续保持在孔隙内。渗流孔则不同，水会被部分离心出来。而裂隙中的水毫无疑问会被全部离心出来。

另外一个问题有两个方面，一是 T_2 谱是一个毫秒级的时间值，并不代表真实的孔径，需要找到将其转换成实际孔径的方法；二是需要把式（9.21）中的孔比表面积（S/V）换算成孔径。因此还要另外做一些工作。

引入束缚水饱和度（irreducible water saturation）的概念，它指束缚水与饱和水的比率，即

$$S_{ir} = \frac{A_c}{A_f} \tag{9.22}$$

式中，S_{ir} 为束缚水饱和度；A_c 为样品经过离心后束缚水条件下的 NMR 振幅；A_f 为饱和水条件下的 NMR 振幅。

对于裂隙而言，其中的束缚水饱和度应为 0，这意味着由于其较大的孔隙半径和较强的渗流能力，其中的水全部被离心出来（Reeves and Pekot，2001；Wei and Zhang，2010）。对于扩散孔，水被束缚在孔隙内不能离心出来，因此其 S_{ir} 应为 1。而对于渗流孔，随着孔半径的降低，被离心出来的水量会随之减少，NMR 振幅和 S_{ir} 会随之增高。由此可以给出裂隙和渗流孔的分界孔半径（T_{2C2}）应该在 S_{ir} 开始大于 0 的部位，渗流孔和扩散孔之间的分界孔半径（T_{2C1}）应在开始下降的地方。

下面将分形理论与压汞孔隙测试数据结合，建立获取不同类型孔隙的孔径范围的方法，并用扩散孔与渗流孔孔径的交界值来"标定"NMR 测试结果。

Menger 的海绵构造思想可以用来模拟煤岩体的孔隙特性（Friesen and Mikule，1987）。设边长为 R 的立方体为初始元，将它分成 m 个等大的小立方体，其中无效的小立方体（即其中的孔隙不能被汞进入者），剩下的小立方体为 N_{b1} 个，经过 k 次操作后，剩余立方体边长 r_k 和立方体总数 N_{bk} 为

$$r_k = R/m^k, \ N_{bk} = \left(\frac{R}{r_k}\right)^{D_b} = \frac{C}{r_k^{D_b}} = Cr_k^{-D_b}, \quad C = R^{D_b} \tag{9.23}$$

式中，D_b 为孔隙分形维数；C 为常数，其值取决于煤的孔隙系统特征，且在同一个孔隙系统中的数值相等。

因此，样品总有效孔隙度可表示为

$$V_b = N_{bk} \frac{4}{3}\pi r_k^3 = \frac{4}{3}\pi Cr_k^{3-D_b} \tag{9.24}$$

式(9.24)对立方体的边长 r 求导，有

$$\frac{dV_k}{dr} \propto Cr_k^{2-D_b} \qquad (9.25)$$

同时，样品的分形维数可以通过压汞分析结果来计算，压汞测试中水银充填的孔隙半径 r 和施加压力 P_r 之间满足 Wash burn 方程（Friesen and Ogunsola，1995；Mahamud *et al.*，2003；Zhang *et al.*，2006），即

$$P_r = (-2\delta\cos\theta/r)\cdot 10 \qquad (9.26)$$

式中，P_r 为施加压力；r 为煤样孔隙半径；δ 为金属汞表面张力；θ 为汞与固体表面接触角。

金属汞表面张力一般为 0.485N/m，汞与固体表面接触角一般为 140°（傅贵等，1997），则式(9.26)可表示为

$$P_r \times r = 7.5 \times 10^3 \qquad (9.27)$$

式(9.27)对煤样子隙半径 r 求导，有

$$P_r dr + r dP_r = 0$$

因此

$$dr = -[r/P_r]dP_r \qquad (9.28)$$

因样品的总有效孔隙度与侵入的汞在体积上相等，有

$$dV_k = dV_{P_r} \qquad (9.29)$$

将式(9.28)和式(9.29)代入式(9.25)，有

$$\frac{dV_k}{dP_r} \propto \frac{r_k^{3-D_b}}{P_r} \qquad (9.30)$$

将式(9.28)代入式(9.30)，有

$$\frac{dV_k}{dP_r} \propto r_k^{3-D_b} \qquad (9.31)$$

式(9.31)两边取对数，有

$$\ln\left(\frac{dV_k}{dP_r}\right) \propto (4-D_b)\ln P_r \qquad (9.32)$$

最后得到 D_b 的计算式如下

$$D_b = k + 4 \qquad (9.33)$$

式中，k 为由 $\ln(dS_{P_r}/dP_r)$ 和 $\ln P_r$ 作图得到的斜率。

式(9.32)表明，不同的分形维数代表了不同的孔隙类型（Pfeifer and Avnir，1983；Friesen and Ogunsola，1995；Fu *et al.*，2005）。由 $\ln(dS_{P_r}/dP_r)$ 和 $\ln P_r$ 绘制的散点图上，根据散点的分布能够绘出数段直线，这些直线的斜率 k 代表了不同的煤孔隙的分形维数。两条相邻直线的交点代表的就是不同类型孔隙的交界值。

以上为三孔两渗模型孔隙参数研究方法。下面根据此方法进行实验研究。

实验由四部分构成。第一部分将所采煤样制成 25mm 直径的柱状样，样品长度为

30～50mm，这些样品用于核磁共振实验；另一类样品制成为长约 30mm 的块样，用于常规压汞测试。第二部分对柱状样进行处理，在 70℃ 的干燥箱内干燥 24h，然后抽真空 8h，之后放入蒸馏水中饱和 8h，进行低场核磁共振测试。第三部分，用离心机将煤样中的自由水离出，把水饱和煤样在 200Psia[①] 的离心力下离心 1.5h，离心参数的选择参照了前人的成果（Yao *et al*.，2010；Li *et al*.，2012），对离心样进行低场核磁共振测试。第四部分，在进行上述工作的同时对煤样进行常规测试，包括压汞测试（块样），氦孔隙分析、水饱和称重法孔隙度分析及空气渗透率测试（柱状样）。

为完成实验，采集了我国山西等地 7 个煤矿的 8 个样品，其基本信息如表 9.8 所示。

表 9.8 三孔两渗模型建模研究样品基本信息

样品号	采 样 点	煤层号	地质年代	煤层埋深/m	$R^{\circ}_{\max}$/%
Y1	山东兖州古城煤矿	3	P	1050	0.39
Y2	新疆呼图壁小西沟煤矿	B3	J	170	0.92
Y3	山西霍州荡荡岭煤矿	9	C	180	1.16
Y4	山西霍州荡荡岭煤矿	10	C	180	1.24
Y5	山西古交西曲煤矿	7	C	255	1.49
Y6	山西古交西曲煤矿	9	P	233	1.64
Y7	山西潞安樟村煤矿	3	P	300	1.97
Y8	山西晋城成庄煤矿	3	P	380	2.76

常规测试结果如表 9.9 所示。

表 9.9 常规测试成果表

样品号	Y1	Y2	Y3	Y4	Y5	Y6	Y7	Y8
水饱和孔隙度/%	5.79	10.69	5.67	4.55	5.28	4.95	5.85	5.80
氦气孔隙度/%	6.53	10.76	6.14	5.36	7.03	5.18	6.82	7.76
空气渗透率/mD	0.054	0.140	0.005	0.091	0.190	0.055	0.003	0.006

根据式(9.21)计算 8 个样离心前后的 T_2 数值，其 T_2 谱图如图 9.14 所示。弛豫时间 T_2 越短代表煤孔隙孔径越小，振幅高低反映了某类孔隙或裂隙的数量多少，各个峰之间的连续性则代表各级孔隙系统之间的连通性。由图可知，Y4 和 Y8 中微小孔与中大孔之间连通性较差，其余样品连通性较好。

8 个样品的图谱中，在弛豫时间较大处，由于可动水的离出，煤岩离心后的振幅均小于饱和水状态下的振幅。在低弛豫时间处，理论上由于所含流体均为束缚水，离心前后的振幅应一致，但从 8 个煤样的测试结果来看，离心前后振幅均出现小幅度的增加（Y2，Y5，Y6）或减小（Y1，Y3，Y4，Y7，Y8）。究其原因，这种增加可能是因为离心

---

① 1Psia＝6.89476kPa。

后煤岩内部可动孔隙表面滞留水的 T_2 弛豫时间左移，而减小是因为小部分连通性好的小孔隙中的流体也可能会被离出。

煤中孔隙主要是由微小孔，中大孔和裂隙组成（Mazumder and Wolf，2008）。其中微小孔即煤储层的吸附孔和扩散孔，气体在此类孔隙中不能产生渗流。中大孔指渗流孔，裂隙系统中渗流更易发生。为了识别这三类煤孔隙系统，绘制了束缚水状态和饱和水状态的信号比与弛豫时间的关系图（图 9.14），信号比表征了某孔隙中的束缚水饱和度。在图 9.14 的基础上，界定了两个横向弛豫时间截止值，分别为 T_{2C1} 和 T_{2C2}，两个横向弛豫时间将束缚水饱和度曲线分为三类。

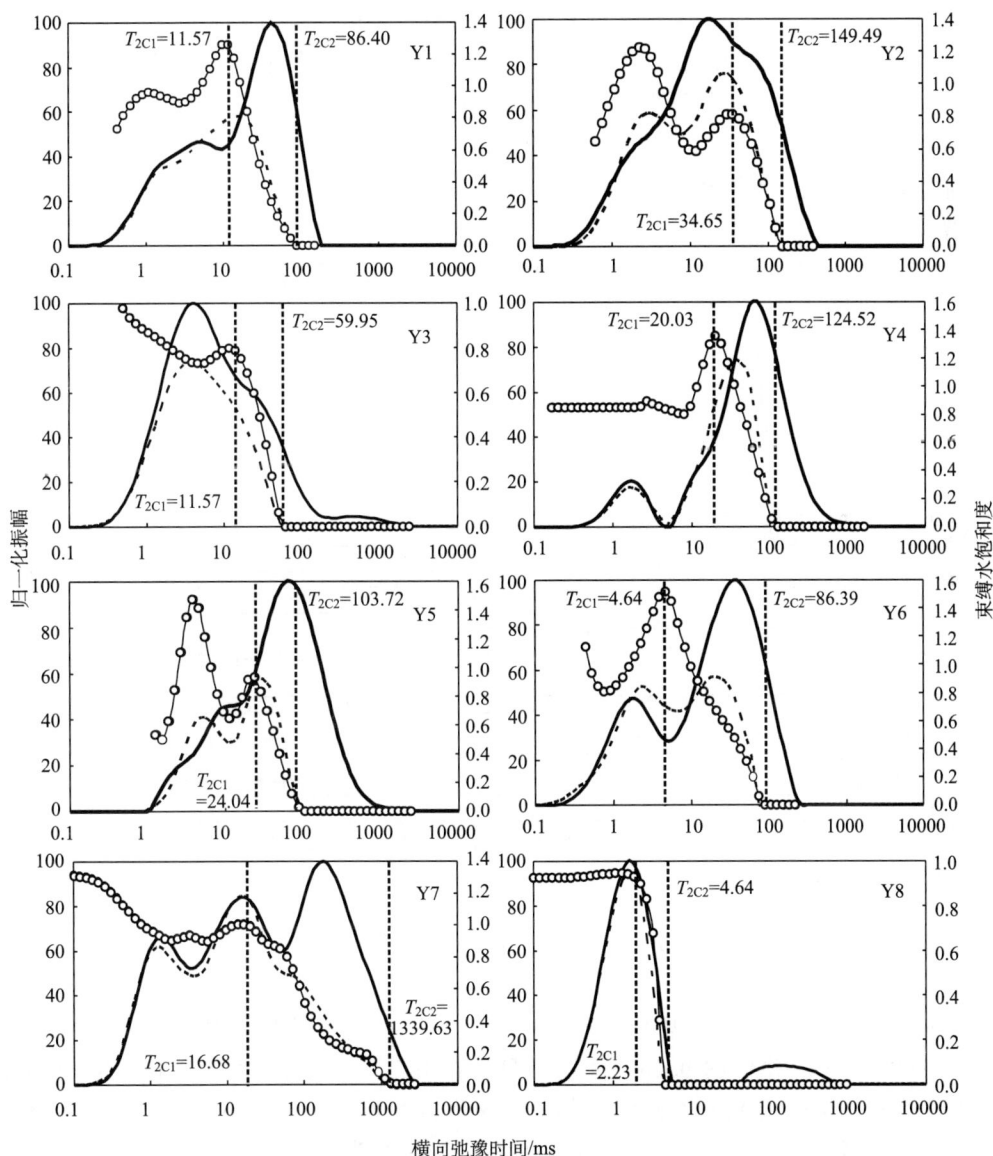

图 9.14　NMR 的 T_2 谱及 8 个煤样的孔隙划分

第一类为 T_2 值大于 T_{2C2} 的部分，该部分孔隙的弛豫时间一般大于 100ms。这是样品的裂隙系统，由于孔径较大，渗流能力很强，裂隙中的流体能全部被离出，束缚水饱和度全部为 0。

第二类为 T_2 值介于 T_{2C1} 和 T_{2C2} 之间的部分，该部分孔隙的弛豫时间介于 2.23～41.60ms。这类孔隙是中大孔，随着孔径的增大，渗流能力呈线性增强，束缚水饱和度从 1 至 0 线性降低。Fu 等（2005）采用分形理论研究煤中孔隙系统，认为中大孔的孔容增量和孔径之间存在线性关系，这一结论也验证了这一划分的合理性。

第三类为微小孔，即 T_2 值小于 T_{2C1} 的部分，束缚水饱和度普遍较高。按照孔隙的连通性情况可以将微小孔的束缚水饱和度分为两类。当微小孔与中大孔或裂隙之间连通性较弱时，如 Y8 及 Y4 中弛豫时间小于 10ms 部分，微小孔中的流体不能自由流动，这类孔束缚水饱和度稳定且近似为 1。当微小孔与中大孔或裂隙连通性较强时，如 Y1、Y2、Y3、Y5、Y6、Y7，在离心力的作用下微小孔中的流体也会被离出，这导致了微小孔系统的信号比呈现波状的曲线形态。

据此计算出 8 个样品的微小孔、中大孔及裂隙在样品孔隙中所占的比例，如图 9.15 所示。由图可知，8 个样品裂隙含量一般较低，介于 0.09%～28.48%，普遍低于 10%。高煤级煤（$R°>1.7%$）中微小孔是组成孔隙的主要成分，一般大于 60%，最高达 84.54%；中低煤级煤中（$R°<1.7%$）微小孔发育程度明显低于高煤级煤，介于 20.35%～63.09%，中大孔较发育，普遍高于 30%，最高达到 61.55%。该结果表明孔隙特征与煤级有一定的关系。

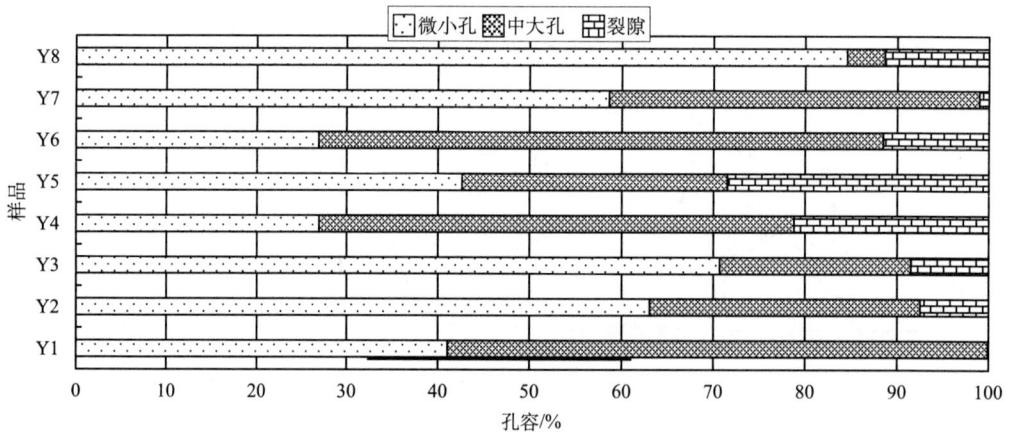

图 9.15　8 个样品三类孔隙比例图

进一步进行压汞测试数据处理和分形计算，根据实验结果计算 $\ln(dS_{P_r}/dP_r)$ 和 $\ln P_r$ 如表 9.10 所示并作图 9.16。由图可见，在 $\ln P_r = 7.08$，对应孔半径为 75.6nm 处，8 个煤样均被分为截然不同的两部分。该点的左侧，各个散点能够拟合成一条直线，该直线斜率介于 -1.27～-1.03，对应的分形维数为 2.73～2.97（表 9.10），此部分为煤中的大中孔（渗流孔），其孔容增量具有明显的分形特征；该点左侧的散点线性较差且变化趋势与右侧明显不同，代表了微小孔（扩散孔）的部分。

因此，8 个煤样微小孔和中大孔的分界点孔径均为 75.6nm，这一划分结果也与 Fu 等(2005)的划分结果(65nm)基本相近。

表 9.10　8 个煤样的大中孔斜率和分形维数

样品号	Y1	Y2	Y3	Y4	Y5	Y6	Y7	Y8
斜率	−1.03	−1.03	−1.25	−1.15	−1.27	−1.08	−1.04	−1.27
分形维数	2.97	2.97	2.75	2.85	2.73	2.92	2.96	2.73

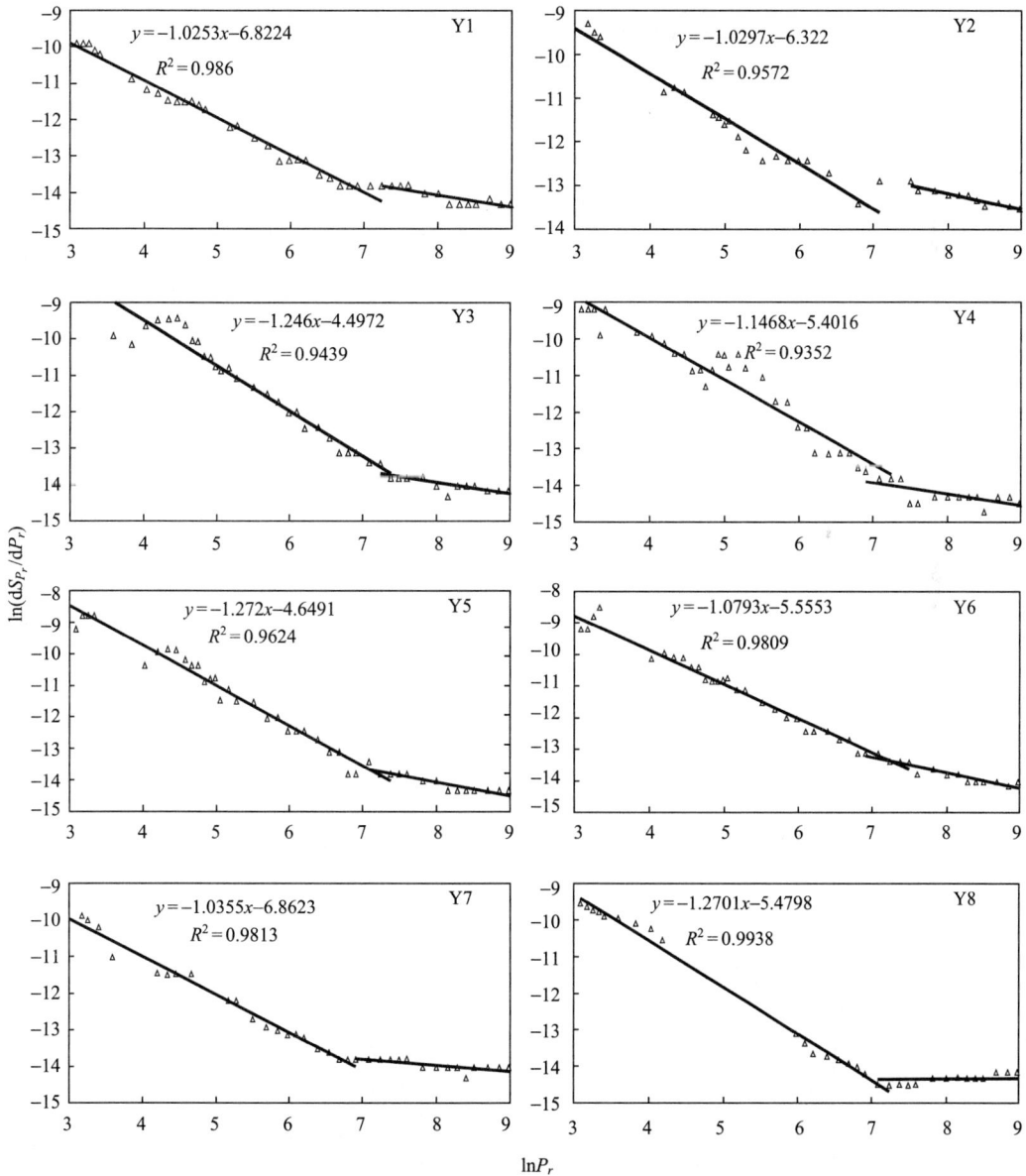

图 9.16　$\ln P_r$ 与 $\ln(\mathrm{d}S_{P_r}/\mathrm{d}P_r)$ 关系图

由此得到将 T_2 转换为孔隙半径的计算方法

$$T_2 = \frac{T_{2C1}}{75.6}r \tag{9.34}$$

上式中各变量的含义与前相同。

进而可以得到 8 个样品的孔径与孔分布的关系。根据 NMR 测试获得的不可离心水饱和度(图 9.14)、不同类型孔隙比例(图 9.15)以及水测孔隙度(表 9.9),计算出三种类型孔隙的孔隙率(表 9.11)。对比 8 个样品的 T_2 谱孔径分布曲线和压汞孔径分布曲线,两者得到了较好地吻合(图 9.17)。

表 9.11　各类孔隙率计算成果表

样品号		Y1	Y2	Y3	Y4	Y5	Y6	Y7	Y8
扩散孔孔隙率/%		2.38	6.74	4.01	1.23	2.25	1.33	3.43	4.90
渗流孔孔隙率/%	不可离心	2.27	2.08	0.77	1.45	1.11	1.92	1.59	0.14
	可离心	1.14	1.07	0.41	0.91	0.42	1.13	0.77	0.10
	小计	5.79	9.89	5.19	3.59	3.78	4.38	5.79	5.14
裂隙孔隙率/%		0.01	0.80	0.48	0.97	1.50	0.57	0.06	0.66
总孔隙率		5.80	10.69	5.67	4.56	5.28	4.95	5.85	5.80

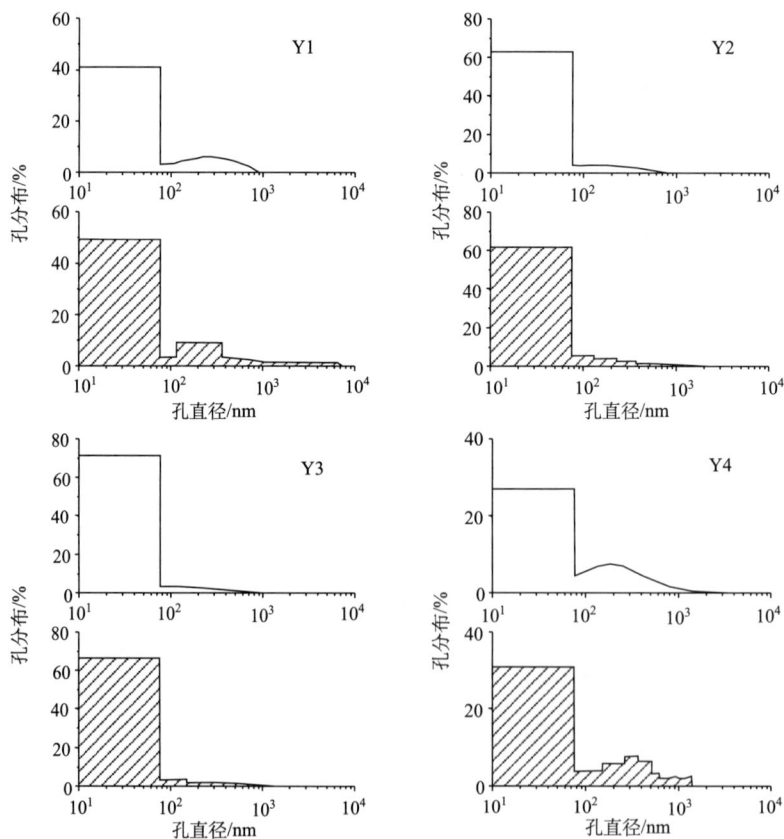

图 9.17　8 个煤样各类孔隙率分布图

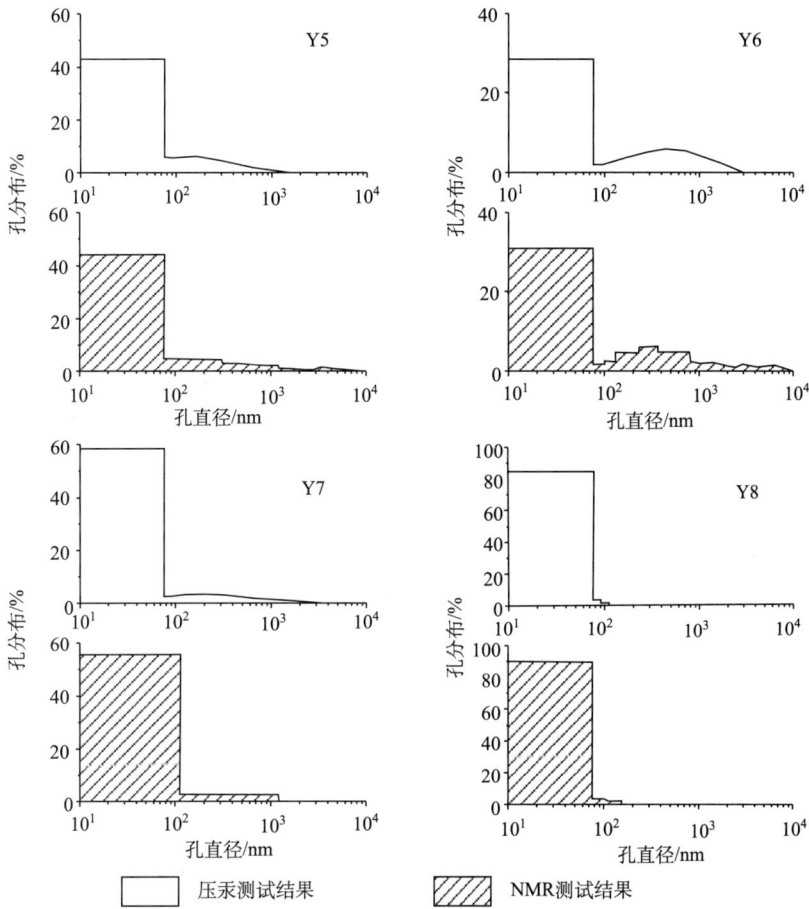

图 9.17　8个煤样各类孔隙率分布图(续)

由表 9.11 可知，首先，8 个样品中扩散孔孔隙率在 1.23%～6.74%；其次，裂隙孔隙率在 0.01%～1.50%，基本上都在 1%以下；最后，渗流孔中可离心出水部分孔隙率在 0.10%～1.14%，其值远低于不可离心水的那部分孔隙(0.14%～2.27%)。

通过上述研究，完成了三孔两渗模型孔隙特性的研究工作。

9.2.3.2　渗流孔的渗透率

国内外研究者开展了大量的岩石核磁共振实验，建立了核磁渗透率与 T_2 平均值、核磁孔隙度及可动流体等参数之间的计算模型(Timur，1969；Kenyon，1992；Taicher *et al.*，1994)。在常规储层中，上述模型得到了一定的应用，尤其是 Coates 模型和 SDR 模型，然而上述模型在煤储层中的适应性较低。Yao 等(2010)根据测试数据进行拟合，针对双孔单渗模型建立了核磁渗透率和可动水孔隙度之间的指数关系，但未涉及三孔两渗模型的情况。

McKee 等(1987)、Palmer 和 Mansoori (1996)、Palmer (2009)建立了双孔单渗模

型渗透率与孔隙度之间的关系，认为渗透率和孔隙度的 3 次方成正比，即

$$k = a\varphi_f^3 \tag{9.35}$$

式中，a 为常数；φ_f 为裂隙孔隙率。

在三孔两渗模型中，有

$$k = a\varphi_f^3 + b\varphi_p^3 \tag{9.36}$$

式中，b 为常数；φ_p 为可动孔隙(中大孔中可动孔隙率和裂隙孔隙率之和)的孔隙率。

基于表 9.9 中的常规空气渗透率测试数据和表 9.12 中大孔中可动孔隙率和裂隙孔率数据绘制了图 9.18，据此利用拟合方法求取 a 和 b 的数值，拟合关系及拟合度 R 如下

$$k = 199199.4\varphi_f^3 + 37412.9\varphi_p^3 \qquad R^2 = 0.8774 \tag{9.37}$$

其拟合度达到 0.8774，表明该结果可以接受。利用式(9.36)即可计算裂隙和大中孔的渗透率，计算结果如表 9.12 所示。8 个样品的裂隙渗透率在 $3.740 \times 10^{-5} \sim 0.055 \text{mD}$，可动孔渗透率在 $1.991 \times 10^{-7} \sim 0.672 \text{mD}$。

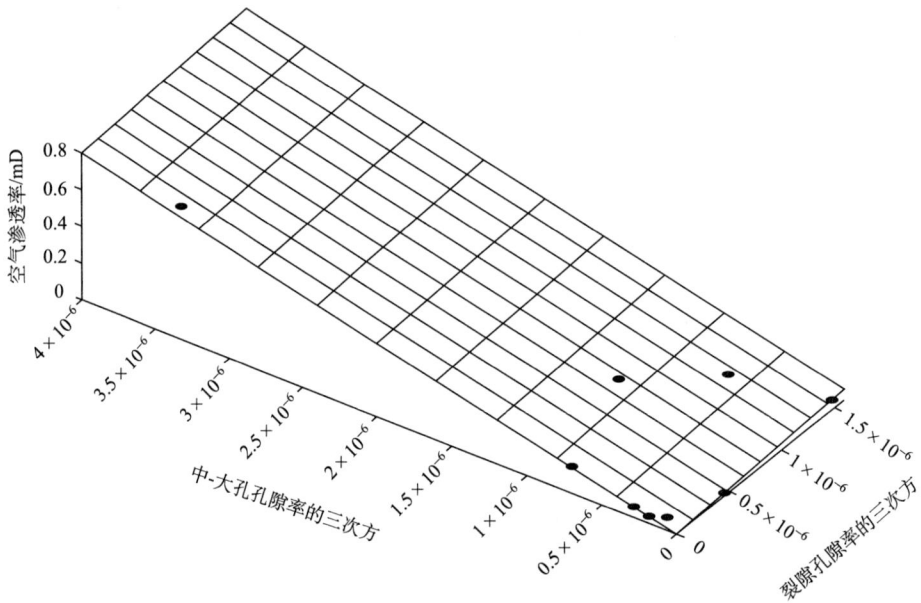

图 9.18 气测渗透率与裂隙和大中空孔隙率 3 次方关系图

表 9.12 裂隙渗透率和大中孔渗透率计算成果表

样品号	Y1	Y2	Y3	Y4	Y5	Y6	Y7	Y8
裂隙渗透率/mD	1.991×10^{-7}	0.102	0.022	0.182	0.672	0.0369	4.301×10^{-5}	0.057
大中孔渗透率/mD	0.055	0.046	0.003	0.028	0.003	5.400×10^{-5}	0.017	3.740×10^{-5}

9.2.4　模拟计算实例

实例研究所选择的的井为沁水盆地南部的 QSDU01 井。该井进行过压裂激化，其目的层为 3 煤层，井的排采曲线如图 9.19 所示。

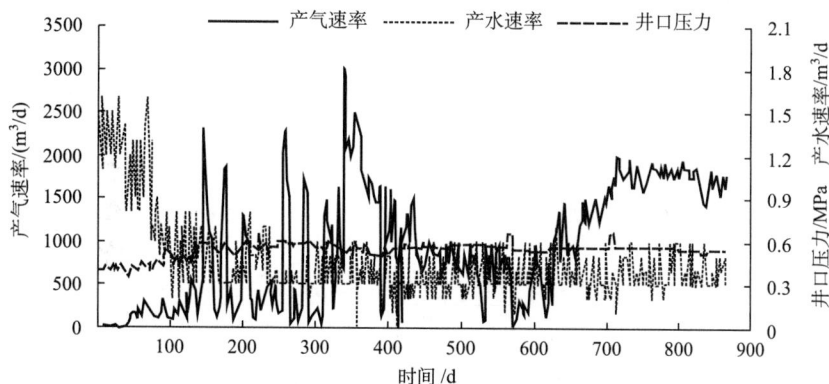

图 9.19　QSDU01 井排采曲线

该井排采过程可分为三个阶段。排水降压阶段持续了 40 天，此阶段内基本不产气，介于 $1.1 \sim 1.6 \mathrm{m}^3/\mathrm{d}$ 的产水速率在整个排采过程中最高。不稳定排采阶段从第 41 天延续全第 716 天，开始产气且产气速率变化较大，最高达到 $3007 \mathrm{m}^3/\mathrm{d}$，产水速率稳定于 $0.3 \sim 0.6 \mathrm{m}^3/\mathrm{d}$。稳定排采阶段为第 717 天至排采结束，这一阶段产气速率基本稳定于 $1800 \mathrm{m}^3/\mathrm{d}$ 左右，产水速率的趋势和第二阶段基本相似。在整个排采过程中，QSDU01 井的井口压力较为稳定，其值基本稳定于 $0.5 \sim 0.6 \mathrm{MPa}$。

9.2.4.1　储层参数测试与计算

选取 QSDU01 井周边煤矿 3 煤层样品 NSO1 按照前面的方法进行常规岩心分析和核磁共振测试。根据样品离心前后核磁共振谱图的孔裂隙划分结果计算了扩散孔渗流孔和裂隙系统的孔容百分数及束缚水饱和度值，结果如表 9.13 所示。进一步计算各个孔裂隙系统的可动孔隙度和不可动孔隙度值以及各个孔裂隙系统的渗透率值，结果如表 9.14 所示。其核磁共振谱图具有典型的"三峰态"特征，可以直接根据谱图划分其孔裂隙系统(图 9.20)。

表 9.13　样 NS01 常规岩心分析及核磁共振测试结果

气测孔隙度 /%	水测孔隙度 /%	空气渗透率 /mD	孔容比例/%			束缚水饱和度/%		
			扩散孔	渗流孔	裂隙	扩散孔	渗流孔	裂隙
5.43	5.25	0.025	82.50	10.30	7.20	100.00	65.50	0.00

表 9.14   样 NS01 各类孔隙度和渗透率计算结果

孔隙度/%									渗透率/mD	
扩 散 孔			渗 流 孔			裂 隙			渗流孔	裂 隙
有效	可动	不可动	有效	可动	不可动	有效	可动	不可动		
0.48	0.00	4.48	0.55	0.36	0.19	0.39	0.39	0.00	0.018	0.002

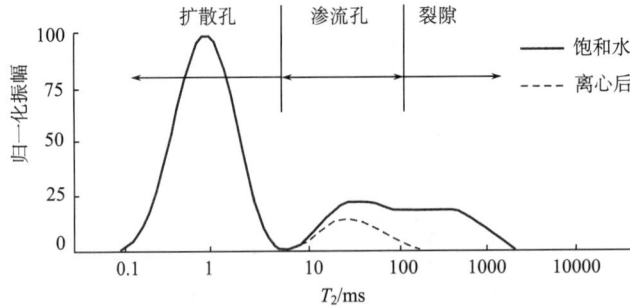

图 9.20   样 NS01 离心前后的核磁共振谱图

表 9.14 中的渗流孔渗透率和裂隙渗透率之和为 0.02mD，其值与测试得到的空气渗透率值（0.025mD）较为接近，这一步印证了前述求取各系统渗透率方法的准确性。

9.2.4.2   历史拟合与产能预测

表 9.15 列出了 QSDU01 井的各项基础数据。这些数据部分来自表 9.13 和表 9.14，部分为含气量测试、等温吸附测试以及试井成果数据，其中的裂隙渗透率为试井渗透率与渗流孔渗透率的差值。历史拟合主要用来获取未知的储层参数，包括裂缝半长、裂缝渗透率以及裂隙和渗流孔系统的相对渗透率曲线。这些参数仍列在表 9.15 中。历史拟合曲线如图 9.21 所示，拟合得到的裂隙和渗流孔系统的相对渗透率曲线如图 9.22所示。

表 9.15   QSDU01 井各类型参数取值及历史拟合调整结果

类 型	参 数	数值	来 源
流体	水密度/(kg/m³)	1000	资料
	甲烷黏度/(mPa·s)	0.01	
	水黏度/(mPa·s)	1.00	
岩石	孔隙压缩系数/(10^{-4}/MPa)	52	资料＋测试
	颗粒压缩系数/(10^{-4}/MPa)	2.6	
	弹性模量/GPa	3.10	
	最大体积应变	0.0013	
	泊松比	0.26	

续表

类　型	参　数	数值	来　源
煤层	煤厚/m	5.15	勘探＋测试
	埋深/m	184	
	储层压力/MPa	1.37	
	储层温度/℃	17.00	
扩散孔系统	含气量/(m³/t)	19.91	测试
	吸附时间/d	4.00	
	Langmuir 体积/(m³/t)	41.46	
	Langmuir 压力/MPa	2.69	
	临界解吸压力/MPa	1.20	
渗流孔系统	孔隙度/%	0.55	模型计算
	渗透率/mD	0.018	
	束缚水饱和度/%	65.50	
裂隙系统	孔隙度/%	0.39	测试＋模型计算
	渗透率/mD	2.982	
	束缚水饱和度/%	0.00	
	裂缝半长/m	110	拟合
	裂缝渗透率/mD	80	

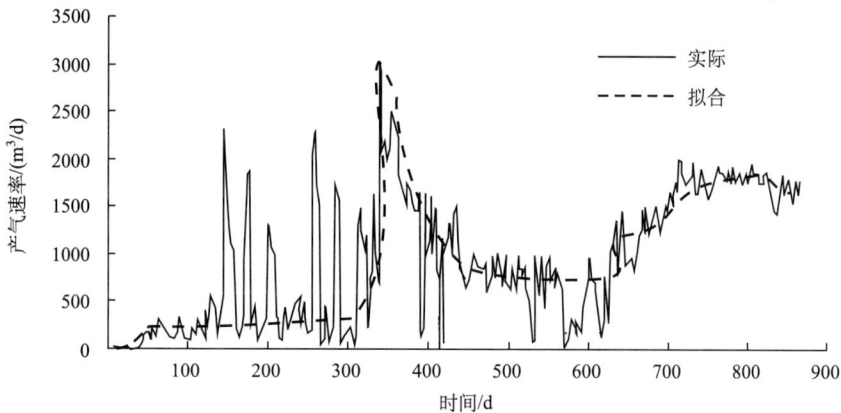

图 9.21　QSDU01 井历史拟合曲线图

　　运用上述参数对 QSDU01 井进行基于三孔两渗模型的 15 年产能预测,结果如图 9.23 所示。该图是 COMET3 输出界面的直接拷屏,其中的"Gas Production Rate, M** 3D(History)"表示实际排采的产气速率,单位为 m³/d;"Cum"为"cumulative"的缩写,是"累计"的意思。其他英文字含义非常清楚,不作更多解释。预测结果表明,QSDU01 井最高产气速率为 3006.5m³/d,平均 1536.4m³/d,排采 15 年后产气速率为

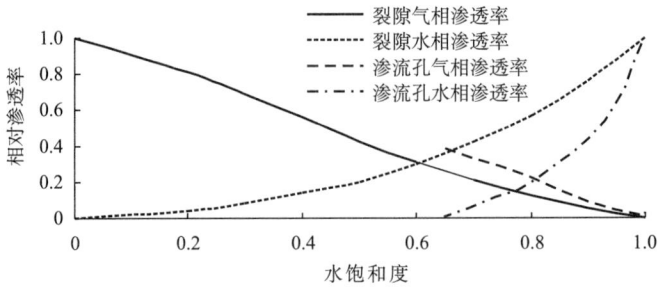

图 9.22   拟合得到的裂隙和渗流孔系统相对渗透率曲线

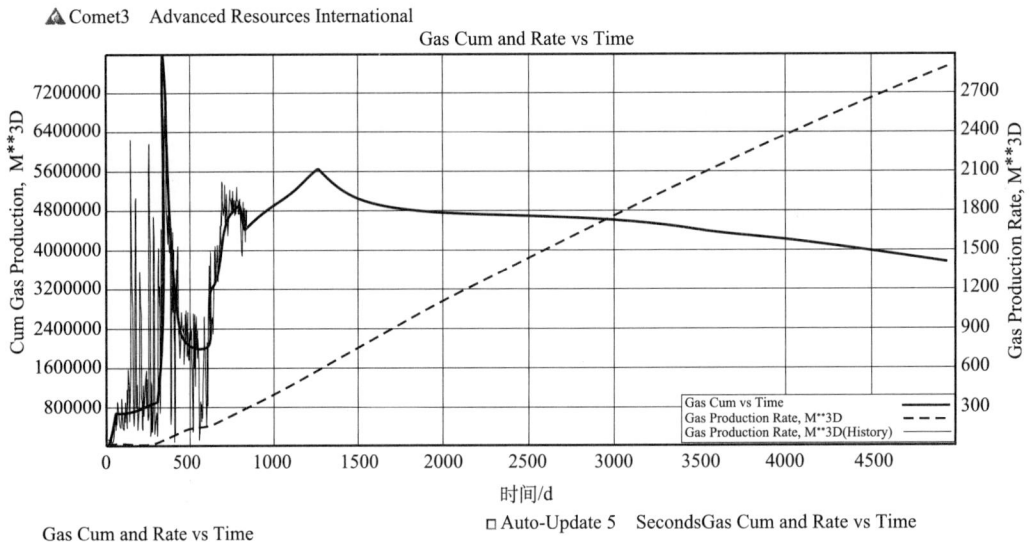

图 9.23   QSDU01 井历史拟合及产能预测曲线

1400m³/d，15 年的累计产气量为 773.7×10⁴m³。

进一步忽略表 9.14 中的渗流孔参数，将模型转化为双孔单渗模型并用此模型对 QSDU01 井进行历史拟合和产能预测，模拟结果如图 9.24 所示。

如果采用双孔单渗模型，QSDU01 井最高产气速率为 3300.7m³/d，平均 1839.8m³/d，排采 15 年后产气速率为 1480.3m³/d，15 年的累计产气量为 910.5×10⁴m³。

对比图 9.23 和图 9.24 可知，双孔单渗模型的拟合结果明显高于实际产气量，而且后者的预测曲线与实际排采曲线的吻合度很差。根据两个预测结果计算得到两种模型获得的最高产气速率、平均产气速率和 15 年排采累计产气量相差分别 8.9%、16.5% 和 15.0%。可见这个差值相当悬殊。

下面对研究结果进行讨论。

模拟研究的根本要求就是最大限度的再现地质过程，本节运用三孔两渗模型来模拟煤层气井的排采过程正是为了满足这个要求。从模拟结果看，相同条件下三孔两渗模型和双孔单渗模型的模拟结果差异显著。但如果采用的是双孔单渗模型，实际的计算不会

⚠️ Comet3　Advanced Resources International

Gas Cum and Rate vs Time

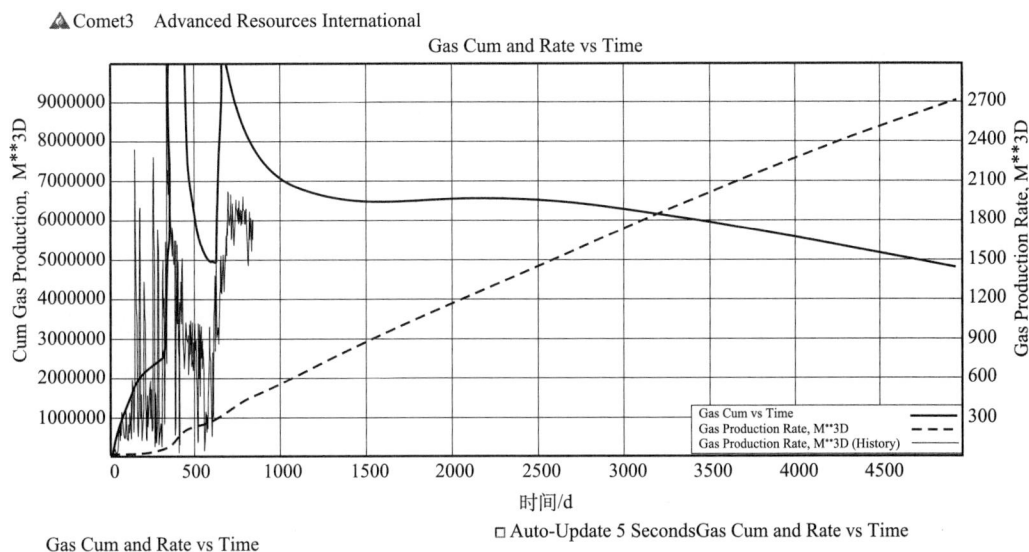

时间/d

Gas Cum and Rate vs Time

☐ Auto-Update 5 SecondsGas Cum and Rate vs Time

图 9.24　双孔单渗模型下 QSDU01 井历史拟合及产能预测曲线

是这样的。因为采用双孔单渗模型进行历史拟合获得的参数再用同样的模型进行预测的时候不可能出现图 9.24 那样大的误差。采用双孔单渗模型进行历史拟合研究会获得另外一套储层参数，据此进行预测的结果至少在前期不会出现如此大的误差。也就是说，双孔单渗模型是用拟合结果的误差掩盖了预测结果的误差，是"将错就错"的结果。这显然与储层模拟的宗旨是相悖的。

虽然理论上采用三孔两渗模型能够获得与实际情况更为接近的结果，但这需要付出一定的代价，包括在实验室进行昂贵的 NMR 分析测试求取模型参数和模拟计算量增大等。

最后就是模拟结果的验证问题。理论上所有的数值模拟研究结果都需要进行验证，但学术界对这个问题的讨论并不多。本书作者看到一些验证方法，如利用实验模拟来验证数值模拟结果，将模拟结果与实际发生的过程相印证等。但是还没有看到有人利用理论的方法来验证模拟研究的结果。对于地质过程的模拟问题，有些结果是很难进行验证的，例如涉及漫长地质历史的地质构造形成演化问题以及油气盆地模拟或成藏模拟等。至多是将模拟结果与现今的情况做一个对比，而这种具有多解性的过程是无法验证的。毕竟，人们无法回到以百万年为单位的过去。

利用实验室模拟结果来验证包括煤层气储层数值模拟在内的油气藏开发工程数值模拟结果显然是不合适而且相当难于实现的，而理论验证的路也是困难重重，因此，唯一的途径就是与生产实践相结合。实际上这也存在相当多的困难，例如对地下储层各种性质及其动态变化的观察和记录有时很难实施。

总之，这是进行数值模拟研究的一个重要问题。也是本书作者在思考和尝试解决的难题之一。

9.3   煤储层裂隙系统中液体-颗粒运移规律探讨

前面 6.3 小节中，在利用储层模拟技术进行排采工作制度优化时，遇到了不能确定产气产水速率上限的问题。如果无限制地提高产气产水速率，将有可能发生速敏效应造成储层伤害，导致排采效果变差甚至整个井报废（陈振宏等，2009）。因此，合适的产气产水速率是良好排采表现的保证，这在早期的排水降压期间尤为重要。这里将尝试运用实验室模拟方法，研究排采过程中储层裂隙系统内部水和固体颗粒的运移过程及其特征。试图找出速敏效应发生的临界流速或产水速率，进而确定排水降压阶段的产水速率上限。

研究思路如下，首先采集样品，研究其中固体颗粒的成分、形态和粒度等特征和裂隙特征。在此基础上，确定模拟实验的条件，选择一定的渗流条件进行实验，观察样品渗透率参数的变化，从中提取颗粒启动、流动和堵塞裂隙等方面的信息。最后总结规律，求取发生储层伤害的临界条件并尝试将成果应用于实际。

9.3.1   储层中固体颗粒和裂隙特征

采集了沁水盆地南部屯留煤矿和成庄煤矿 3 煤层煤样（蔡志翔，2013）。其宏观煤岩类型分别为半亮煤和半暗煤。显微煤岩特征如表 9.16 所示。

表 9.16   样品显微煤岩组分、煤级和裂隙发育特征

矿井	煤层号	显微组分/%						R^o_{max} /%	裂隙密度	
		镜质组	惰质组	壳质组	矿物质				宏观裂隙 /（条/cm）	显微裂隙 /（条/cm²）
					黏土矿物	方解石	黄铁矿			
屯留	3	75.1	19.8	0.0	2.2	2.5	0.4	2.19	0.6	3.0
成庄	3	84.7	11.1	0.0	3.1	0.9	0.2	2.76	0.2	1.8

井下观察表明，屯留矿 3 煤层的宏观裂隙以中型垂直裂隙为主，成庄矿则以小型顺层裂隙为主，裂隙宽度均为毫米级，部分裂隙被方解石薄膜或黄铁矿充填。

通过反光显微镜和扫描电镜观察发现，采自两个矿井的煤样裂隙长度在 $100\sim500\mu m$，变化范围较大。裂隙宽度在 $1\sim3\mu m$，变化范围较小。屯留矿井煤样中显微裂隙发育程度略高于成庄矿煤样。这些裂隙的力学性质以张性和剪性为主。

利用扫描电镜对样品中的近 700 个颗粒进行了观察和粒度统计，结果表明，两个样品中的固体颗粒形态各异，可呈鳞片状、微粒状、团块状、板状或短柱状。颗粒的粒度大小分布极不均匀，最大为 $101.30\mu m$，最小为 $0.55\mu m$。75% 的颗粒粒度在 $1\sim20\mu m$，仅极少数颗粒大小近 $100\mu m$。屯留矿和成庄矿样品中颗粒的平均粒度分别为 $13.44\mu m$ 和 $15.52\mu m$，且前者的颗粒数量高于后者。

利用扫描电镜附带的能量色散谱仪对固体颗粒的元素组成进行分析，进一步推断其

矿物成分。研究发现，样品中的固体颗粒以有机质（即煤）颗粒为主，少量为无机矿物，包括黏土矿物（高岭石为主并含少量绿泥石）、碳酸盐矿物（方解石和菱铁矿）以及硫化物矿物黄铁矿等。

有机质颗粒的成因类型可能以后生成因为主，即成煤后在上覆静岩压力和构造应力作用下煤体骨架破坏而成。无机矿物则可为原生、同生或后生成因。

9.3.2 裂隙系统内水-颗粒运移模拟实验

在理想状态下，煤层气井开采过程中裂隙系统内为气水两相流，特殊情况下为水单相流或气单相流。但煤储层远没有想象的那么"干净"。如 9.3.1 节所述，裂隙系统中还存在着许多粒度和形态各异的固态颗粒。这样在一定条件下，裂隙中的流体就会变成液-固两相流，甚至是气-液-固三相流。这必然对煤层气井的排采产生影响。国内外学者对此进行了很多的研究（Bagnold，1954；Morsi and Alexander，1972；王维、李佑楚，2000；晏海武，2010；白建梅等，2011；张公社等，2011）。

前人研究成果表明，裂隙系统中的固体微粒因重力和范德华力而黏附在裂隙壁上，煤储层处于排采状态时，流体的动力作用会使其从裂隙壁脱落被流体携带参与运移并在裂隙通道狭窄处大量堆积，导致裂隙被堵塞最终造成储层伤害。固体颗粒从黏附状态启动进入流体过程的研究也见有报道（晏海武，2010；张芬娜等，2011）。从理论上进行探讨是进行科学研究最常用的思路，但避开繁复，采用直接观察的方式也不失为一条便捷可行的技术路线。在这项研究中，作者选择了后一种方式，即用物理模拟的方法来实现研究目标。因为在这种情况下，复杂多变的条件常常会使模型过于复杂，最坏的结果就是模型在理论上不可解或因无法获取相关参数而解不出来。

模拟实验基于这样一种假定，即样品裂隙中存在一定数量的固体颗粒，当流过样品的水的流速较小时，颗粒的赋存状态不会改变，而当流速增大到一定程度的时候，颗粒在流体力的作用下启动并与流体一起运移。这必然会使样品的渗透率发生变化。此时，渗透率下降表示储层受到损害，即颗粒在孔隙狭窄处聚集并将其堵塞；而渗透率上升则意味着固体颗粒被"冲走"，或者，样品已经在高压下破损。

实验仪器 LDY-1 高温高压流动仪，用于在实验室条件下测量岩心液体流动性，其基本原理是将圆柱状样品放入密封、可加围压和温度的岩心夹持器中（图 9.25），让流体从样品中通过，记录流量、上下游压差、围压及温度等参数，由此计算试样的渗透率参数。

利用岩心钻样机将两个煤矿采集的样品制作了多个直径 2.5cm，高 3.5cm 的圆柱样分别进行实验。

实验前先对样品抽真空，实验开始的时候先施加 2MPa 的环压，夹持器上游压力逐渐升高，当上游压力上升到一定值时出口端有液体流出，此时调整环压值使之始终高于上游压力 2MPa。当环压与上游压力稳定后，测定当前渗流速率下的煤样渗透率。同时保持环压与上游压力稳定 30min，观察此阶段裂隙系统中的颗粒赋存状态是否有变化，同时观测并记录煤样渗透率的变化情况。

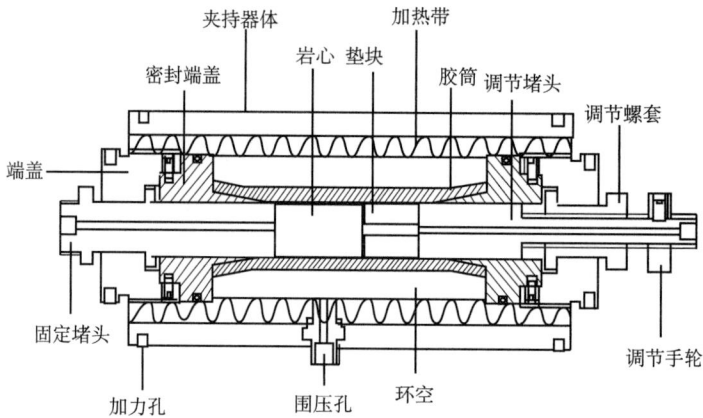

图 9.25　岩心夹持器结构示意图(据蔡志翔，2013)

9.3.3　实例和讨论

在实验室对两个矿井的样品进行了多次实验。现选择晋城 2 号样这个比较具有代表性的实验结果进行分析和讨论。

9.3.3.1　实验结果分析

模拟实验分为三个阶段，每个阶段的最小渗流流量依次为 0.25mL/min、0.5mL/min、1.0mL/min。

最小渗流流量设置为 0.25mL/min 时的实验结果如图 9.26 所示。上游压力和环压历时 156min 达到稳定，其值分别为 5.63MPa 和 7.2MPa，肉眼观察岩心夹持器出口端没有颗粒产出。当上游压力与环压达到稳定之后，渗透率从 156min 时的 0.043mD 减小至 170min 时的 0.037mD，渗透率损害率为 13.95%。

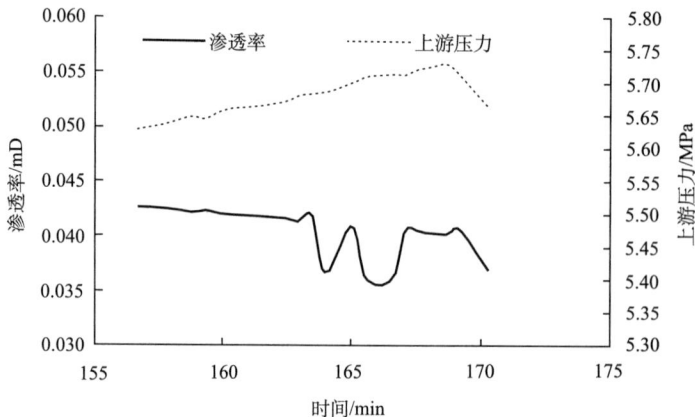

图 9.26　成庄矿 2 号样 0.25mL/min 流量模拟实验结果

上游压力的小幅下降会使煤样所受有效应力变大，裂隙宽度变小，对渗透率的变化产生负效应。但上游压力下降幅度较小，仅下降 0.005MPa 左右，故有效应力的变化对渗透率影响较小。因此可以认为渗透率的下降与煤样中的固体颗粒运移有关，当流体的渗流速率达到一定值时，某一粒度的固体颗粒开始运移并在裂隙狭窄处沉积下来，使裂隙有效通过面积变小甚至堵塞。图 9.26 中渗透率出现两次突然下降的情况意味着两次颗粒启动的存在。所以，此阶段内煤粉颗粒的运移是煤样渗透率降低的主要原因。

将渗流流量升高至 0.50mL/min，实验结果如图 9.27 所示。上游压力与环压历时 75min 达到稳定，分别稳定在 9.69MPa 和 11.2MPa。在 75min 时保持环压不变，煤样的渗透率值整体呈下降趋势，从 75min 到 80min，渗透率从 0.048mD 降至 0.036mD，渗透率损害率为 25%。当实验进行至 80min 时，出口端开始有少量煤粉产出，之后，煤样渗透率逐渐上升并最终达到实验结束时的 0.049mD。

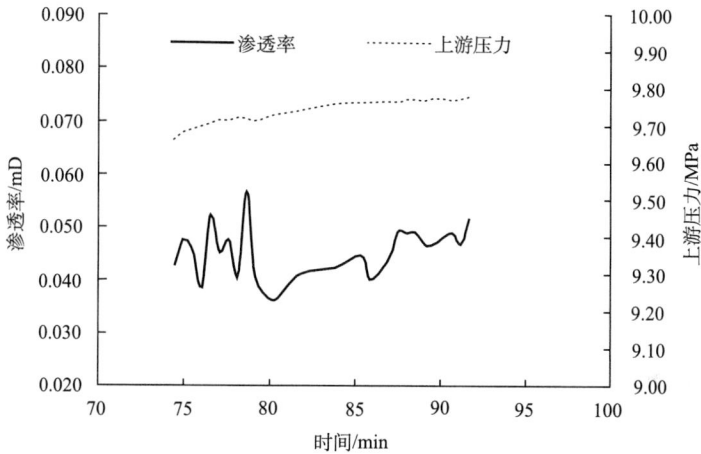

图 9.27 成庄矿 2 号样 0.50mL/min 流量模拟实验结果

在 80min 实验时间以前渗流速率变大，流体作用在煤颗粒表面的拖曳力也变大，更大粒度的颗粒在流体的摩擦携带作用下开始脱离裂隙表面，并堵塞宽度更大的裂隙，故样品渗透率降低。实验 80min 之后，保持环压不变的同时上游压力逐渐上升，煤样有效应力逐渐减小，对渗透率变化产生正效应。然而随着驱替流量的增加，一部分煤粉颗粒因为流速较大被携带出煤样，使充填在裂隙中的颗粒减少甚至消失，裂隙有效渗流面积增大。三种因素的耦合作用使煤样渗透率在煤粉产出之后逐渐上升。

将渗流流量进一步上升至 1.00mL/min，实验结果如图 9.28 所示。上游压力与环压历时 102min 达到稳定，分别稳定在 20.46MPa 和 22.6MPa。当实验进行至 100min 时，夹持器出口处开始有颗粒产出，且颗粒大小和数量高于 0.5mL/min 流速时的产出物。随着颗粒的产出，渗透率从 102min 时的 0.041mD 逐渐上升并稳定在 119min 时的 0.049mD。显然，颗粒的产出是渗透率上升的主要原因。

在进行其他样品的实验时，曾出现高上游压力情况下样品被压碎的情形，测试结果表现为渗透率大幅上升。

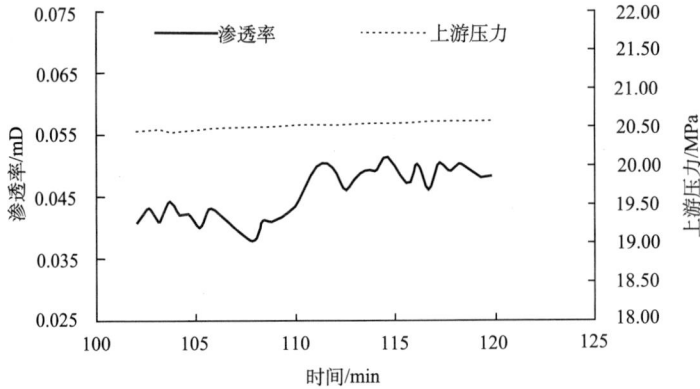

图 9.28　成庄矿 2 号样 1.0mL/min 流量模拟实验结果

9.3.3.2　颗粒启动临界渗流速率的确定

对上面的实验进行综合分析发现，随着上游压力增加和渗流流量的增大，在流体渗流速度变化、有效应力变化和颗粒启动运移与否三个因素的作用下，样品的渗透率呈现有规律的变化。

图 9.29 为将三次实验结果综合起来绘制的渗透率随实验时间和上游压力增加而变化的曲线。由图可见，样品渗透率出现多次上升-下降的情况。渗透率曲线多处呈现出先上升后下降且上升速率普遍略低于下降速率的特点。对此的解释是，随着上游压力的增大有效应力减小，裂隙宽度加大导致样品渗透率逐渐上升；与此同时，上游压力增加引起压差增大，流体渗流速率加快，某种粒度的固体颗粒启动并在瓶颈处堵塞裂隙，这种堵塞非常迅速，反映在曲线上呈现出更为陡峭的下降形态。这显示出不同特性的颗粒在渗流过程中依次启动并产生裂隙堵塞的规律性。

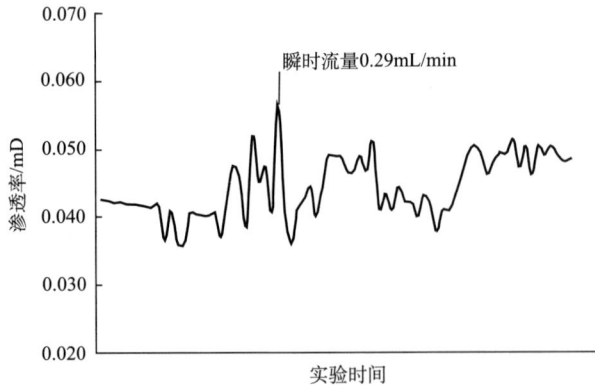

图 9.29　成庄矿 2 号样颗粒运移与渗透率变化关系

同时还可以看到，曲线的中部下降幅度最大，两端相对较小，表明在对应中部实验条件下裂隙被颗粒堵塞的情况最为严重。这应该是流体渗流速率和裂隙中固体颗粒特性的反映。基于颗粒粒度特性和裂隙宽度均呈近似正态分布的假定，实验初期上游压力较低，流体渗流速率亦低，只有易于启动的小颗粒发生运移，它们能够堵塞的裂隙较小，产生的渗透率变化幅度也较低。曲线中部渗透率大幅度下降反映此时有大量颗粒启动并运移，产生了严重的堵塞效果。曲线右部渗透率的小幅下降则反映了适合较高渗流速率的颗粒数量不多，如少量的大颗粒或片状颗粒等，对裂隙堵塞效果较轻微。

通过模拟实验认识了排采过程中颗粒启动、运移并堵塞裂隙的过程。由此可以确定颗粒启动的临界速率。这里，将其定在渗透率下降幅度最大的曲线起始部位（图9.27）。由图9.27可知，成庄矿2号煤样的颗粒启动的起点为75min处，实验测得瞬时渗流速率0.29mL/min，煤样瞬时渗透率值为0.043mD。

研究表明，固体颗粒的临界启动速率与颗粒的平均粒度和样品的抗碎强度呈正相关关系，与颗粒数量、显微和宏观裂隙密度和煤样渗透率损害率呈负相关关系。可以这样认为，煤样的抗碎强度越小，煤基质越容易破碎，颗粒数量就越多、粒度越小，此时颗粒自身重力以及其与煤基质之间的范德华力也就越小，颗粒启动所需的流体作用在水平方向上的推力也就越小，故颗粒启动临界渗流速率越小。若裂隙发育，则颗粒充填裂隙的现象越明显，渗透率值下降越快，渗透率损害率也就越高。

9.3.3.3　计算实例

下面要解决本节一开始提出的问题——确定不发生储层损伤的最大产水速率。为了简单起见，这里把问题限制在排采前期的单相水流阶段。显然，在将前面的实验成果进行实际应用时所面临的关键问题是如何将颗粒启动临界渗流速率转换为井的产水速率。

在实验过程中设置的环压和上游压力达到5MPa以上，其主要目的是为了避免实验过程中液体从岩心夹持器内的胶筒渗出以保证渗透率实验值的准确性。然而在实际的煤层气井排采过程中，前期单相流动阶段的储层压差不可能达到实验室模拟研究设置的压差值，因此需建立与煤层气井实际排采相对应的数学模型。

对水通过裂隙介质的过程作进一步分析，研究颗粒启动时液体流动的临界速率。由于

$$v = Q/A \tag{9.38}$$

式中，v为液体流动速率，cm/s；Q为煤粉启动的临界流量，cm^3/s；A为渗流截面积，cm^2。

根据煤样裂隙孔隙率，物理模拟实验中液体通过煤样裂隙的渗流截面积为

$$A_0 = V\varphi/L \tag{9.39}$$

式中，A_0为裂隙渗流截面积，cm^2；V为煤样的体积，cm^3；L为煤样的长度，cm；φ为煤样裂隙孔隙率。

将式（9.39）代入式（9.38）得出煤样中煤粉启动时的液体临界流动速率

$$v = QL/V\varphi \tag{9.40}$$

下面选择进行计算的具体位置。由于稳定渗流从降压漏斗边缘到井筒处各断面通过的流量相同，断面越小渗流速率越大，作用在颗粒上的液体推动力也越大，因此井筒处

水的渗流速率最大,颗粒也最容易启动和运移。所以,控制渗流速度最高的井筒处液体流动的速率即可控制颗粒的启动。而井筒处的临界流量可根据式(9.38)并通过液体流动速率及井筒处裂隙的渗流截面积求得

$$Q_0 = 2\pi r h \varphi_0 v \tag{9.41}$$

式中,Q_0 为煤层气井煤粉启动的临界流量,cm^3/s;r 为煤层气井筒半径,cm;h 为煤层厚度,cm;φ_0 为煤储层的裂隙孔隙率。

利用式(9.41),结合分析测试数据和排采实验数据即可对煤层气井单相流动阶段临界产水量进行计算。

下面利用 6.1 节采用的例子,QN-3 井进行实际计算。

历史拟合过程中设置煤层气井筒半径 r 为 5cm,QN-3 井裂隙孔隙率拟合值为 6.5%,煤层厚度 h 为 535cm。

物理模拟实验测定成庄矿井煤样煤粉启动的临界渗流速率为 0.29mL/min,通过压汞实验测定成庄矿井煤样的裂隙孔隙率为 2.30%,而煤样长度 L 为 3.5cm,半径为 1.26cm,带入式(9.40)得

$$v = QL/V\phi = \frac{0.29 \times 3.5}{60 \times 3.5 \times 1.26^2 \times 0.0230 \times \pi} = 4.22 \times 10^{-2} cm/s$$

所以成庄矿井煤样煤粉启动的液体临界流动速率为 4.22×10^{-2} cm/s,将储层参数的拟合值带入式(9.41)得

$$Q_0 = 2\pi r h \varphi_0 \cdot v = 2 \times \pi \times 5 \times 535 \times 0.065 \times 4.22 \times 10^{-2} = 46.08 cm^3/s = 3.98 m^3/d$$

因此 QN-3 井煤粉启动的临界产水速率为 3.98m³/d。

在 QN-3 井实际排采过程中,单相流动阶段的产水速率变化幅度较大,一般为 3～8m³/d,最高达到 14m³/d。大部分超过了颗粒启动的临界产水速率,极有可能导致储层内煤粉颗粒发生运移并堵塞裂隙,使储层受到损伤,渗透率下降从而影响井的产能。从 6.1.4.3 小节的表 6.4 看,QN-3 井的储层物性和含气性参数还是非常理想的,但只能达到比 1000m³/d 略高的产气速率,可能与排水降压阶段产水速率过高有一定的关系。另外,在历史拟合过程中将原来通过试井获得的储层渗透率 6.31mD 调整为 2.40mD,在一定程度上也说明了这个问题。也就是说,试井测到的是未受到伤害的原始储层渗透率,历史拟合校正的除了试井误差之外,还包括由于储层损伤之后与原始状态相比发生的那部分变化。

从上面的阐述可以看到,在对地下储层进行人工排采这个特殊的环境下,颗粒、储层本身、流体以及排采活动等因素相互耦合,导致了一系列复杂的动态变化。认识这个过程具有理论和实际上的意义。然而,本书的工作只是一次比较粗浅的探索,仍然存在很多问题需要解决。例如,实验的假设条件即模型假设还有值得推敲和仔细考虑完善的地方;实验中采用的样品尺寸过小,难以反映裂隙系统的真实情况,这可能是最重要的问题;样品数量、种类和实验次数不足,尚不能够涵盖所有的情况,所形成的模型存在代表性不足的问题;未能对实验过程中排出的颗粒进行形态学研究等等。要形成成熟的模型,还需要更多的工作。

　　以上是三个储层模拟建模研究的实例，尽管其中还存在很多需要完善的地方，但是能够从中看到，为了认识煤层气地面开发这个复杂的过程，本书作者应用了包括岩石力学、流体力学、数学等学科在内的理论和方法，以及现代分析测试和实验室模拟等技术手段，最终的目的是尽可能准确表述和真实模拟这个过程。所以，煤层气储层数值模拟是一个实践性和实用性非常强的领域，其中实实在在地充满了理性的探索。而且，这条探索之路还会很长。

10　煤储层开发动态过程模拟研究

前面多次提到，煤层气地面开发是一个包含有工程和人为因素的复杂动态地质过程。深入认识这个过程，认清其中的基本规律不但是理论上的探索，同时也是更好地控制这个过程并取得良好开发效果的基础。从动态的角度来研究不同地质条件和排采表现的煤层气井及其目的储层在排采过程中所发生的一系列变化是煤层气储层模拟领域的一个重要发展方向。本章将尝试以沁水盆地南部典型煤层气井为主要对象，运用储层模拟方法研究井及井网在排采过程中流体与储层的动态变化过程并力图阐释其中的基本规律。本章将首先介绍研究区的基础地质特征和讨论按照煤层气井排采表现所进行的储层类型划分，然后研究不同类型储层在排采过程中含气性、储层物性以及排采表现的动态变化特征和规律，最后对井网的情况进行研究。

10.1　概述

10.1.1　煤层气基础地质

沁水盆地南部是我国重要的煤炭和煤层气开发基地，煤田地质和煤层气地质勘探以及开发程度都非常高。国内外业者在区内实施了大量的煤炭和煤层气勘探开发工程，为研究工作打下了良好的基础。

勘探成果表明，沁水盆地南部地区含煤地层为石炭系上统—二叠系下统太原组和二叠系下统山西组，地层厚度为127～178m，平均146m，含煤21层，煤层总厚度9.9～17.8m，平均13.4m。煤层气勘探开发的主要目的煤层为山西组下部的3煤层和太原组中下部的15煤层。3煤层埋深250～900m，厚度5.04～7.16m，平均6.11m。15煤层埋深350～950m，厚度为0.3～6.17m，平均3.21m。

区内地层总体向北或北西方向倾斜，地质构造主要以褶皱为主，断裂构造不甚发育（图10.1）。褶皱为宽缓的背斜和向斜。主要褶皱自东向西有常店向斜、郑村背斜、潘河向斜、柿沟背斜、霍家山向斜、马山村背斜、磨掌向斜、马庄背斜和刘家腰向斜。褶皱的基本特点是形态宽缓、两翼基本对称，倾角较小，多为5°～15°，褶皱轴线在平面上总体为近南北向。本区在西北边界发育有寺头正断层，其走向NE60°，倾向NW，倾角70°左右，断层落差为350m，延伸长度约10km。区内的陷落柱和岩浆岩等均不发育。总体而言本区的构造条件简单，对煤层气开发较有利。

煤层气勘探开发目的层3和15煤层均属无烟煤。储层孔隙度在1.15%～7.69%，一般均小于5%。煤层的孔隙分布的总体特征是微孔和过渡孔相对发育，而大孔和中孔不发育。储层中发育有一定数量的裂隙，裂隙走向具有明显的规律性，面割理和端割理

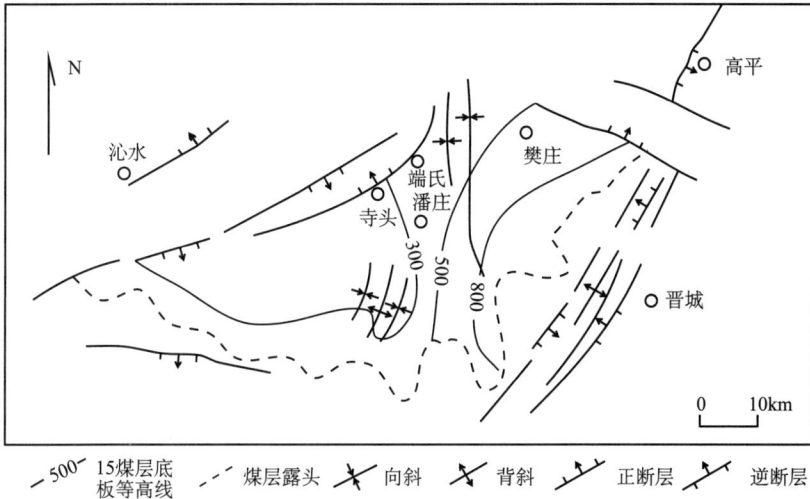

图 10.1 沁水盆地南部构造纲要图（据李德，2003 修改）

走向一般分别为北东和北西，裂隙密度在 $25 \sim 180$ 条/m，裂隙一般紧闭或有充填物。横向上裂隙特征变化大是其重要的特征，这将对储层渗透率产生一定的影响。

大量的等温吸附测试结果表明，目的煤层的吸附性能好且较为稳定。3 煤层和 15 煤层的 Langmuir 体积分别在 $37.74 \sim 51.81 \text{m}^3/\text{t}$ 和 $35.30 \sim 39.06 \text{m}^3/\text{t}$，平均值分别为 $42.33 \text{m}^3/\text{t}$ 和 $37.05 \text{m}^3/\text{t}$。两个煤层的 Langmuir 压力分别在 $2.69 \sim 3.22 \text{MPa}$ 和 $2.44 \sim 3.27 \text{MPa}$，平均值分别为 2.97MPa 和 2.91MPa。

3 煤层和 15 煤层储层压力分别在 $2.35 \sim 3.7 \text{MPa}$ 和 $2.67 \sim 6.105 \text{MPa}$，储层压力梯度在 $0.38 \sim 0.88 \text{MPa}/100\text{m}$，平均为 $0.63 \text{MPa}/100\text{m}$。多属欠压储层，个别地区存在正常压力，异常高压罕见，储层压力具有随煤层埋藏深度增加而增加的趋势。

目的煤层的试井渗透率一般在 $0.01 \sim 5.71 \text{mD}$，通常小于 2mD。渗透率具有明显的方向性，沿主裂隙方向渗透率最大，在横向上由浅部至深部逐渐降低，全区内渗透率非均质性较强。

本区属延河泉域和三姑泉域，地下水水位在 $550 \sim 800\text{m}$，东缘水位较高，西部（深部）水位降低。在垂向上自下而上赋存了奥陶系灰岩岩溶含水层、太原组灰岩岩溶裂隙含水层、山西组砂岩裂隙含水层和第四系松散岩类含水层。各个含水层系统之间均存在由泥岩等致密岩层形成的隔水层，相互之间的水力联系很弱。上述各个含水层中，主要由 K_2 灰岩构成的太原组灰岩岩溶裂隙含水层和 K_8 砂岩构成的山西组砂岩裂隙含水层与煤层气开发目的煤层关系密切，对煤层气地面开发将会产生一定的影响。

区内煤层含气量较高，3 煤层和 15 煤层含气量分别为 $15 \sim 30\text{m}^3/\text{t}$ 和 $5 \sim 26\text{m}^3/\text{t}$，含气梯度分别为 $1.3 \text{m}^3/(\text{t} \cdot 100\text{m})$ 和 $1.89 \text{m}^3/(\text{t} \cdot 100\text{m})$。两个煤层的煤层含气饱和度总体偏低，以欠饱和为主，局部呈饱和状态。较高的含气量和较厚的煤层厚度使本区煤层气资源丰度高达 $1.5 \sim 2.0 \times 10^8 \text{m}^3/\text{km}^2$，煤层气资源量巨大。

综上，本区煤层气开发目的煤储层具有吸附能力强，储集能力高，煤层气资源丰富，但储层渗透性能一般且非均质性强，储层压力表现的储层能量中等，两个目的层附近均存在含水层等特点。这些背景条件将对煤层气开发产生不容忽视的影响。

自 20 世纪 90 年代初以来，研究区内进行了大量煤层气科学和技术研究并实施了一系列煤层气开发工程，目前已经实现商业性开发。包括直井、丛式井和多分支水平在内的各种地面开发井多达数千口，是我国煤层气开发的典范工程之一。大量的勘探开发数据也为储层模拟研究提供了坚实的基础。

10.1.2 煤层气储层类型划分

我国煤层气地面开发的一个普遍现象是井的排采表现存在很大的差异，这与其排采目的层的地质条件和排采工艺等密切相关。人们试图根据井排采曲线进行分类(何伟钢、叶建平，2003；罗振兴等，2012)，在此，作者根据井的地质条件和排采表现，将其煤层气开发目的储层分为气压型、水压型和混合型三种类型。

第一种类型为气压型储层。当煤储层被不渗透层包围，储层本身渗透性较差时，就会处于一种相对封闭状态，游离气膨胀能是储层压力的主要能量来源，在排采过程中，由于渗透率较低，很难实现降压，气体亦难于解吸，排采表现的特征是产水量产气量均较低(图 10.2)。这类储层常见于诸如构造改造严重，构造煤发育的地区。

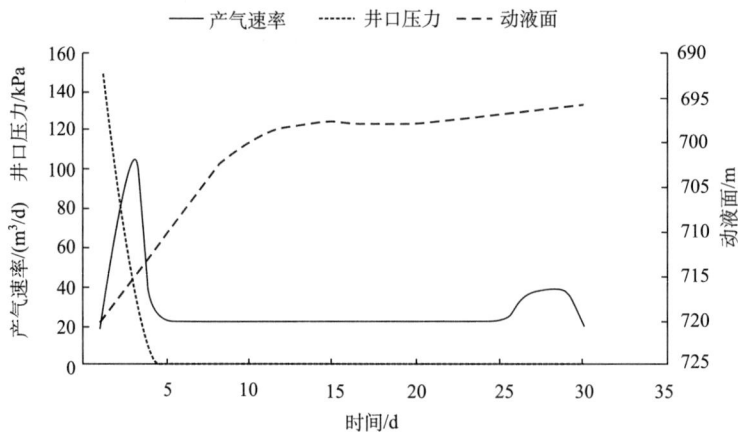

图 10.2 QBH-3 井排采曲线图

第二种类型为水压型储层。当煤储层渗透性较好或与含水层连通时，储层处于开放状态，此时储层压力源自开放通道中静水柱压力且基本与之相等。在排采过程中水近于无限补给，储层难以降压，气体解吸困难，排采表现为产水量很高，产气量低(图 10.3)。这种类型的储层常出现在低煤级煤地区，部分高煤级煤地区也有发育，其最大的特点是储层附近发育富水性良好的含水层，含水层与煤储层沟通的通道可以是断层、陷落柱或高渗透性砂岩等。

第三种类型为混合型储层。排采表现介于上述两类之间，储层处于半封闭状态，储层压力能量同时由气体膨胀能和静水压力提供。在排采过程中，这类储层产水量适中，

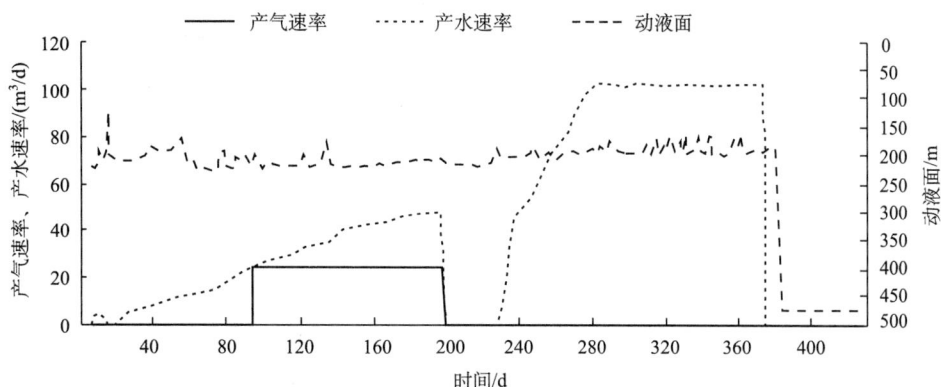

图 10.3　QNP-1 井排采历史曲线图

易于降压，产气能力较强。

下面将选择这三种类型储层的典型井，运用储层模拟方法分析研究它们的产能表现和排采过程中主要参数的动态变化特征，进一步分析各类井的排采机理并获得对这三类储层开发技术和开发方式的认识。

10.2　气压型储层

10.2.1　排采历史与历史拟合

由于在研究区沁水盆地南部没有发现气压型储层的煤层气井，故选用了沁水盆地东北部的 QBH-3 井进行研究。该井的排采历史见图 10.2，排采过程中没有水产出，产气量很低，是典型的气压型储层。运用模拟软件对该井进行历史拟合（图 10.4），基础地质和开发参数及拟合时修改的参数如表 10.1 所示。由表可见，这些参数基本未作修改。

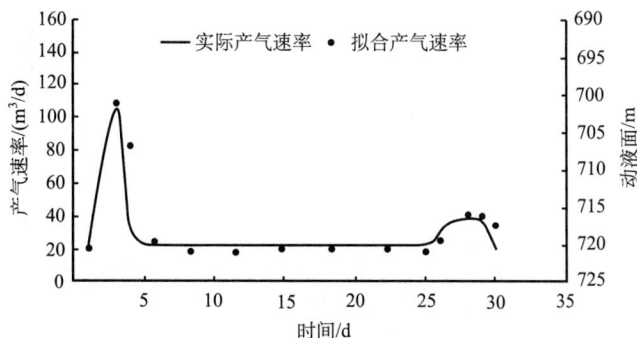

图 10.4　QBH-3 井排采曲线即历史拟合成果图

表 10.1   QBH-3 井参数调整表

模拟参数	初始值	拟合值	模拟参数	初始值	拟合值
埋深/m	709.0	—	储层渗透率/$10^{-3}\mu m^2$	0.025	0.03
煤厚/m	2.9	—	Langmuir 体积/(m³/t)	38.71	—
含气量/(m³/t)	8.2	—	Langmuir 压力/MPa	2.37	—
储层压力/MPa	1.2	—	临界解吸压力/MPa	1	—
裂隙孔隙率/%	8.12	—	解吸时间/d	4.81	—

10.2.2   产气量预测

因该井没有产水故只对产气量做预测(图 10.5)。因该井的渗透率很低，含气量不高，所以产气量很低，1000 天的累计产气量仅为 15343m³。

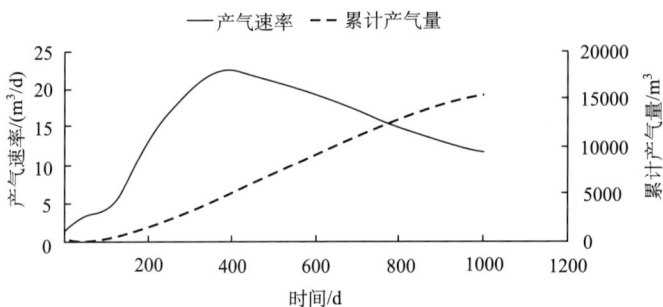

图 10.5   QBH-3 井 1000 天预测产气量曲线图

10.2.3   参数动态变化特征

下面讨论 QBH-3 井含气量、含气饱和度、储层压力和渗透率等参数的动态变化情况。

(1) 含气量

图 10.6a、b 和 c 分别显示 QBH-3 井排采第 50、500 和 1000 天时的含气量动态变化情况。该图底面的坐标系统，(0,0)点即为井的位置(后面的图 10.8、图 10.13、图 10.15、图 10.21 和图 10.23 均与之相同)。由图可见，无论是数值还是空间范围，尤其是后者，气压型储层在排采过程中含气量变化很小，仅在井筒附近有所降低，从 8.2m³/t 降至 4.8m³/t，其他部位含气量均未发生变化。

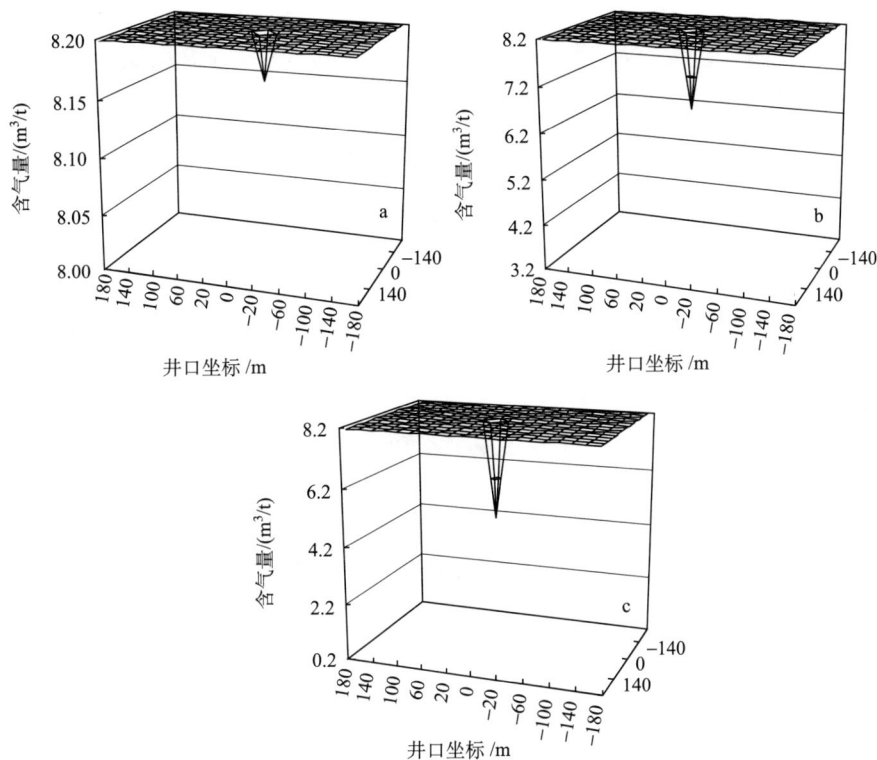

图 10.6　QBH-3 井含气量动态变化

（2）含气饱和度

含气饱和度仅在井筒处有变化，其余部分基本保持不变，仍为排采初始时期的 63.0%。图 10.7 显示了这一特点，其数值从 63.0% 降至 36.8%。

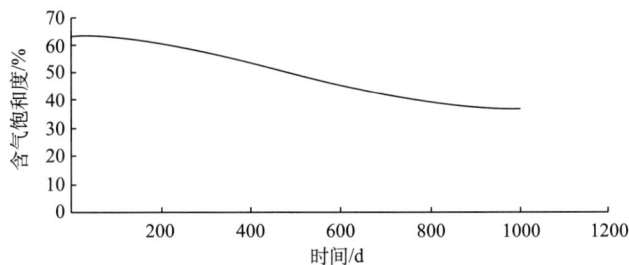

图 10.7　QBH-3 井近井筒处含气饱和度动态变化

产气量预测以及含气量和含气饱和度参数的模拟结果均表明，在此类储层中进行常规的地面开发，煤层气基本上没有被开采出来。

（3）储层压力

图 10.8a、b 和 c 分别表示井排采第 50、500 和 1000 天时气井储层压力的下降情

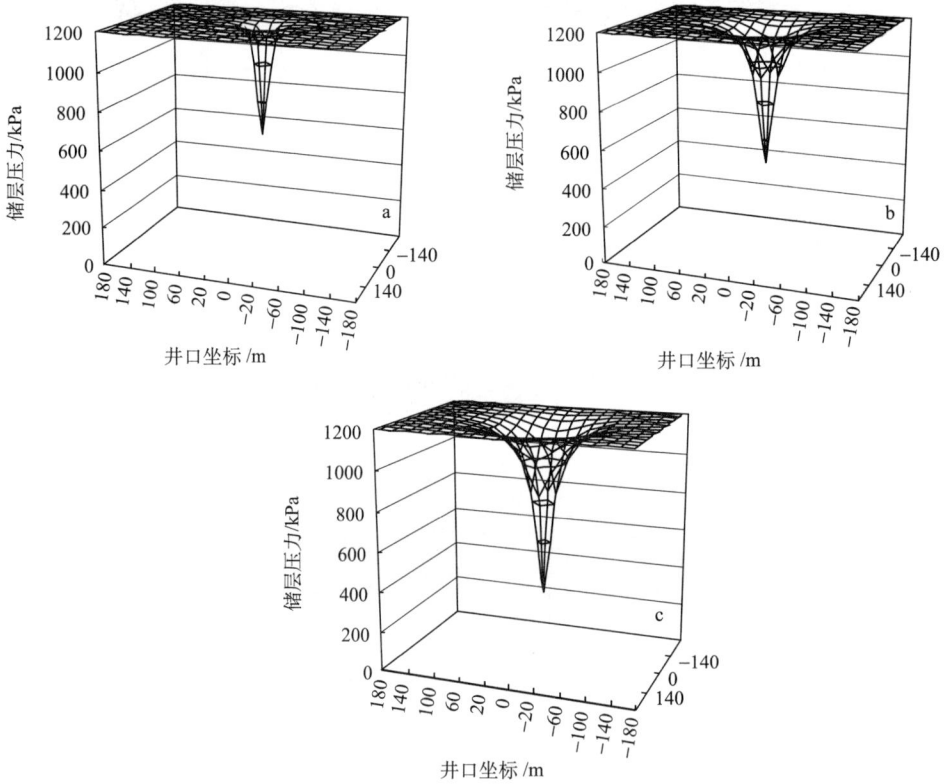

图 10.8 QBH-3 井储层压力动态变化

况，即降压漏斗形成的过程。该图显示，即使在排采 1000 天之后降压漏斗半径仍然非常小，不足 100m 且呈现非常尖锐的形状。这表明储层压力仅在井筒附近有压力降低，其他部位保持不变。

图 10.9 表示 QBH-3 井排采第 50、200、400、1000 天时煤层气有效解吸范围逐渐

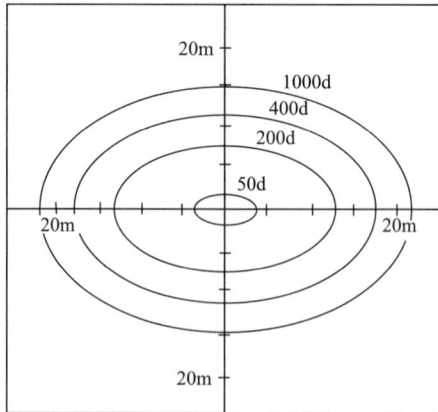

图 10.9 QNH-3 井排采过程储层压力降传播图

扩大的过程。储层压力降传播范围很小，压裂裂缝方向的传播在 1000 天后仅为 20m，垂直压裂裂缝方向由于未受其影响而仅为 15m 左右。

（4）渗透率

图 10.10 为 QBH-3 井排采诱导渗透率变化曲线图，由图可见，该井渗透率在排采开始约 20 天之后快速降至 0.0797mD 左右，降幅为 0.0003mD。然后基本保持不变。总体而言，下降的幅度很小。这显然是因为气体解吸少而储层压力又有所下降，有效应力负效应引起的渗透率变化。

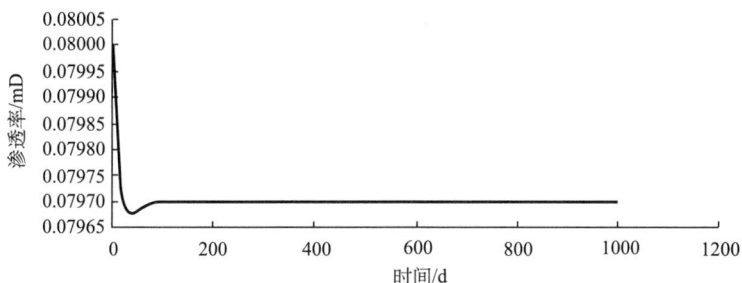

图 10.10 QBH-3 井排采过程渗透率变化

上述模拟研究结果表明，气压型储层在排采过程中表现出低产气和低产水甚至不产水的特征，含气量、含气饱和度和储层压力在数值和空间上变化范围均很小，采用常规的地面开发技术很难进行开采。

煤层气地面开发中气体产出的本质是储层中降压解吸的气体和水在由储层压力提供的驱动能量作用下向井口运移。以 QBH-3 井为代表的气压型储层具有极差的排采表现，其主要原因是储层渗透率低下，无法将储层中的水抽出而实现降压解吸。或者这样理解，由于渗透率低，无论是气体或是液体介质都不能把井口产生的压降传播出去，导致解吸和降压仅发生在井口附近。

10.3 水压型储层

10.3.1 排采历史与历史拟合

选用沁水盆地南部潘庄地区的 QNP-1 井进行研究。该井目的层为 15 煤层，煤层厚度 2.9m。实施过压裂激化完井。前面 10.1 节中的图 10.3 即为 QNP-1 井生产排采曲线。由图 10.3 可知，仅在排采 93 天至 120 天期间有 24m³/d 速率的产气，其余时间均为零。而产水速率非常高，最高达到 102.99m³/d。在整个排采过程中，动液面均保持在 3 煤层之上，总体上没有下降反而略呈上升的趋势。井的套压均为零。可见该井的目的煤层属典型的水压型储层。

因整个排采过程中该井只产出了极少量的气体，故将产水速率作为历史拟合参数。

只选择排采前期 200 天产水速率数据进行拟合，结果如图 10.11 所示。这是本书对除了产气速率以外的参数进行拟合的唯一例子，其方法与前面所给完全相同。拟合过程中对参数的调整如表 10.2 所示。

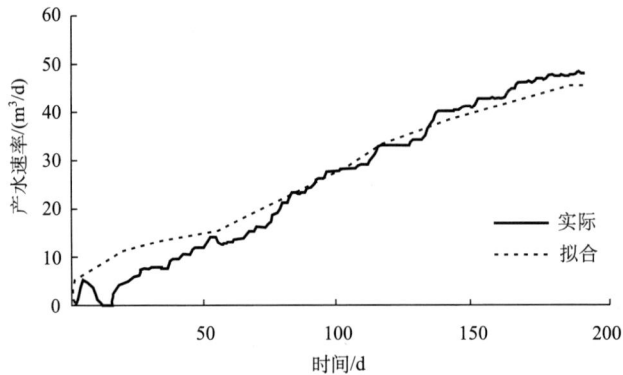

图 10.11　QNP-1 井产水量历史拟合曲线

表 10.2　QNP-1 井参数调整

模拟参数	初始值	拟合值	模拟参数	初始值	拟合值
埋深/m	474.0	—	储层渗透率/$10^{-3}\mu m^2$	21.12	22.72
煤厚/m	2.90	—	Langmuir 体积/(m^3/t)	38.38	—
含气量/(m^3/t)	22.18	—	Langmuir 压力/MPa	2.44	—
含气饱和度/%	83.30	—	临界解吸压力/MPa	3.34	—
储层压力/MPa	3.73	—	解吸时间/d	5.81	—
裂隙孔隙率/%	8.12	8.2			

10.3.2　产水量预测

这里仅对井的产水量进行预测。图 10.12 表示了井排采 1000 天内的产水量情况。该图表明井产水量很高，1000 天累计产水量达 37556m^3，平均产水速率高达 37.6m^3/d。

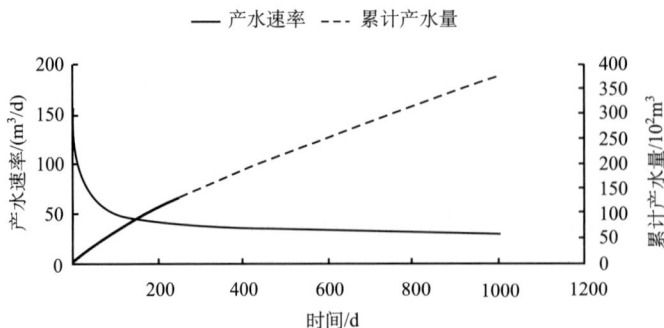

图 10.12　QNP-1 井 1000 天预测产水量曲线

10.3.3 井参数动态变化

（1）含气量

图 10.13a、b 和 c 显示了 QNP-1 井在排采第 50、500 和 1000 天时含气量动态变化情况。由图可见，除井筒处的含气量下降外，其余地方含气量未发生变化，而且在排采时间长达 1000 天时，井筒处的含气量也仅仅下降了 2m³/t。而该井目的层的含气量相当高，大量的气体没有被有效采出。

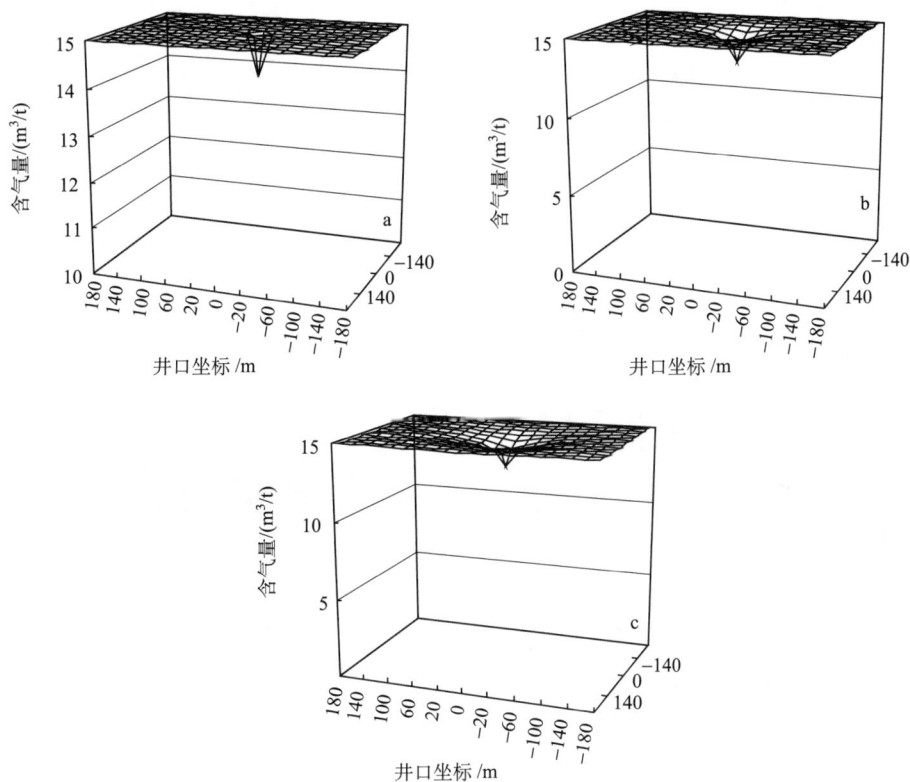

图 10.13　QNP-1 井含气量动态变化

（2）含气饱和度

图 10.14 表示了排采时间分别为 50、100、500 和 1000 天时从井筒到最大影响半径 140m 范围内含气饱和度动态变化情况，该图表明含气饱和度仅在距井筒 20m 范围内发生微小的变化，排采 1000 天时变化量仅为近 0.1，距井筒 40m 以外的大范围内含气饱和度几乎不变。

上述计算结果表明，对于水压型储层，含气量和含气饱和度两个参数在排采过程中无论是在空间或是数值上的变化都很小。与气压型储层作对比，在排采第 1000 天时，

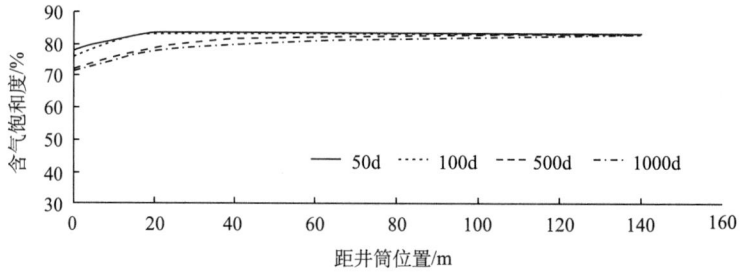

图 10.14 QNP-1 井处含气饱和度动态变化曲线

QBH-3 井和 QNP-1 井井筒处含气量分别下降了 3.4m³/t 和 2m³/t，下降率分别为 41.5% 和 9.0%。可见其相差之大。但其下降范围略大于气压型储层。显示了两类储层的情况总体相似但细节有别。

（3）储层压力

图 10.15 和图 10.16 分别表示 QNP-1 排采过程中降压漏斗的形成和储层压力降的传播情况，前者的记录时间仍为第 50、500 和 1000 天。由图可见，因渗透率较大，储层压力降传播速度快而且传播距离远。由于压裂裂缝的影响，排采 50 天时平行压裂裂

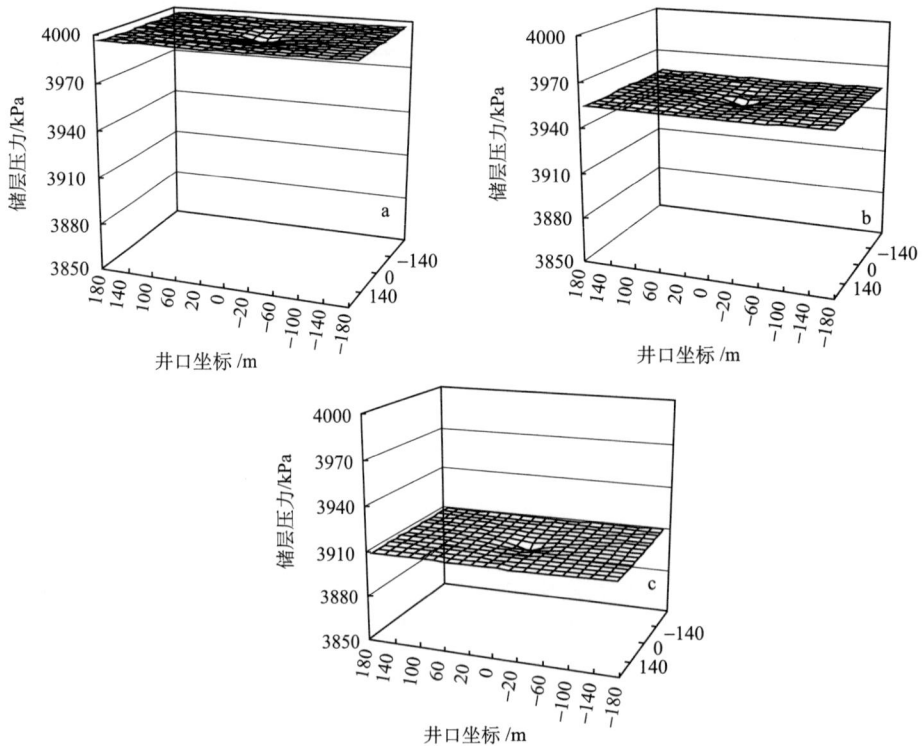

图 10.15 QNP-1 井储层压力动态变化

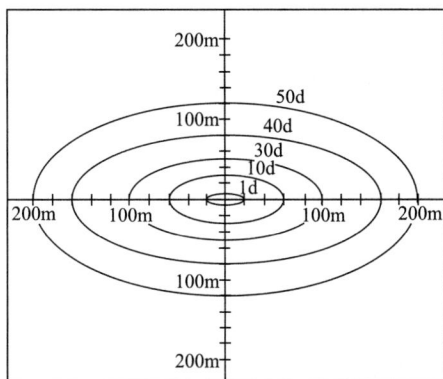

图 10.16　QNP-1 井排采过程储层压力降传播图

缝方向的传播距离就达到了 200m，垂直压裂裂缝方向的传播距离亦达到 120m。但是，大的渗透率加上目的煤层与其上部的 K_2 灰岩含水层之间存在某种沟通，形成了长时间水的充足补给，致使产水量很大的情况下降压效果仍然很差。排采至第 1000 天时，储层压力总体从 4MPa 降至 3.91MPa，降幅仅为 0.09MPa，同时是近于整体的压降。在井筒处并未形成有效压降，即未降至临界解吸压力，致使该井基本上没有产气。储层压力的动态变化很好地解释了含气性变化的原因。

（4）渗透率

图 10.17 反映 QNP-1 井排采诱导渗透率变化情况，由于几乎没有气体产出，故渗透率可全部视为水相渗透率。由图可见，水相渗透率在排采开始约 200 天之后快速降至22.706mD，降幅为 0.012mD，然后基本保持不变。与气压型储层相似，这是因为前期水相渗透率的变化主要由有效应力的增大形成，之后由于没有气体产出且储层压力基本不变，故没有产生煤基质自调节效应，渗透率基本保持不变。

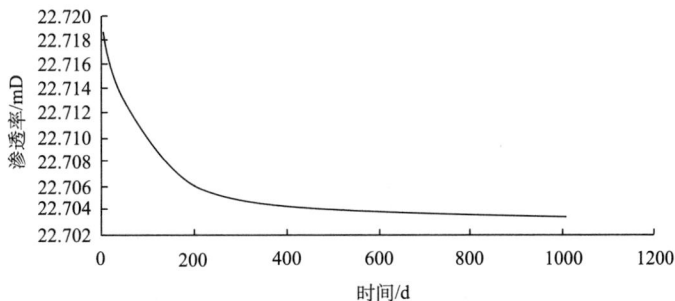

图 10.17　QNP-1 井排采过程渗透率动态变化

上述研究表明，在排采过程中，水压型储层表现为低产气甚至不产气、高产水的特征。在参数动态变化方面，含气量、含气饱和度在数值上变化很小。由于充足的水源补给，储层压力在空间上则呈整体下降趋势但下降的幅度很小，难于形成有效压降。即使在储层物性和含气性理想的情况下，也很难使气体解吸并产出，因此亦属不利于地面开发的储层类型。

基于上述认识，可以将该井在排采 93 天至 120 天期间的少量产气解释为地层中局部水溶气富集，这部分水产出时水溶气析出所致，而不是正常情况下的解吸气。

10.4   混合型储层

10.4.1   排采历史与历史拟合

混合型储层排采动态模拟研究的对象是 QNZ-1 井。该井位于沁水盆地南部的潘庄区块，在 1994 年至 1997 年间完成施工，排采时间长达十余年，是目前我国排采时间较长的井之一。该井先后对 3 煤层和 15 煤层进行了煤层气开采。前期单采 15 煤层，排采时间 1270 天，停采 130 天后单采 3 煤层，排采时间 859 天。井的基本参数如表 10.3 所示。

表 10.3   QNZ-1 井参调整数表

模拟参数	3 煤层		15 煤层	
	初始值	拟合值	初始值	拟合值
煤厚/m	5.85	—	3.15	—
含气量/(m³/t)	18.07	18.7	20.88	23.90
储层压力/MPa	1.37	2.40	3.42	—
裂隙孔隙率/%	1.50	—	0.80	—
储层渗透率/$10^{-3}\mu m^2$	3.00	—	3.38	—
Langmuir 体积/(m³/t)	41.46	—	38.38	—
Langmuir 压力/MPa	2.69	—	2.44	—
临界解吸压力/MPa	2.08	—	2.91	—

图 10.18 为 QNZ-1 井的产气速率曲线。自 1997 年排采至 2009 年十余年时间内，累计产气 $2.57\times10^6 m^3$，最大产气速率为 4700m³，平均 1143m³。产气曲线呈现升-降、升-降、升的阶段性变化。对 15 煤层的开采，从开始排采至 424 天时产气速率呈现波动上升，在 0~4700m³/d 之间变化，平均为 1766m³/d；425~1382 天产气速率波动下降，在 4500~0m³/d 之间变化，平均为 1055m³/d。对 3 煤层的开采，1383~1724 天产气量首先呈现波动上升，在 0~3007m³/d 之间变化，平均为 482m³/d；1725~1955 天产气速率再呈现波动下降，在 0~2456m³/d 之间变化，平均为 1047m³/d；1956~2251 天产气再次稳定上升，在 0~1999m³/d 之间变化，平均为 1374m³/d。

图 10.19 为 QNZ-1 井的产水量曲线。自 1997 年排采至 2009 年，累计产水 3974m³，最大产水速率为 24m³/d，平均 1.77m³/d。产水量针对 15 煤层和 3 煤层分别呈现高-低、高-低两个阶段变化趋势。对 15 煤层的开采，从开始排采至 424 天产水速率在 0~

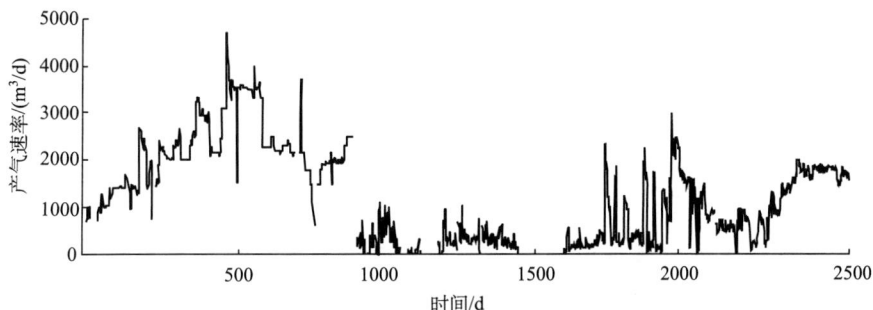

图 10.18 QNZ-1 井产气量曲线图

23.1m³/d 较大幅度地变化，平均值达 4.84m³/d；425～932 天产水速率较为稳定，平均 1.89m³/d。对 3 煤层的开采亦是早期产水速率变化较大且数值较高，在 0～24m³/d，平均达 5.49m³/d；后期产水速率逐渐稳定下降，平均为 0.57m³/d。

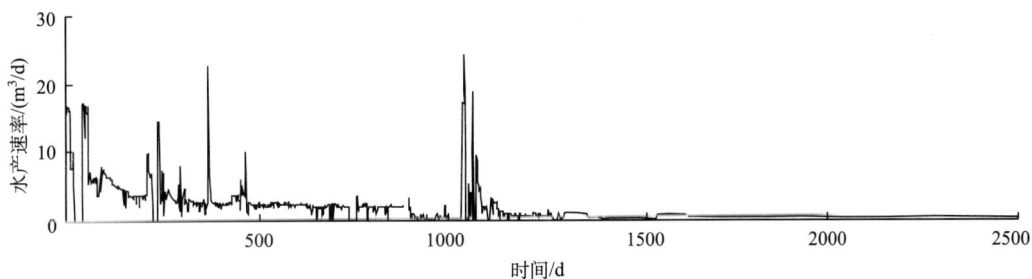

图 10.19 QNZ-1 井产水量曲线图

该井前期单采 15 煤层期间产水较多，最高产水速率为 24m³/d，属混合型储层中的高产水类型。单采 3 煤层的时候产水速率较低，一般低于 1m³/d，属混合型储层中的弱产水类型储层。

分别对 15 煤层和 3 煤层进行历史拟合，结果如图 10.20 和表 10.3 所示。

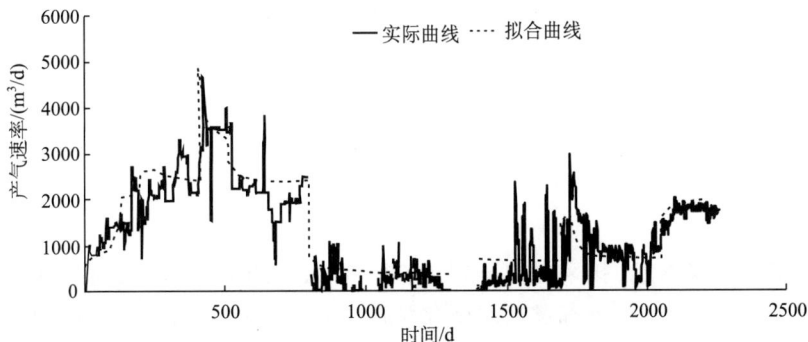

图 10.20 QNZ-1 井历史拟合曲线图

10.4.2 井参数动态变化——高产水型储层

首先对高产水的混合型储层 15 煤层进行模拟计算，各参数的动态变化特征如下。

（1）含气量

图 10.21a、b 和 c 分别为 QNZ-1 井在排采第 50、500 和 1000 天时 15 煤层的含气量动态变化情况。该图反映出混合型储层与气压型和水压型储层的巨大差别。随着排采的进行，含气量大范围大幅度下降表明了大量气体的产出。而且在井筒附近含气量变化显著，排采 1000 天之后含气量降幅达 13m³/t，随着与井筒距离的增加下降幅度逐渐变小。

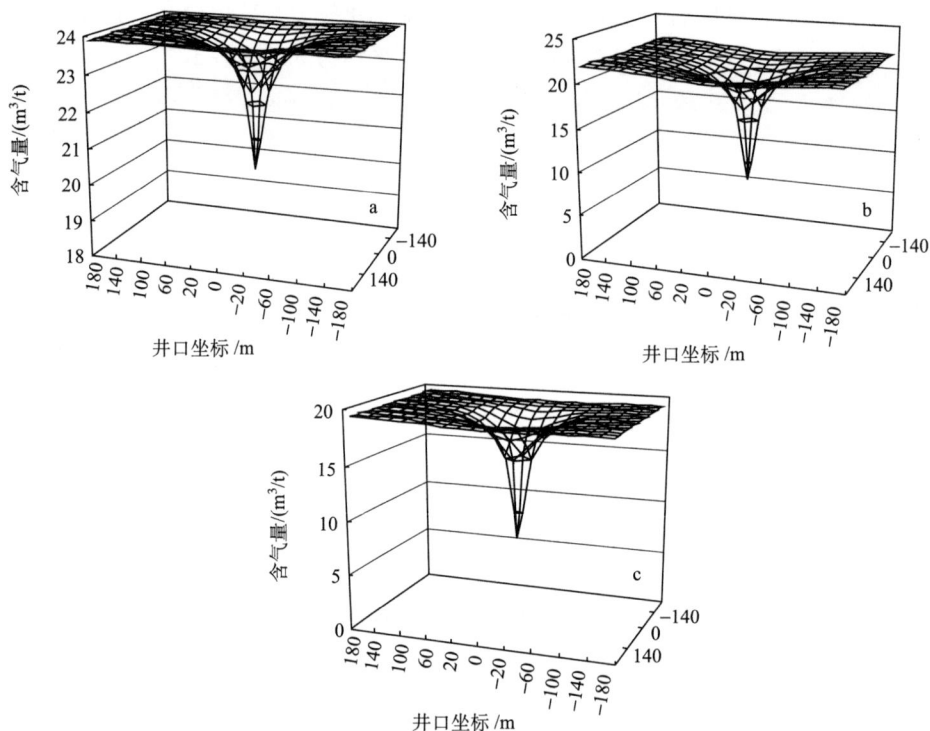

图 10.21　QNZ-1 井含气量动态变化

（2）含气饱和度

图 10.22 表示 QNZ-1 排采时间分别为 50、100、500 和 1000 天时从井口到最大影响半径范围内 15 煤层含气饱和度动态变化情况。排采 500 天之后，井筒附近的含气饱和度由最初的 84.3% 下降到 33.1%，降幅为 51.2%。距井筒 140m 处含气饱和度由 100% 降低到了 90%，降幅为 10%。之后的 500 天排采时间内，井筒处的含气饱和度下降范围不大，距井筒 140m 处的含气饱和度由 90% 下降到了 79.9%，降幅 10.1%。

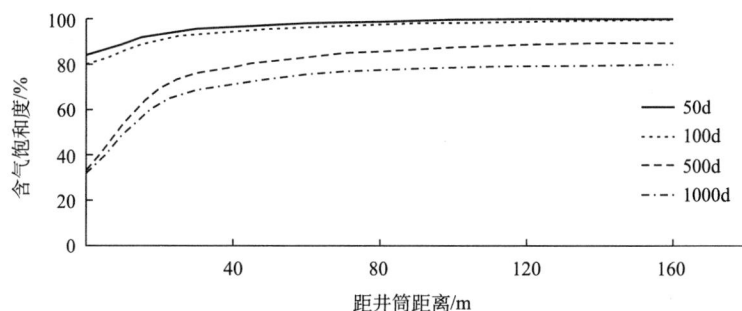

图 10.22　QNZ-1 井 15 煤层含气饱和度变化

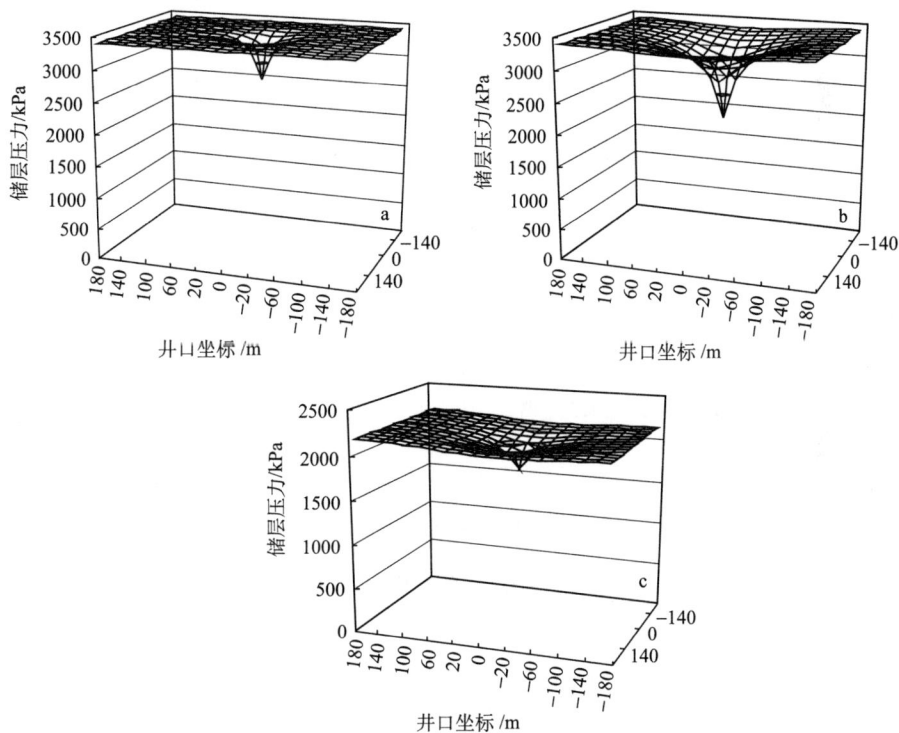

图 10.23　QNZ-1 井储层压力动态变化

　　含气饱和度动态变化特征表明在排采过程中混合型储层的不同部位具有不同的动态变化特征。在井筒附近，排采前期含气饱和度下降幅度较大，后期则基本保持稳定。远离井口部位前期降幅不大，但后期保持持续下降。这反映了在井的影响范围内早期的产气主要由井筒附近的储层贡献，后期则由相对外围的储层提供气源。

　　（3）储层压力

　　图 10.23a、b 和 c 分别表示 QNZ-1 井排采第 10、100 和 1000 天时 15 煤层储层压

力下降情况，图 10.24 表示 QNZ-1 井排采第 50、200、300、400 和 500 天时 15 煤层有效解吸范围逐渐扩大的过程。由图 10.24 可见，当排采 500 天时该井沿裂隙方向的压降范围达到了 200m，垂直裂隙方向为 140m。与气压型和水压型储层比较，储层压力的有效下降范围和幅度均较大，大面积的有效降压非常有利于煤层气解吸和产出。

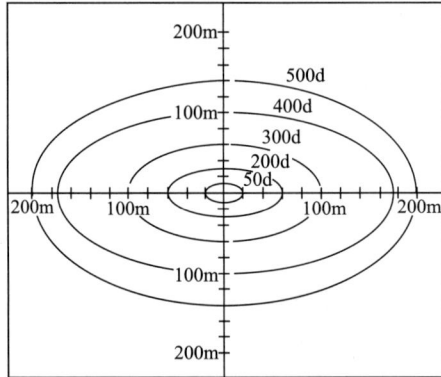

图 10.24 QNZ-1 井 15 煤排采过程中储层压力降传播图

对比图 10.23a 和 b 还能够发现，随着排采的进行，在储层压力逐渐下降的同时降压漏斗逐渐变缓。这反映了在排采一段时间之后，排采面积内储层压力逐渐均匀化，井口与外围部位的压差变小，气水产出的驱动力降低，井的产能亦随之下降。虽然未对该井进行产能预测，但实际产气速率曲线（图 10.18）很好地反映了这一点。即在排采约 1000 天之后，产气情况变得越来越差。

（4）渗透率

图 10.25 为 QNZ-1 井 15 煤层排采诱导渗透率变化情况，该曲线反映了该井整个排采过程中渗透率动态变化的复杂过程。这个过程可以分为三个阶段。首先为水相阶段，排采时间为 0~41 天，此阶段内只有水产出，故全部渗透率贡献给了水相，其值由于排

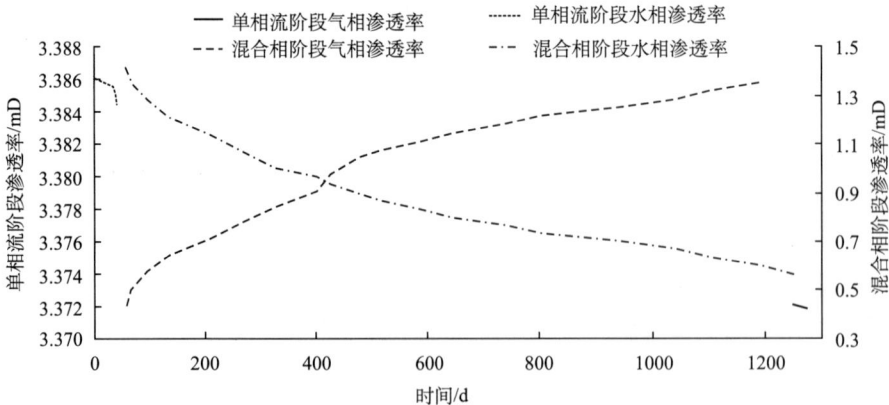

图 10.25 QNZ-1 井 15 煤层排采诱导渗透率动态变化过程

采诱导渗透率变化的负效应而呈下降趋势。其次为气水两相阶段，排采时间为 42～1250 天，此阶段内水相渗透率逐渐降低而气相渗透率逐渐升高，最终气相渗透率比水相渗透率约高 0.8mD。最后为气相阶段，排采时间 1250～1270 天，水相渗透率为零，只有气体产出，气相渗透率约为 3.37mD，渗透率总体呈仍下降的趋势。

10.4.3　井参数动态变化——弱产水型储层

弱产水混合型储层 3 煤层排采过程中参数动态变化如下。

（1）含气量

图 10.26 为排采第 10、100 和 800 天时 3 煤层的含气量动态变化情况。整个过程与 15 煤层相似。在排采 1000 天之后，含气量在井筒附近和距井筒 140m 处的降幅分别为 4.5m³/t 和 0.5m³/t。

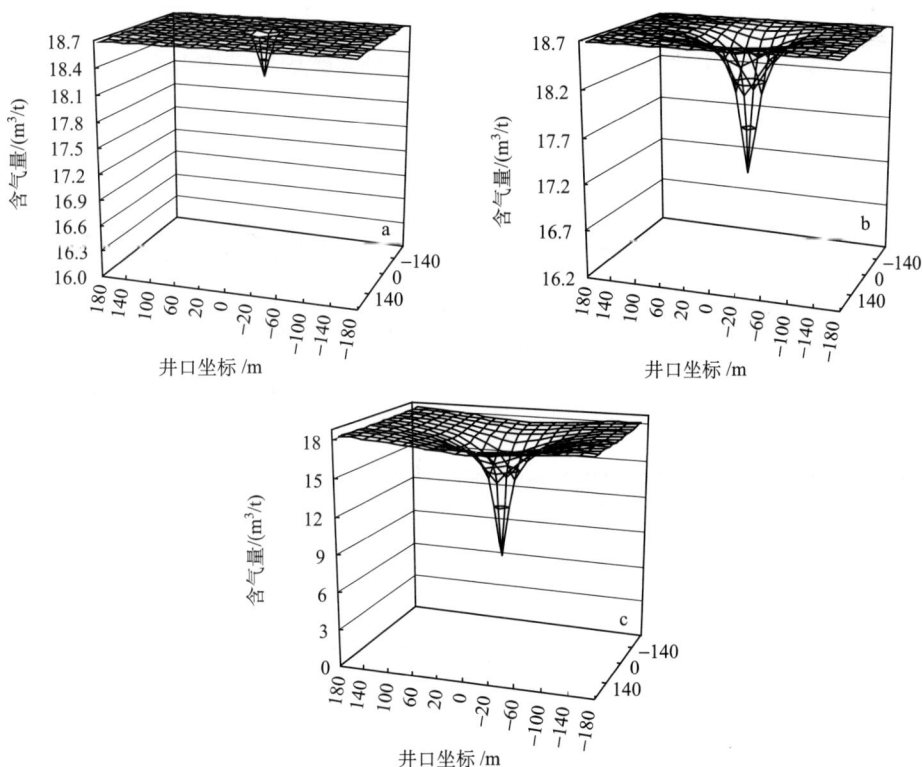

图 10.26　QNZ-1 井 3 煤层含气量动态变化

（2）含气饱和度

图 10.27 为排采第 10、100、300 和 800 天时 3 煤层的含气饱和度的变化曲线。由图可见，排采到 800 天时，井筒附近 60m 的范围内含气饱和度降幅 43.5%。总体上前

期含气饱和度变化不如后期明显，而且效果不如 15 煤层。

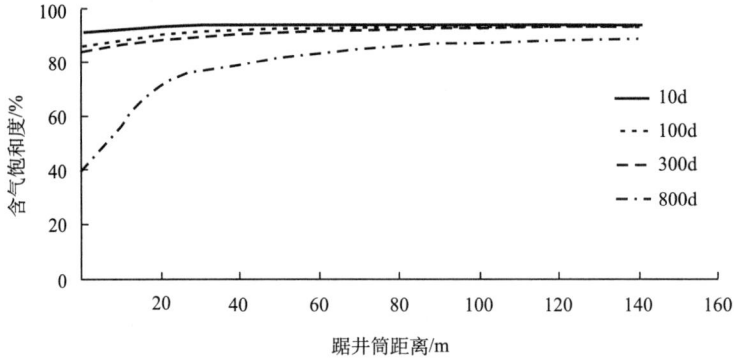

图 10.27　QNZ-1 井 3 煤层含气饱和度变化曲线

（3）储层压力

图 10.28a、b 和 c 分别显示排采第 10、100 和 800 天时 3 煤层的储层压力变化情况，图 10.29 显示排采第 100、300、500 和 800 天时 3 煤层储层压力降传播情况。随着排采的进行，有效解吸区逐渐扩大，800 天后平行压裂裂隙方向的有效解吸区半径为 200m，垂直压裂裂隙方向为 140m。对比后发现总体而言其降压效果不如 15 煤层。

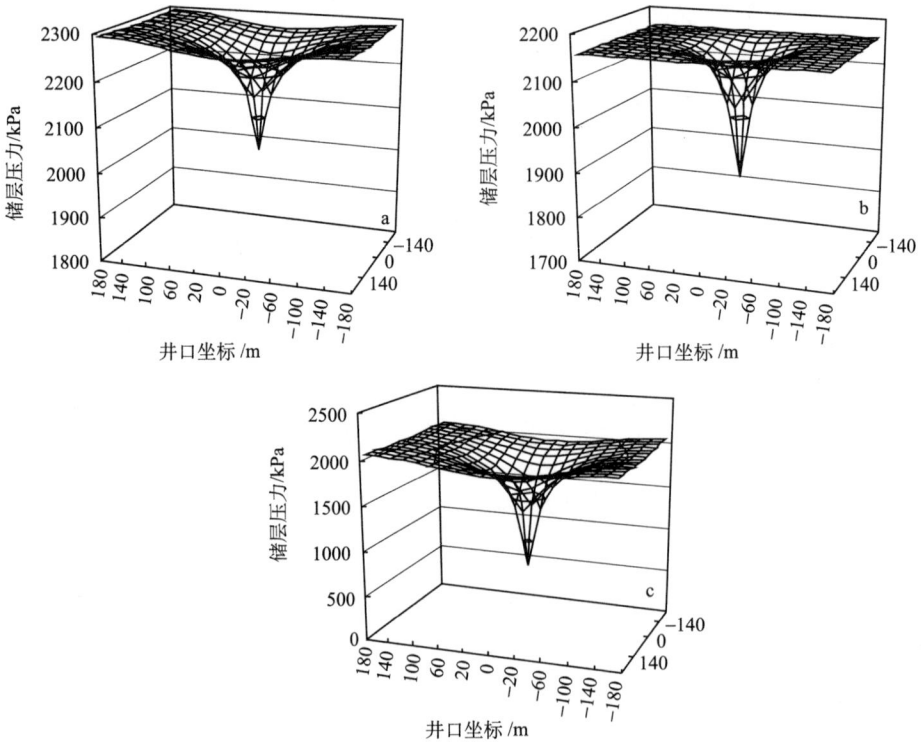

图 10.28　QNZ-1 井 3 煤层储层压力动态变化

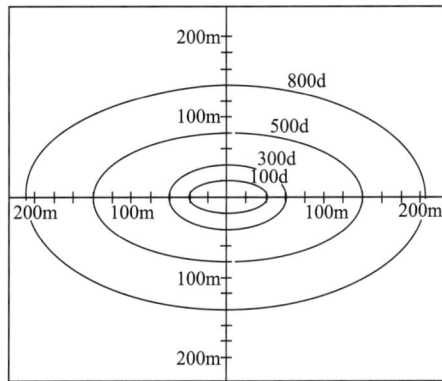

图 10.29　QNZ-1 井 3 煤排采过程中储层压力降传播图

（4）渗透率

图 10.30 显示 QNZ-1 井排采过程中 3 煤层渗透率的变化情况。渗透率变化可以分为两个阶段。第一个阶段为前 26 天，只产水而没有气体产出，为水相的单相渗透率，其值由初始的 3mD 降到 2.9877mD，降幅不明显。27～869 天为水气混相阶段。阶段内产气速率波动式增高，产水速率基本稳定。此阶段内气相渗透率和水相渗透率分别呈现阶段式升高和降低，其变化的时间基本上与图 10.18 中产气速率发生变化的时间对应，反映解吸和降压导致有效应力变化对渗透率的影响。

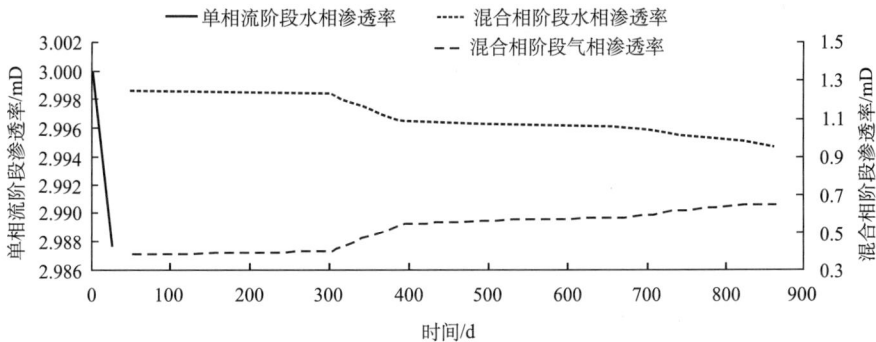

图 10.30　QNZ-1 井 3 煤渗透率动态变化

结合含气量、含气饱和度、储层压力和渗透率动态变化特征，与接近排采后期的 15 煤层相比，3 煤层含气量和含气饱和度均仍保持较高的水平，降压漏斗中的压差仍处于不断扩大的过程，储层中流体尚未达到气体单相流动的状态。据此可以认为，该储层仍有进一步排采的余地。由于这一原因，同时由于煤厚、含气量、储层压力以及渗透率等因素的差异，很难根据目前的模拟结果来比较混合型储层的高产水和低产水两种类型的综合排采表现，这方面仍需要作进一步的研究。

10.5 井网压降模拟

井组排采能够通过井间干扰获得更大面积的压降和更为理想的排采表现是业界的共识。本节将以沁南地区的煤层气直井 QN-1 井为例对沁南地区的单井和井组储层压力动态变化进行模拟研究，分析其动态的变化规律，以期获得井组排采过程中储层压力动态变化的认识。

QN-1 井在完井过程中采用活性水和液氮对 15 煤层进行压裂，整个排采过程分为三个阶段(图 10.31)。第一阶段为排水降压阶段，持续时间为 48 天，阶段内无气体产出，产水速率变化范围为 0.15～7.8m³/d。第二阶段持续 10 天，为不稳定产气阶段，最大产气速率达 5680m³/d，之后降到 1100m³/d 左右。第三阶段为稳定产气阶段，产气速率稳定在 1000m³/d 左右，持续 70 天，阶段内产水速率约为 2.5m³/d。除第二阶段开始之外，整个排采过程中动液面平稳下降。该井的储层参数见表 10.4。从井的排采表现看，该井开采目的层亦属混合型储层。

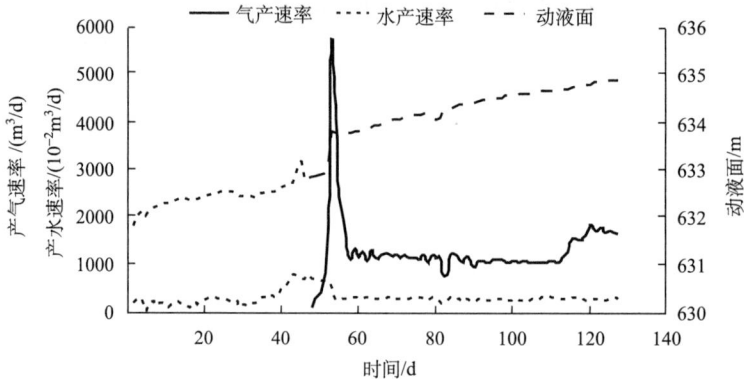

图 10.31 QN-1 井排采曲线

表 10.4 QN-1 井储层参数表与拟合值表(15 煤层)

参数	裂隙渗透率/mD	裂隙孔隙率/%	含气量/(m³/t)	Langmuir体积/(m³/t)	含气饱和度/%	煤厚/m	Langmuir压力/MPa	储层压力/MPa	解吸时间/d
初始值	0.33	7.83	28.27	46.32	101.70	2.60	3.27	4.91	3.24
拟合值	0.80	6.80	29.00	55.00	98.00	—	—	—	—

参照排采史将历史拟合分为三个工作制度进行，每个制度对应一个排采阶段。根据图 10.31，第二阶段出现非常高的产气速率峰，其值数倍于之后的产气量，产水速率和动液面也存在突变，这可能存在人为因素并且伴随着储层损伤。在拟合计算时可将其作为一个单独的工作制度。一般情况下软件很难模拟出这样的峰值，同时这种峰值也不一定能够反映储层和排采的特征，因此应主要考虑后期第三阶段的曲线。历史拟合结果如

图 10.32 所示，在此过程中调整的参数如表 10.4 所示。从该图可以看到，并没有刻意地去拟合第二阶段的产气峰值。

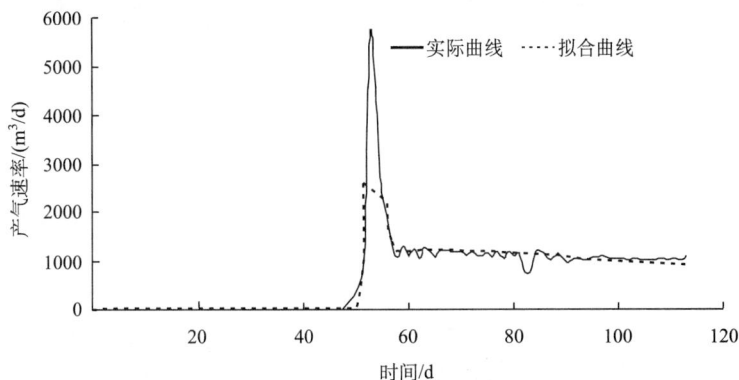

图 10.32　QN-1 井历史拟合曲线

利用拟合得到的参数预测了 QN-1 井 15 年的产气量曲线，如图 10.33 所示。该图显示 QN-1 井 15 年的排采过程可以分为三个阶段。第一阶段为前 50 天，为抽水降压阶段，这个阶段煤层气刚刚开始解吸，煤层气产量逐渐升高。第二阶段是 50～2600 天，这个阶段稳定生产，产气量都在 800m³/d 以上，阶段后期产气量变化较为平稳。第三阶段是 2600～5000 天，产气量平稳下降。

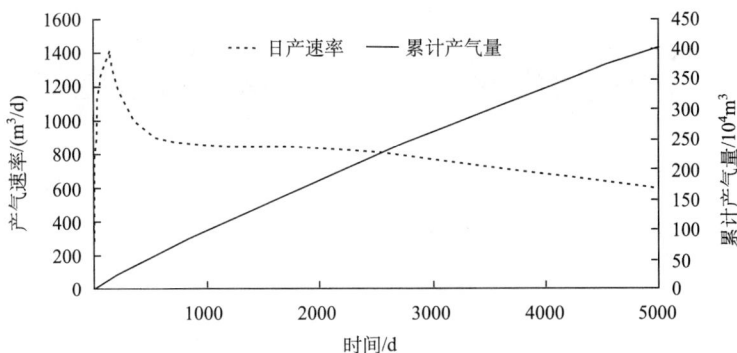

图 10.33　QN-1 单井 15 年排采产气量预测曲线

对应于产能预测中的三个阶段，分别计算单井第 40、1000 和 4000 天的储层压力分布情况，结果如图 10.34a、b、c 所示。进一步以 QN-1 井为中心，在其周围加上 4 口井并将这 4 口井(不包括 QN-1 井)形成 300m×300m 的正方形井组进行模拟计算，按照上述单井产气阶段的划分方法进行模拟计算，得出图 10.34d、e、f。

排采目的层的临界解吸压力为 3820kPa，据此绘出了排采过程中不同时刻降压漏斗形成的解吸范围，图 10.34 中各图底面上的椭圆形区域即为低于临界解吸压力区。

排采 40 天时，单井的有效解吸区和有效供气区的半径为 40m，井组为四个 40m，此时井组之间还没有产生井间干扰，仅在 4 口井中心区域形成很小规模的干扰，4 口井

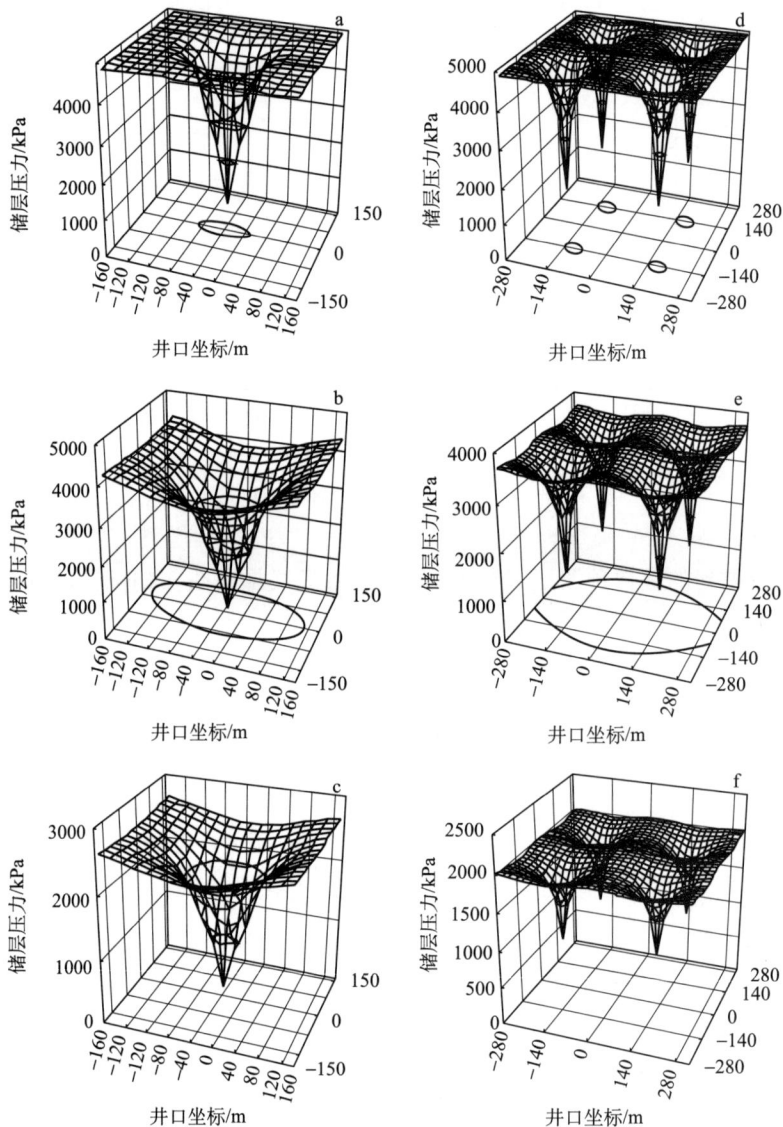

图 10.34 QN-01 单井和井组储层压力变化曲面图

a，b，c. 单井；d，e，f. 井组。a，d. 40 天；b，e. 1000 天；c，f. 4000 天

基本处于各自孤立的状态。

排采 1000 天时，单井的有效解吸区和有效供气区的半径为 140m，而井组的有效解吸区和有效供气区沿 X 和 Y 方向的半径均大于 140m×2，此时已经形成了井间干扰，整个井组内的压降比单井大很多，4 口井的中心区域压力降到了 2000kPa 左右，且井组边缘部位的压降比单井的边缘约低 600kPa。

排采 4000 天时，单井和井组的储层压力都降到了临界解吸压力之下。而井组的压降更大，受井间干扰的影响，井组边缘地区的储层压力降到 1900kPa，相应部位单井为

2300kPa，在 4 口井的中心部位井间干扰最强烈，其储层压力值已基本与单井井口部位相当。

上述井组中各井的间距为 300m，所以在研究单井及井组的压降速率时，考虑井的影响半径为 140m，从模拟结果可以看到，实际上单井和井组的影响半径都超出了这个范围。

进一步考察单井和井组不同部位压降速率的变化情况。表 10.5 和图 10.35 是排采过程中距井口不同距离位置上的压降速率，在图 10.35b 中记录的是任一井口到井组中心直线上不同距离的值。

可以看到储层压力变化速率的总体趋势是在前期下降很快，最高达 500kPa/d，而在 300 天之后基本稳定，全部在 10kPa/d 以下。由于井间干扰作用的影响，井组的压降速率总体大于单井。

排采初期，图 10.35a 中的 1、100 和 300 天曲线清楚地显示了单井的压降速率从井口向外快速下降，而图 10.35b 中 1 天和 100 天曲线则反映井组的压降速率在距井口约 100m 处开始增长，这说明井间干扰效应一开始就出现了。排采 300 天之后，井组的压降速率由井口向外逐渐增大。单井在排采 500 天时开始出现这种现象，这比井组晚约 200 天。这个问题在 10.4.2 小节中讨论过，并非井间干扰，而是距进口不同部位解吸先后顺序的规律在起作用。

表 10.5　单井和井组的压降速率(上为单井，下为井组；单位：kPa/d)

位置 排采时间	井口	20m	40m	60m	80m	100m	120m	140m
第 1 天	286.54	220.04	187.39	34.74	3.67	0.39	0.04	0.01
	286.54	220.04	187.39	34.74	3.71	0.76	3.44	32.26
第 100 天	10.75	10.44	10.23	7.80	4.95	2.54	1.10	0.42
	10.82	10.52	10.31	8.03	5.85	4.7	5.44	7.28
第 300 天	5.47	5.16	4.95	3.79	2.97	2.39	1.88	1.34
	2.44	2.82	3.01	3.98	4.33	4.43	4.55	5.00
第 500 天	0.59	0.93	1.08	1.74	1.83	1.71	1.52	1.33
	0.63	0.76	0.84	1.72	2.34	2.53	2.44	1.88
第 1000 天	0.10	0.14	0.18	0.43	0.67	0.81	0.92	1.00
	0.28	0.32	0.35	0.65	0.87	0.93	0.88	0.66
第 4000 天	0.02	0.04	0.05	0.14	0.22	0.27	0.29	0.31
	0.06	0.07	0.07	0.12	0.15	0.16	0.154	0.12

比较单井和井组在距井口 140m 附近的压降速率。对单井而言，除了前期的压降速率偏小之外，其余时间这个部位的压降速率变化很小且基本趋于 1kPa/d 左右。这是由于在 4000 天的排采时间内，该部位的储层压力未达到临界解吸压力或仅略低于临界解吸压力，以稳定产水为主，很少产气或不产气，仅仅处于有效供气区的边缘。而对井组

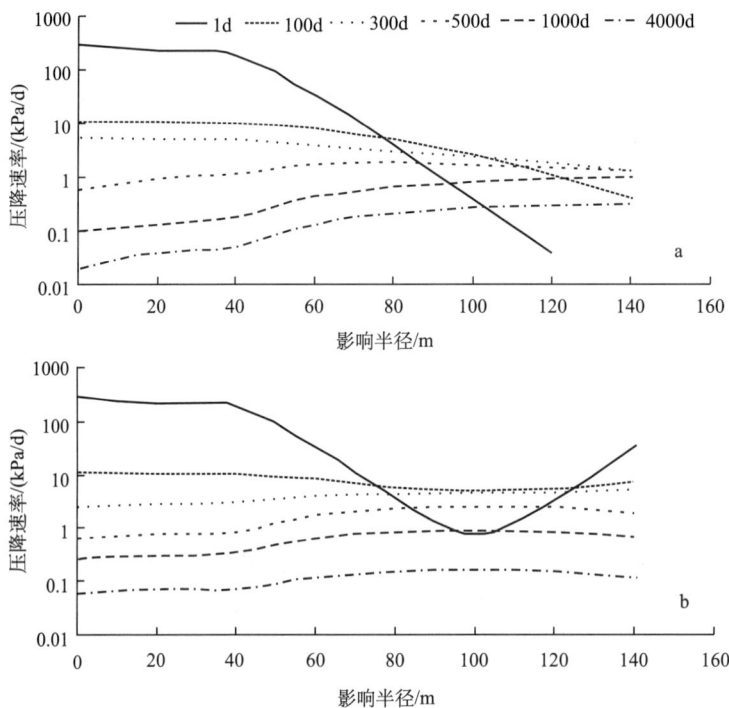

图 10.35   单井和井组压降速率变化图

a. 单井；b. 井组

而言，该压降变化显著，变化速率在 0.12~32.26kPa/d，已成为有效的供气区。

上述研究表明，对气田规模开发而言，井组开采是地面开采的有效途径，设置适当的井网间距形成井网，不但能够提高产气量和采收率，更重要的是形成了区域性的有效压降范围，有利于改善储层条件，促进整个气田的开发。

10.6   讨论

从上面的研究可以看到，煤层气井地面排采是一个受多种因素影响的复杂动态过程。包括煤层、煤质、煤储层物性、含气性和水文地质条件等在内的地质因素和包括井型、井网和排采工作制度等在内的各种工程或人为因素对井的排采表现产生影响，而排采过程又使上述各个因素发生不同程度的变化，从而使整个过程表现出多因素相互耦合的显著特征。

10.6.1   不同类型储层压降特征与排采表现和开发对策

实现有效的降压是获得理想排采表现的关键，模拟研究结果表明不同类型储层的压降表现各异，这是导致不同类型储层的排采表现各不相同的重要原因。同时，储层压力的变化是导致渗透性等储层物性和含气性变化以及井排采表现的根本原因。

就地面直井开发而言，混合型储层的压降表现最为理想，早期以井筒附近压降为主，至中后期压降范围不断扩大，且在远离井筒的部位能够形成较大幅度的压降。有效解吸范围随着储层压力的降低，降压漏斗的形成和发展不断扩大，煤层气得以解吸并不断产出。另外，混合型储层产水量大小对降压效果的影响仍有待进一步研究。

气压型储层在地面排采过程中储层压力下降的最大特点是空间范围小，压力降不能传播。水压型储层则表现为小幅度的面状压降，很难达到临界解吸压力而使得煤层气无法解吸并产出。二者均不能通过常规方法实现储层的有效降压和煤层气的解吸和产出。

三种储层类型储层压力排采动态特征及产能表现为制定合理的煤层气开采方式提供了依据。

混合型井最适合直井、丛式井和水平井等方式的地面开发，在排采过程中，只要设置合理的排采工作制度，防止储层损伤，同时建立井网，制造井间干扰，一般都能够获得理想的开发效果。

因为渗透率低，气压型储层压力降不能向井筒之外传播。目前地面开发的产能增强技术如压裂激化、物理或化学增透均难以改善此类储层的渗透性。因此，煤-气一体化开采技术可能是此类储层较为合适的开发方式（吴财芳等，2004；张遂安，2006），通过开采下伏煤层实现采动干扰或煤矿井下压裂激化等高强度和大面积的激化，有可能改善储层渗透性。我国两淮煤矿区的实践显示了这种方式的良好前景（吴建国、李伟，2005；袁亮等，2013）。

因为水大量补给，水压型储层的降压存在很大的困难。封堵导水通道可能有效，但其技术难度大且成本高而难于实现。值得尝试的方法之一是疏水的方法，如当目的煤层下方存在未充水含水层时，考虑将上方含水层中的水导入其中，达到排水的目的。另一种方法是"异层开采"，即把目的煤层与含水层直接沟通，通过含水层排水的同时进行开采。这个问题仍有待于进一步的研究。

10.6.2 排采动态过程与渗透率变化

不同类型的储层排采诱导渗透率变化的特征和规律差异明显。

气压型储层的渗透率在压降范围内有非常轻微的变化。这个过程受储层压力下降特征的控制并与之相对应，其总体特征是数值和空间范围极为有限。

水压型储层在排采过程中渗透率变化同样非常不明显，由于该类储层在排采过程中表现出面状小幅降压的特征，与气压型储层相比，变化范围稍大。

总体而言，这两类储层排采诱导渗透率变化对排采效果的影响不大，基本可以忽略。

混合型储层排采诱导渗透率变化情况复杂。正如前人的认识，整个排采过程可以划分为抽水降压、早期产气速率上升平稳和后期产气速率下降三个阶段。在这些阶段内，排采诱导渗透率变化有不同的表现。

在抽水降压阶段，随着储层内水的排出，逐渐形成有效压降，煤层气开始解吸并产出。此阶段内由于排水导致储层压力下降，但未达到或刚刚达到临界解吸压力，气体解吸量小，排采诱导渗透率效应以有效应力增高引起的渗透率下降负效应为主。水相渗透率占有主导地位。

在早期产气速率上升稳定产气阶段，储层压力降的幅度和范围增大，降压漏斗形成，有效压降导致大量气体解吸并且发生基质收缩。排采诱导渗透率变化的正负效应同时发生，渗透率增高或降低受到煤岩石力学性质、地应力场和排采制度设定等因素的影响。这个阶段总体上表现为气相渗透率逐渐增大而水相渗透率降低。

后期产气速率下降阶段，一般表现为产气和产水速率的下降，相对而言有效应力负效应的影响小于基质收缩正效应，排采诱导渗透率变化可能会以正效应为主。在此期间，气相渗透率逐渐变大最终占据主导地位。在排采最后阶段可能会出现气态单相流的情况，这种效应会更加明显。

渗透率的变化又反过来影响到井的排采表现，这是多因素耦合关系的反映。

10.6.3　储层模拟与生产实践

可以这样认为，对煤层气井、井网乃至整个气田排采动态过程的认识是一个理论上的探索，同时这项研究与生产实践也是密不可分的。

首先，储层模拟的基础数据来自于地质勘探，再好的模型或软件，如果没有准确的基础数据，犹如"巧妇难为无米之炊"。如果不事先通过基础数据的录入"告知"软件煤层厚度和埋深等最基本的参数的空间变化特征，储层模拟软件将会视之为一块平板，更不用说储层非均质性之类的特性了。所以，对于勘探成果和室内分析测试的储层特性的精细描述是做好这个研究的基本前提。

其次，目前地质勘探工作难以获得的一些参数如渗透性特征等，必须来自试井或小规模先导性开发试验并在历史拟合研究中得到优化校正。凭空而来的此类参数显然不能够满足研究的需要，所以，丰富的开发试验数据是进行此项研究的重要保证。

最后，在此基础上对单井、井网乃至整个气田排采动态过程基本规律的认识，除了具有理论意义之外，如果再向前走一步，建立它们与产能表现之间的关系模型则无疑具有了对生产的指导意义。目前作者一直在进行这方面的尝试。

从上面的讨论可以看到，储层模拟研究如同一个纽带，将基础地质条件、排采过程和排采表现以及排采过程中各个因素相互间耦合形成的各种效应联系起来形成了一个整体，正是如此，使人们能够深入和系统地认识煤层气资源地面开发过程中发生的各种现象、现象的本质以及控制和影响这些现象和过程的各种因素，并为煤层气开发提供指导和保障。

结　束　语

　　煤层气作为一种洁净高效新能源，目前已在美国、加拿大、澳大利亚等国实现了大规模商业化开发。我国自 20 世纪 80 年代末期开始煤层气地面开发试验，煤层气工业先后经历了 1990 年至 2001 年的勘探开发试验，2002 年至 2004 年的小规模商业性生产，以及 2005 年至今的大规模开发阶段。地面钻井数量呈现快速的增长，2005 年仅为 270 口，但几乎相当于此前钻井数的总和，而截止 2012 年底，全国已施工各类煤层气井超过 1 万口，这其中还包括相当数量的水平井。在沁水盆地和阜新等地实现规模性商业化生产、销售和利用。目前，国家启动了数项煤层气重大工程，部分省区也投入巨资进行煤层气开发试验，产业发展势头非常迅猛（秦勇，2006；傅雪海，2012）。

　　尽管取得了煤层气商业性开发的突破，但仍存在单井平均产量较低，产量不稳定以及中、后期产量不明等问题。此外，在我国褐煤和烟煤盆地或地区，真正意义上的煤层气商业性开发仍未真正实现。造成上述情况的原因很多，存在着一系列的理论和实际问题，同时也对煤层气储层数值模拟提出了更高的要求。

　　第一，我国目前煤层气开发的主要目的层系为上古生界。与北美落基山造山带、澳大利亚苏拉特盆地等煤层气高产地区相比，该层系地质演化历史复杂，地质构造类型多样，煤储层构造改造相对强烈，经常出现在同一地区、相同煤级的不同煤层气井之间产能差异巨大，即煤储层物性非均质性强的现象。因此，定量表征和预测煤储层物性变化对煤层气产能的影响并实现对储层非均质性发育区的精细储层模拟是非常重要的问题。正如本书论及，储层模拟对此应该是无能为力。加强地质研究，提高煤层气地质勘探精度和水平是其根本，这又带来了经济上的成本和效益问题。发展高效、准确而快捷的地球物理勘探技术无疑成为一个具有良好前景的选择。

　　第二，煤层气产量与试井渗透率之间并不完全是正相关关系，甚至存在高渗透率低产量而低渗透率却具有较高稳定产量的现象。另外，煤层气井初期产气量高，后期衰减较快也时有出现。这涉及更深层次的机理问题，控制煤层气产能是宏观裂隙、微观孔隙的渗流，还是煤孔隙中气体的扩散，是否还存在其他控制因素，以及影响产能的各因素之间的耦合关系和机制等，都是需要认真研究的问题。

　　第三，排采储层压力下降和煤层气解吸的过程，储层压力下降导致有效应力增加并使裂隙空间被压缩，而煤层气解吸导致基质块体收缩进而裂隙空间增大，由此产生了兼具正效应和负效应的排采诱导渗透率变化。在这个过程中，不同构造环境、不同煤级和不同储层物性的储层将会作出什么样的响应，最终对煤层气产能产生什么样的影响，也是实际存在的问题。

　　上面的第二和第三点涉及的是煤层气井排采过程中气水流体和固体储层动态变化和相互耦合的复杂问题。需要注意两个方面。一是对整个过程的实际观察和认识，即利用仪器设备实现现场动态观测和监控，获得对一定基础地质和开发技术条件下相关因素动态变化的基本规律的认识。二是在此基础上，改进储层模拟软件的模型和参数设置，使之更准确地模拟这个过程，提供更为准确的排采表现预测。

第四，有的煤层气井产水量高，产气量也高；有的只产水，不产气。煤储层水系统与煤储层压力构成及其传播规律怎样确定，煤储层含气饱和度、含水饱和度及解吸特征通过什么途径影响煤层气井/田的产能等等。在这方面，储层模拟应成为一种认识基本规律并提供解决方案的重要手段。

第五，深部煤层气资源的勘探开发与 CO_2 封存埋藏问题，一般认为，深部地质条件的特点是高地温和高地压，储层物性特征和煤层气在储层中的赋存和运移与浅部有很大差异。有人提出，在这种情况下应该对煤系地层中的所有非常规天然气实现共采。这就给储层模拟提出了新的要求。在这方面，无论是理论模型还是实际参数都有很多需要做更多探索研究的地方。

第六，储层数值模拟建模研究和软件开发的目的是应用于生产实践。针对前面提到的问题开展研究，并集成研究成果，形成一套适应中国地质条件和开发技术条件并具有较高普适性的煤层气储层模拟方法体系是非常值得期待的。

以上六点构成了我国煤层气资源开发的瓶颈问题。为了克服瓶颈，需要解决四个问题并形成五项关键技术。

四个需要解决的问题是，第一，煤储层特性预测的地质模型及其与煤储层工程适配的精细描述和评价系统；第二，地下流体排出诱导煤储层特性变化的主控地质因素及其对产能的控制效应；第三，煤储层特性排采诱导变化的地面/钻孔探测原理与监控技术；第四，煤层气田开发动态评价系统的评价指标体系、算法模型及相关评价软件。

五项关键技术即煤储层精细表征与评价技术，煤储层渗透率排采诱导变化预测技术，煤层气田产能动态预测技术，煤储层开发动态探测监控技术，煤储层开发动态地质评价系统及软件。这五项技术构成了煤储层开发动态监测与评价体系，同时也形成了煤层气田开发的地质保障系统。在这个大系统中，以储层数值模拟理论和技术为核心的煤储层开发动态评价系统是系统内部各个子系统的联系纽带，也是煤层气田开发地质保障技术成果最终的源出之处。

如读者所见，作者在本书中正是从多个角度努力对上述的各个方面进行尝试和探索，力图认识煤层气资源地面开发的动态过程和规律，使储层模拟地质和数学模型能够更加准确地反映实际过程，进一步提高储层动态评价的水平、准确度和可信度。尽管取得了一些微不足道的成果和认识，但仍需继续努力，发展、完善煤层气储层数值模拟的理论和技术，为煤层气勘探开发技术优化和决策优化提供依据并以此促进国家煤层气事业的发展。

参 考 文 献

白建梅，孙玉英，李薇. 2011. 高煤阶煤层气井煤粉产出对渗透率影响研究. 中国煤层气，8(6)：
　　18～21

蔡志翔. 2013. 煤裂隙内固体颗粒–液体流动耦合作用研究. 徐州：中国矿业大学硕士学位论文

蔡志翔，韦重韬，邹明俊. 2012. 潘河地区煤层气井排采制度优化. 中国煤炭地质，24(10)：18～21

陈彩红，刘洪林，王宪花. 2004. 煤层气田数值模拟技术及应用. 天然气工业，24(5)：97～99

陈金刚，秦勇，傅雪海. 2006. 高煤级煤储层渗透率在煤层气排采中的动态变化数值模拟. 中国矿业大
　　学学报，35(1)：49～53

陈振宏，王一兵，孙平. 2009. 煤粉产出对高煤阶煤层气井产能的影响及其控制. 煤炭学报，34(2)：
　　229～232

程宝洲. 1992. 山西晚古生代沉降环境与聚煤规律. 太原：山西科学技术出版社. 1～253

冯三利，叶建平. 2003. 中国煤层气勘探开发技术研究进展. 中国煤田地质，15(6)：20～23

傅贵，张英华，邹得志. 1997. 煤与纯水间平衡接触角的测量与分析. 煤炭转化，20(4)：60～62

傅雪海. 2012. 我国煤层气勘探开发现存问题及发展趋势. 黑龙江科技学院学报，22(1)：1～5

傅雪海，秦勇，姜波，王文峰，李贵中. 2003. 山西沁水盆地中南部煤储层渗透率物理模拟与数值模拟.
　　地质科学，38(2)：221～229

傅雪海，秦勇，韦重韬. 2007. 煤层气地质学. 徐州：中国矿业大学出版社. 1～273

郭晨，秦勇，韦重韬. 2011a. 基于 COMET3 软件的煤储层数值模拟方法. 中国煤炭地质，23(1)：
　　18～20

郭晨，秦勇，韦重韬. 2011b. 潘庄区块煤层气井网优化设计与产能预测. 煤炭科学技术，39(8)：
　　104～106

龚国波，孙伯勤，刘买利，叶朝辉，高秉钧. 2006. 岩心孔隙介质中流体的核磁共振弛豫. 波谱学杂志，
　　23(3)：379～395

郭洋，杨胜来. 2011. 煤层气压裂和排采技术应用现状与进展. 石油与天然气，29(4)：62～64

关治，陆金甫. 1998. 数值分析基础. 北京：清华大学出版社. 1～485

关德师. 1996. 煤层甲烷的地质特征. 见：秦勇，曾勇主编译. 煤层甲烷储层评价及生产及生产技术. 徐
　　州：中国矿业大学出版社. 16～31

郝石生，陈明章，高耀斌. 1995. 天然气藏的形成和保存. 北京：石油工业出版社. 1～195

何伟钢，叶建平. 2003. 煤层气井排采历史地质分析. 高校地质学报，9(3)：385～389

胡光龙，杨思敬. 2003. 煤层气开发技术和前景. 煤矿安全，34(S1)：64～67

黄超超. 2013. 煤层气井历史拟合成果定量评价技术. 徐州：中国矿业大学硕士学位论文

黄洪春，卢明，申瑞臣. 2004. 煤层气定向羽状水平井钻井技术研究. 天然气工业，24(5)：76～78

黄勇，姜军. 2009. U 型水平连通井在河东煤田柳林地区煤层气开发的适应性分析. 中国煤炭地质，21
　　(1)：32～43

孔德兴. 2010. 偏微分方程. 北京：高等教育出版社. 1～269

凌岭，朱玲，耿光. 1981. 微分方程. 西安：西北大学出版社. 1～224

李斌. 1996. 煤层气非平衡吸附的数学模型和数值模拟. 石油学报，17(4)：42～49

李德. 2003. 沁水煤田南部煤层气赋存及开发. 山西煤炭，23(3)：34～47

李景明,巢海燕,聂志宏.2011.煤层气直井开发概要.天然气工业,31(12):66~71

雷波,秦勇,傅雪海,申建,邹明俊.2010.黔西煤层气产能数值模拟.见:孙粉锦,冯三利,赵庆波编.煤层气勘探开发理论与技术——2010年全国煤层气学术研讨会论文集.北京:石油工业出版社.432~436

刘焕杰,秦勇,桑树勋.1998.山西南部煤层气地质.徐州:中国矿业大学出版社.1~151

刘景涛,梁立移,孙顺东.2007.游梁式抽油机在煤层气开采中的应用与改进.中国煤层气,4(1):37~39

刘立军,王立中,张增惠,孙崎.2004.白田增煤层气井注入压降试井技术研究.天然气工业,24(5):79~81

刘曰武,方惠军,徐建平,林学敏,芦梅.2010.煤层注入压降测试的设备及工艺问题.油气井测试,19(6):19~22

罗金辉.2012.煤层气运移LBM模型与井间干扰模拟研究.徐州:中国矿业大学博士学位论文

罗振兴,李铁军,郭大立,许雷.2012.煤层气排采曲线类型划分及排采因素分析.重庆科技学院学报(自然科学版),14(4):56~59

骆祖江.1997.煤层甲烷运移动力学模型研究.北京:煤炭科学研究总院博士学位论文

陆金甫,顾丽珍,陈景良.1988.偏微分方程差分方法.北京:高等教育出版社.1~360

钱凯,赵庆波,汪泽成.1996.煤层甲烷气勘探开发理论与实验测试技术.北京:石油工业出版社:1~188

秦勇.2006.中国煤层气产业化面临的形势与挑战.天然气工业,26(1):4~7

秦勇,宋党育.1998.山西南部煤化作用及其古地热系统(兼论煤化作用的控气地质机理).北京:地质出版社.90

秦勇,徐志伟,张井.1995.高煤级煤孔径结构的自然分类及其应用.煤炭学报,20(3):266~271

宋晓秋.1999.模糊数学原理与方法.徐州:中国矿业大学出版社.1~288

苏复义,蔡云飞.2004.数值模拟技术在柳林煤层气试验区的应用.天然气工业,24(5):95~96

苏现波,冯艳丽,陈江峰.2002.煤中裂隙的分类.煤田地质与勘探,20(4):21~24

孙茂远,黄盛初.1998.煤层气开发利用手册.北京:煤炭工业出版社.1~322

唐书恒,陈彤.1998.煤层甲烷气藏的数值模拟技术.中国煤田地质,10(增刊):44~46

唐巨鹏,潘一山,张佐刚.2005.煤层气赋存和运移规律的NMRI研究.辽宁工程技术大学学报,24(5):674~676

田中岚.2001.山西晋城地区煤层气钻井完井技术.煤田地质与勘探,29(3):25~28

王刚,马明书,李德茂.1997.偏微分方程数值解法简明教程.乌鲁木齐:内蒙古大学出版社.1~238

王维,李佑楚.2000.颗粒流体两相流模型研究进展.化学进展,12(2):208~215

王晓梅,张群,张培河.2004.煤层气储层数值模拟研究的应用.天然气地球科学,15(6):664~668

王晓泉,陈作,姚飞.1998.水力压裂技术现状及发展展望.钻采工艺,21(2):28~32

韦重韬.1999.煤层甲烷地质演化史数值模拟.徐州:中国矿业大学出版社.1~139

吴财芳,曾勇,秦勇.2004.煤与瓦斯共采技术的研究现状及其应用发展.中国矿业大学学报,33(2):137~140

吴建国,李伟.2005.淮北矿区煤层气抽采利用技术探讨.中国煤层气,2(4):16~19

吴晓东,安永生,席长丰.2007.煤层气羽状水平井数值模拟新方法.天然气工业,27(7):76~78

邢其毅,裴伟伟,徐瑞秋,裴坚.2005.基础有机化学(上册).北京:高等教育出版社.1~1027

许树柏.1988.层次分析法原理.天津:天津大学出版社.1~230

杨永国,秦勇.2001.煤层气产能预测随机动态模型及应用研究.煤炭学报,26(2):122~125

晏海武. 2010. 煤层气井管内环空中煤粉排出条件的研究. 青岛：中国石油大学（华东）博士学位论文. 29～33

姚艳斌，刘大锰，蔡益栋，李俊乾. 2010. 基于 NMR 和 X-CT 的煤的孔裂隙精细定量表征. 中国科学：地球科学，40(11)：1598～1607

叶建平，秦勇，林大扬. 1998. 中国的煤层气资源. 徐州：中国矿业大学出版社. 1～229

袁新梅，孙起昱，王爱芳，胡春梅. 2007. 旋冲钻井技术及装备的发展现状和展望. 石油矿场机械，36(3)：7～10

袁亮，薛俊华，张农，卢平. 2013. 煤层气抽采和煤与瓦斯共采关键技术现状与展望. 煤炭科学技术，41(9)：6～17

运华云，赵文杰，刘兵开，周灿灿，周凤鸣. 2002. 利用 T_2 分布进行岩石孔隙结构研究. 测井技术，26(1)：18～21

张冬丽，王新海. 2005. 煤层气羽状水平井开采数值模拟研究. 煤田地质与勘探，33(4)：47～51

张芬娜，綦耀光，莫日和. 2011. 单相流煤层气井裂隙煤粉受力分析及启动条件. 煤矿开采，16(6)：11～13

张公社，田文涛，陶杉. 2011. 煤层气储层煤粉运移规律试验研究. 石油天然气学报，33(9)：105～108

张群，2003. 煤层气储层数值模拟模型及应用的研究. 西安：煤炭科学研究总院西安分院博士学位论文

张遂安. 2006. 采煤采气一体化理论与实践. 中国煤层气，3(4)：14～16

张遂安. 2011. 煤层气开发技术发展趋势. 石油机械，39：106～108

张亚蒲. 2005. 煤层气羽状水平井数值模拟技术在大宁煤层气试验区的应用. 中国煤层气，2(3)：38～41

张亚蒲，何应付，杨正明，郭和坤，鲜保安. 2010. 核磁共振技术在煤层气储层评价中的应用. 石油天然气学报，32(2)：277～279

赵克勤，宣爱理. 1996. 集对论——一种新的不确定性理论方法与应用. 系统工程，14(1)：18～23

赵庆波，李五忠，刘洪林. 2006. 煤层气地质与勘探开发技术. 北京：石油工业出版社. 1～208

郑毅，黄洪春. 2002. 中国煤层气钻井完井技术发展现状及发展方向. 石油学报，23(3)：81～85

中联煤层气有限责任公司，Alerta Research Council. 2008. 中国二氧化碳注入提高煤层气采收率先导性试验技术. 北京：地质出版社. 1～275

周帅，崔金榜，石慧宁，王胜利，周灿. 2010. 煤层气井专用电潜泵研究与应用. 中国煤层气，7(6)：35～38

朱炎铭，秦勇，范炳恒，姜波，张有生. 2001. 黄骅坳陷歧古 1 井古生界烃源岩的二次生烃演化. 地质学报，75(3)：426～431

Advance Resources International Inc. (ARI). 2005a. COMET3 Version 2.0 Users Manual. Huston：Advance Resources International Inc. 1～233

Advanced Resources International Inc. (ARI). 2005b. COMET3 Version 2.0 Users' Guide. Huston：Advance Resources International Inc. 1～46

Airey E M. 1968. Gas emission from broken coal：an experimental and theoretical investigation. International Journal of Rock Mechanics and Mining Sciences，5(6)：475～494

Airey E M. 1971. A theory of gas emission in coal mining operations. Bretby，UK：MRDE report，No. 21 NCB. 1～25

Aziz K，Settari A. 1979. Petroleum Reservoir Simulation. London：Applied Science Publishers. 1～476

Bagnold R A. 1954. Experiments on a gravity-free dispersion of large solid spheres in a Newtonian fluid under shear. In：the Royal Society. Proceedings of the Royal Society Serial A225. London：Royal

Society. 49~63

Barrer R M. 1951. Difussion in and Through Solid. Cambridge: Cambridge University Press. 1~464

Boyer C M, Morrison H L, Pavone A M. 1982. Methane modeling predicting the inflow of methane gas into coal mines. Final Report Under DOE Contract Number DE-AC22-80PC30123

Bruening F A, Cohen A D. 2005. Measuring surface properties and oxidation of coal macerals using atomic force microscope. International Journal of Coal Geology, 63(3): 195~204

Chikatamarla L, Bustin M R. 2003. Sequestration potential of acid gases in western Canadian coals. In: Proceedings of the 2003 International Coalbed Methane Symposium. Tuscaloosa: University of Alabama

Clarkson C R. 2013. Production data analysis of unconventional gas wells: Review of theory and best practices. International Journal of Coal Geology, 109-110: 101~146

Clarkson C R, Jensen J L, Chipperfield S. 2012. Unconventional gas reservoir evaluation: What do we have to consider? Journal of Natural Gas Science and Engineering, 8: 9~33

Close J C. 1993. Natural Fractures in Coal. AAPG Special Volumes, A180: 119~132

Crosdale P J, Beamish B B, Valix M. 1998. Coalbed methane sorption related to coal composition. International Journal of Coal Geology, 35(1-4): 147~158

Durucan S, Shi J Q. 2009. Improving the CO_2 well injectivity and enhanced coalbed methane production performance in coal seams. International Journal of Coal Geology, 77(1-2): 214~221

Ertekin T, King G R. 1983. Development of coal gas production simulators and mathematical models for well test strategies. Topical report under GRI contract number 5081-321-0457

Elliott M A. 1981. Chemistry of Coal Utilization. New York: John Wiley & Sons

Faiz M M, Saghafi A, Barclay S A, Stalker L, Sherwood N R, Whitford D J. 2007. Evaluating geological sequestration of CO_2 in bituminous coals: The southern Sydney Basin, Australia as a natural analogue. International Journal of Greenhouse Gas Control, 1(2): 223~235

Forsythe G E, Malcolm M A, Moler C B. 1987. 计算机数值计算方法. 计九三译. 北京: 清华大学出版社. 1~331

Friesen W I, Mikule R J. 1987. Fractal dimensions of coal particles. Journal of Coalloid and Interface Science, 20(1): 263~271

Friesen W I, Ogunsola O I. 1995. Mercury porosimetry of upgraded western Canadian coals. Fuel, 74(4): 604~609

Fu X H, Qin Y, Jiang B, Wang W F, Zhou S N. 2003. Research on permeability of multi-phase medium of middle to high-rank coals. Journal of China University of Mining & Technology, 13(1): 11~15

Fu X H, Qin Y, Zhang W, Wei C, Zhou R. 2005. Fractal classification and natural classification of coal pore structure based on migration of coal bed methane. China Science Bulletin, 50(Supp): 66~71

Gan H, Nandi S P, Walkeer P L. 1972. Nature of the porosity in American coals. Fuel, 51(2): 272~277

Gilman A, Beckie R. 2000. Flow of coalbed methane to a gallery. Transport in Porous Media, 41(1): 1~16

Golubev Y A, Kovaleva O V, Yushkin N P. 2008. Observations and morphological analysis of supermolecular structure of natural bitumens by atomic force microscopy. Fuel, 87(1): 32~38

Gray I. 1987. Reservoir engineering in coal seams: Part 1-The physical process of gas storage and movement in coal seams. SPE Reservoir Engineering, 2(1): 28~34

Gunter W D, Mavor M J, Robinson J R. 2004. CO_2 storage and enhanced methane production: field testing at Fenn-Big Valley, Alberta, Canada, with application. In: Rubin E S, Keith W D, Gilboy C F (eds). Proceedings of 7th International Conference on Greenhouse Gas Control Technologies, IEA Greenhouse Gas Programme, Cheltenham, UK

Harpalani S, Zhao X. 1989. An investigation of the effect of gas desorption on gas permeability. In: Proceeding of the 1989 Coalbed Methane Symposium. Tuscaloosa, Alabama: the University of Alabama. 57~64

Hendriks C A, Blok A T. 1989. The recovery of carbon dioxide from power plants. Proceedings of the Symposium on Climate and Energy. Netherlands: Utrecht

Hodot B B. 1961. Coal and Gas Outburst. Song S Z, Wang Y A. (trans). Beijing: China Industry Press.

Horn F L, Steinberg M. 1982. Control of carbon dioxide emissions from a power plant (anduse in enhanced oil recovery). Fuel, 61(5): 415~422

ICF Lewin Energy. 1987. Coalbed methane reservoir modeling. Short Course for GRI

IHS Inc. 2011. PETRA® Version 2.0 User's Manual. Douglas: HIS Inc. 1~469

Jeffrey R G, Brynes R P, Lynch P J, Ling D J. 1992. An analysis of hydraulic fracture and mineback data for a treatment in the German Creek coal seam. SPE-24362-MS Wyoming: SPE Rocky Mountain Regional Meeting. 18~21

Karacan C Ö, Ulery J P, Goodman G V R. 2008. A numerical evaluation on the effects of impermeable faults on degasification efficiency and methane emissions during underground coal mining. International Journal of Coal Geology, 75(4): 195~203

Keim S A, Luxbacher K D, Karmis M. 2011. A numerical study on optimization of multilateral horizontal wellbore patterns for coalbed methane production in southern Shanxi Province, China. International Journal of Coal Geology, 86(4): 306~317

Kenyon W E. 1992. Nuclear magnetic resonance as a petrophysical measurement. Nuclear Geophysics, 6(2): 153~171

King G R, Ertekin T M. 1989. A survey of mathematical models related to methane production from coal seams. In: Proceedings of 1989 Coalbed Methane Symposium. Tuscaloosa, Alabama: University of Alabama. 125~155

Kleinberg R L, Farooqui S A J. 1993. T_1/T_2 ratio and frequency dependence of NMR relaxation in porous sedimentary rocks. Colloid Interface Science, 158(1): 195~198

Kleinberg R L, Straley C, Kenyon W E, Akkurt R, Farooqui S A. 1993. Nuclear magnetic resonance of rocks: T_1 vs T_2. Paper SPE 26470. Houston: SPE Annual Technical Conference and Exhibition. 3~6

Kleinberg R L. 1996. Utility of NMR T_2 distributions, connection with capillary pressure, clay effect, and determination of the surface relaxivity parameter ρ_2. Magnetic Resonance Imaging, 14(7-8): 761~767

Korre A, Shi J Q, Imrie C, Grattoni C, Durucan S. 2007. Coalbed methane reservoir data and simulator parameter uncertainty modelling for CO_2 storage performance assessment. International Journal of Greenhouse Gas Control, 1(4): 492~501

Korringa J, Seevers D O, Torrey H C. 1962. Theory of spin pumping and relaxation in systems with a low concentration of electron spin resonance centers. Physical Review, 127(4): 1143

Langmuir I. 1916. The constitution and fundamental properties of solids and liquids. Part Ⅰ. solids.

Journal of the American Chemical Society, 38(11): 2221~2295

Laubach S E, Marrett R A, Olson J E, Scott A R. 1998. Characteristics and origins of coal cleat: a review. International Journal of Coal Geology, 35(1): 175~207

Law B E. 1993. The relationship between coal rank and cleat spacing: Implication for the prediction of permeability in coal. In: Proceedings of the 1993 International Coalbed Methane Symposium. Tuscaloosa, Alabama: University of Alabama. 435~442

Li S, Tan D Z, Xu H, Yang Z. 2012. Advanced characterization of physical properties of coals with different coal structures by nuclear magnetic resonance and X-ray computed tomography. Computers & Geosciences, 48: 220~227

Logan T L, Schwoebel J J, Horner D M. 1987. Application of horizontal drain-hole drilling technology for coalbed Methane Recovery. Denver: Low Permeability Reservoirs Symposium, SPE16409, 195~207

Logan T L. 1993. Drilling techniques for coal bed methane. In: Law B E, Rice D D (eds). Hydrocarbons form Coal. AAPG Study Geology, 38: 269~287

Mahamud M, Loópez Ó, Pis J J, Pajares J A. 2003. Textural characterization of coals using fractal analysis. Fuel Processing Technology, 81(2): 127~142

Mazumder S, Wolf K H. 2008. Differential swelling and permeability change of coal in response to CO_2 injection for ECBM. International Journal of Coal Geology, 74(2): 123~138

Mavor M J, Gunter W D, Robinson J R. 2004. Alberta multiwell micro-pilot testing for CBM properties enhanced methane recovery and CO_2 storage potential. In: SPE Annual Technical Conference and Exhibition. Society of Petroleum Engineers

Mazzotti M, Pini R, Stort G. 2009. Enhanced coalbed methane recovery. Journal of Supercritical Fluids, 47(3): 619~627

McElhiney J E, Koenig R A, Schraufnagel R A. 1989. Evaluation of coalbed methane reserves involves different techniques. Oil & Gas Journal, 87(44): 63~72

McKee C R, Bumb A C, Koenig R A. 1987. Stress-dependent permeability and porosity of coal. In: Proceedings of 1987 Coalbed Methane Symposium. Tuscaloosa, Alabama: University of Alabama. 183~193

Metz B, Davidson O, De Coninck H C, Loos M, Meyer L A. 2005. IPCC special report on carbon dioxide capture and storage. Prepared by Working Group Ⅲ of the Intergovernmental Panel on Climate Change. Cambridge, United Kingdom and New York, USA: Cambridge University Press

Moore T A. 2012. Coalbed methane: a review. International Journal of Coal Geology, 101: 36~81

Morsi S A, Alexander A J. 1972. An investigation of particle trajectories in two-phase flow systems. Fluid Mech, 55(2): 193~208

Palmer I. 2009. Permeability changes in coal: analytical modeling. International Journal of Coal Geology, 77(1): 119~126

Palmer I. 2010. Coalbed methane completions: a world view. International Journal of Coal Geology, 82 (10): 184~195

Palmer I, Mansoori J. 1996. How permeability depends on stress and pore pressure in coalbeds: a new model. Paper SPE 36737 presented at the 1996 Annual Technical Conference, Denver, Colorado. 6~9

Pan Z J, Connell L D. 2009. Comparison of adsorption models in reservoir simulation of enhanced coalbed methane recovery and CO_2 sequestration in coal. International Journal of Greenhouse Control，3(1)：77～89

Paul G W，Sawyer W K，Dean R H. 1990. Validation of 3D coalbed simulators. Paper SPE20733，Presented at the 65th SPE Annual Technical Conference and Exhibition，New Orleans，LA，203-210：23～26

Pavone A M，Schwerer F C. 1984. Development of coal gas production simulators and mathematical models for well test strategies. Final Report under GRI Contract Number 5081-321-0457

Pfeifer P，Avnir D J. 1983. Chemistry in noninteger dimensions between two and three. Fractal theory of heterogeneous surfaces. Journal of Chemical Physics，79(7)：3558～3565

Philibert J. 2005. One and a half century of diffusion：Fick，Einstein，before and beyond. Diffusion Fundamentals，2(1)：1～10

Plays H W，Flaneily B P，Tokolsky S A. 1991. 数值方法大全. 王璞，何玉江，苗天住译. 兰州：兰州大学出版社. 1～678

Price H S，McCulloch R C，Edwards J C. 1973. A computer model study of methane migration in coal beds. The Canadian Mining and Metallurgical Bulletin，66（737）：103～112

Radlinski A P，Hinde A L. 2001. Applications of small angle neutron scattering and small angle X-ray scattering to petroleum geology. In：Proceedings of the ESRF/ILL Joint Workshop on Environmental Studies Using Neutron and Synchrotron Facilities，Grenoble，France，11：1～14

Radlinski A P，Hinde A L. 2002. Small angle neutron scattering and petroleum geology. Neutron News，13(2)：10～14

Radlinski A P，Mastalerz M，Hinde A L，Hainbuchner M，Rauch H，Baron M，Lin J S，Fan L，Thiyagarajan P. 2004. Application of SAXS and SANS in evaluation of porosity，pore size distribution and surface area of coal. International Journal of Coal Geology，59(3)：245～271

Reeves S，Pekot L. 2001. Advanced reservoir modeling in desorption controlled reservoirs. Paper SPE 1090. SPE Rocky Mountain Petroleum Technology Conference，Keystone，CO：21～23

Reeves S，Taillefer A，Pekot L，Clarkson C. 2003. The Allison Unit CO_2-ECBM Pilot：A Reservoir Modeling Study. Topical Report，DE-FC26-0NT40924，U. S. Department of Energy

Rightmire C T，Eddy G E，Kirr J N. 1984. Coalbed methane resources of the United States. American Association of Petroleum Geologists. 1～14

Saghafi A. 2010. Potential for ECBM and CO_2 storage in mixed gas Australian coals. International Journal of Coal Geology，82(3)：240～251

Sawyer W K，Paul G W. 1990. Development and application of a 3D coalbed simulator. In：Proceedings of the Petroleum Society CIM. Calgary：Petroleum Society. 10～13

Schlumberger GeoQuest. 2006. ECLIPSE Reference Manual 2006. Houston：Schlumberger GeoQuest. 1～2301

Scott A R，Kaise W R，Ayers W B. 1994. Thermogenic and secondary biogenic gases，San Juan Basin，Colorado and New Mexico—Implications for coalbed gas producibility. AAPG Bulletin，78（8）：1186～1209

Seidle J. 2011. Fundamentals of Coalbed Methane Reservoir Engineering. Tulsa，Oklahoma，USA：PennWell Corporation. 1～402

Seidle J P，Arri L E. 1990. Use of conventional reservoir models for coalbed methane simulation. CIM/SPE SPE：21599-MS. International Technical Meeting，10-13 June，Calgary，Alberta，Canada.

90~118

Seidle J P, Huitt L G. 1995. Experimental measurement of coal matrix shrinkage due to gas desorption and implications for cleat permeability increases. Paper SPE 30010 presented at the SPE International Meeting on Petroleum Engineering, Beijing, China. 14~17

Seidle J P, Jeansonne M W, Erickson D J. 1992. Application of matchstick geometry to stress dependent permeability in coals. The SPE Rocky Mountain Regional Meeting. Society of Etroleum Engineers, Richardson, Texas, USA

Shi J Q, Durucan S. 2004a. Drawdown induced changes in permeability of coalbeds: A new interpretation of the reservoir response to primary recovery. Transport in Porous Media, 56(1): 1~16

Shi J Q, Durucan S. 2004b. Numerical simulation study of the Allison Unit CO_2-ECBM Pilot: the impact of matrix shrinkage and swelling on ECBM production and CO_2 injectivity. In: Rubin E S, Keith W D, Gilboy C F (eds). Proceedings of 7th International Conference on Greenhouse Gas Control Technologies, 1. IEA Greenhouse Gas Programme. Cheltenham, UK

Shi J Q, Durucan S, Fujioka M. 2008. A reservoir simulation study of CO_2 injection and N_2 flooding at the Ishikari coalfield CO_2 storage pilot project, Japan. International Journal of Greenhouse Gas Control, 2(1): 47~57

Sing K S W. 2004. Characterization of porous materials: past, present and future. Colloid Surface, 241 (1): 3~7

Slnayuç Ç, Gümrah F. 2009. Modeling of ECBM recovery from Amasra coalbed in Zonguldak Basin, Turkey. International Journal of Coal Geology, 77(1): 162~174

Somerton W H, Soylemezoglu I M, Dudley R C. 1975. Effect of stress on permeability of coal. International Journal of Rock Mechanics and Mining Science & Geomechanics, 12(5): 129~145

Spafford S. 2007. Recent production from laterals in coal seams. Durango: SPE ATW on Coalbed Methane. 27~29

Timur A. 1969. Producible porosity and permeability of sandstone investigated through nuclear magnetic resonance principles. Journal of Petroleum Technology, 21(6): 775~786

Timur A. 1972. Nuclear magnetic resonance study of caronates rocks. The Log Analyst, 13: 3~11

Taicher Z, Coates G, Gitartz Y, Berman L M. 1994. A comprehensive approach to studies of porous media (rocks) using a laboratory spectrometer and logging tool with similar operating characteristics. Magnetic Resonance Imaging, 12(2): 285~289

Unsworth J F, Fowler C S, Jones L F. 1989. Moisture in coal: Maceral effects on pore structure. Fuel, 68(1): 18~26

Varma S, Underschultz J, Dance T, Langford R, Esterle J, Dodds K, Gen D. 2009. Regional study on potential CO_2 geosequestration in the Collie Basin and the southern Perth Basin of western Australia. Marine and Petroleum Geology, 26(7): 1255~1273

Vaziri H H, Xiao Y, Islam R. 2002. Numerical modeling of seepage-induced sand production in oil and gas reservoirs. Journal of Petroleum Science and Engineering, 36(1): 71~86

Veatch R W, Mosachovidis Z A, Fast C R. 1989. Recent advances in hydraulic fracturing. In: Gidley J L, Holditch S A, Nierode D, Veatch R W (eds). An Overview of Hydraulic Fracturing. SPE Monograph Series. 1~38

Wadsworth J, Diessel C, Boyd R, Leckie D, Zaitlin B A. 2002. Stratigraphic style of coal and non-marine strata in a tectonically influenced intermediate accommodation setting: the Mannville Group of the western Canadian sedimentary basin, south-central Alberta. Bulletin of Canada Petrolleum Geology, 50 (4): 507~541

Warren J E, Root P J. 1952. The behavior of naturally fractured reservoir. Paper SPE 426, the Fall Meeting of the Society of Petroleum Engineering, Los Angeles. 245~255

Watkins A U, Parish R G, Modine A D. 1992. A stochastic role for engineering input to reservoir history matching. SPE 23738: 267~277

Wei C T, Qin Y, Wang G X, Fu X H, Jiang B, Zhang Z. 2007. Simulation study on evolution of coalbed methane reservoir in Qinshui Basin, China. International Journal of Coal Geology, 72 (1): 53~69

Wei C T, Qin Y, Fu X H, Jian S, Li H. 2009. Study on model of drainage induces permeability change and reservoir modeling in coalbed methane vertical well. In: Fu X, Qin Y, Wang G, Wei C, Rudolph V (eds). 2009 Asia Pacific Caolbed Methane Symposium and 2009 China Coalbed Methane Symposium (Vol. 1). Xuzhou: China University of Mining & Technology Press. 201~207

Wei C, Zou M, Cai Z, Pan H. 2011. Numerical simulation study on reservoir pressure dynamic changes of typical CBM well and well net group: A case study on QN01 Well in the southern Qinshui Basin, China. In: Massarotto P, Golding S D, Wei C, Rudolph V, Bae J S, Krooss B, Connell L (eds). Proceedings of the 2011 Pacific CBM Symposium. Brisban: University of Queensland

Wei X R, Wang G, Massarotto P. 2007. Numerical simulation of multicomponent gas diffusion and flow in coals for CO_2 enhanced coalbed methane recovery. Chemical Engineering Science, 62 (16): 4193~4203

Wei X R, Massarotto P, Wang G X. 2010. CO_2 sequestration in coals and enhanced coalbed methane recovery: new numerical approach. Fuel, 89(5): 1110~1118

Wei Z J, Zhang D X J. 2010. Coupled fluid-flow and geomechanics for triple-porosity dual-permeability modeling of coalbed methane recovery. International Journal of Rock Mechanism and Mining Science, 47(8): 1242~1253

Wong S, Law D, Deng X, Robinson J, Kadatz B, Gunter W D, Ye S, Fengd Z. 2007. Enhanced coalbed methane and CO_2 storage in anthracitic coals: micro-pilot test at south Qinshui, Shanxi, China. International Journal of Greenhouse Gas Control, 1(2): 215~222

Yao Y B, Liu D M, Tang D Z, Tang S H, Huang W H, Liu Z H, Che Y. 2009. Fractal characterization of seepage-pores of coals from China: An investigation on permeability of coals. Computers & Geosciences, 35(6): 1159~1166

Yao Y B, Liu D M, Che Y, Tang D Z, Tang S H, Huang W H. 2010. Petrophysical characterization of coals by low-field nuclear magnetic resonance (NMR). Fuel, 89 (7): 1371~1380

Young G B C. 1998. Computer modeling and simulation of coalbed methane resources. International Journal of Coal Geology, 35(1): 369~379

Zhang B, Liu W, Liu X. 2006. Scale-dependent nature of the surface fractal dimension for bi- and multi-disperse porous solids by mercury porosimetry. Applied Surface Science, 253(3): 1349~1355

Zhang X M, Tong D K, Xue L L. 2009. Numerical simulation of gas-water leakage flow in a two layered coalbed system. Journal of Hydrodynamics, 21(5): 692~698

Ziarani A S, Aguilera R, Clarkson C R. 2011. Investigating the effect of sorption time on coalbed methane recovery through numerical simulation. Fuel, 90(7): 2428~2444

Zou M, Wei C, Pan H, Sesay K, Cao J. 2010. Simulation study on productivity of coalbed methane wells in southern of Qinshui Basin. Mining Science Technology, 30(5): 765~769

Zou M，Wei C，Zhang M，Shen J，Chen Y，Qi Y. 2013. Classifying coal pores and estimating reservoir parameters by nuclear magnetic resonance and mercury intrusion porosimetry. Energy and Fuels，27 (7)：3699～3708

Zuber D M，Saulsberry J L，Sparks D P. 1996. Developing and managing the reservoir. In：Saulsberry J L，Shafer P S，Schraufnagel R A（eds）. A Guide to Coalbed Methane Reservoir Engineering. Chicago：Gas Research Institute